Hans-Dieter Bossemeyer · Stephan Dolata · Uwe Schubert · Gerd Zwiener

Schadstoffe im Baubestand

Schadstoffe im Baubestand

Erkennen und richtig reagieren –
mit Katalog nach Bauteilen und Gewerken

mit 328 Abbildungen und 4 Tabellen

Dipl.-Ing. Hans-Dieter Bossemeyer
Dipl.-Geol. Stephan Dolata
Dipl.-Ing. Chem. Uwe Schubert
Dr. rer. nat. Dipl.-Chem. Gerd Zwiener

Rudolf Müller

Bibliografische Information der Deutschen Nationalbibliothek
Die Deutsche Nationalbibliothek verzeichnet diese Publikation in der Deutschen Nationalbibliografie; detaillierte bibliografische Daten sind im Internet über http://dnb.dnb.de abrufbar.

Maßgebend für das Anwenden von Normen ist deren Fassung mit dem neuesten Ausgabedatum, die bei der Beuth Verlag GmbH, Burggrafenstraße 6, 10787 Berlin, erhältlich ist. Maßgebend für das Anwenden von Regelwerken, Richtlinien, Merkblättern, Hinweisen, Verordnungen usw. ist deren Fassung mit dem neuesten Ausgabedatum, die bei der jeweiligen herausgebenden Institution erhältlich ist. Zitate aus Normen, Merkblättern usw. wurden, unabhängig von ihrem Ausgabedatum, in neuer deutscher Rechtschreibung abgedruckt.

Das vorliegende Werk wurde mit größter Sorgfalt erstellt. Verlag und Autor können dennoch für die inhaltliche und technische Fehlerfreiheit, Aktualität und Vollständigkeit des Werkes und seiner elektronischen Bestandteile (Internetseiten) keine Haftung übernehmen.

Wir freuen uns, Ihre Meinung über dieses Fachbuch zu erfahren. Bitte teilen Sie uns Ihre Anregungen, Hinweise oder Fragen per E-Mail: fachmedien.bau@rudolf-mueller.de oder Telefax: 0221 5497-6141 mit.

Lektorat: Dieter Schlichting, Hamburg
Umschlaggestaltung: Künkelmedia, Brühl
Satz: WMTP Wendt-Media Text-Processing GmbH, Birkenau
Druck und Bindearbeiten: Westermann Druck Zwickau GmbH, Zwickau
Printed in Germany

ISBN 978-3-481-03242-5 (Buch-Ausgabe)
ISBN 978-3-481-03243-2 (E-Book-Ausgabe als PDF)

MIX
Papier aus verantwortungsvollen Quellen
FSC® C110508
FSC
www.fsc.org

Geleitwort

Mit Hans-Dieter Bossemeyer, Stephan Dolata, Uwe Schubert und Gerd Zwiener haben sich vier renommierte Sachverständige zu einer Autorengemeinschaft zusammengefunden, ihre Bildarchive gesichtet und die Texte in einem intensiven Arbeitsprozess abgestimmt, um das Wissen und die Erfahrung aus ihrer langjährigen Berufstätigkeit optimal aufbereitet an die Leserschaft weitergeben zu können.

Sie möchten damit gleichermaßen die Spezialisten der Schadstoffsanierungsbranche als auch den weiten Kreis der Betroffenen wie Bauherren, Planer, Handwerker oder Mitarbeiter von Behörden ansprechen.

Die prägnante Darstellung der rechtlichen Hintergründe und Verantwortlichkeiten – in einer Übersichtstabelle sogar auf einen Blick komprimiert – und die kompakte, gleichwohl aber fundierte Beschreibung der wesentlichen Schadstoffe bietet dem Leser eine bestmögliche Orientierung. Schnell und zuverlässig kann er sich zusätzlich im reich bebilderten, nach Gewerken und Bauteilen gegliederten Schadstofffundstellenkatalog informieren.

Zahlreiche Mitglieder des Gesamtverbands Schadstoffsanierung e. V. engagieren sich in einer Vielzahl Gremien zur Richtlinienarbeit und geben ihr Fachwissen auf Konferenzen und Seminaren weiter. Mit der Verlagsgesellschaft Rudolf Müller verbindet uns hier eine langjährige, bewährte Zusammenarbeit, insbesondere als Herausgeber des Fachbuchs „Schadstoffe in Innenräumen und an Gebäuden. Erfassen, bewerten, beseitigen".

Wir freuen uns sehr, dass der Verlag sich dem Thema kontinuierlich und intensiv widmet und wir die Gelegenheit hatten, auch an der Entstehung des vorliegenden Werkes mitzuwirken.

Möge das Buch eine breite Leserschaft finden und allen, die sich mit Schadstoffen im Baubestand auseinandersetzen müssen, eine wertvolle Hilfe sein.

Ganz besonders würde uns freuen, wenn das Buch einen festen Platz in den Bibliotheken der Lehr- und Ausbildungseinrichtungen fände, damit gerade junge Menschen mit der Problematik vertraut werden und in ihrer späteren Arbeit richtig reagieren können.

Die Autorengemeinschaft des Buches richtet ihren besonderen Dank an Frau Brigitte van Eymeren vom Verlag Rudolf Müller, die die Autoren mit ihrer Präsenz und mit großer Geduld von der Idee bis zur Fertigstellung begleitet und unterstützt und damit wesentlich zum Gelingen beigetragen hat. Der Dank gilt auch Herrn Dieter Schlichting, der in bewährter Qualität das Lektorat übernommen hat, und Herrn Stephan Spengler für das gelungene Layout.

Elisabeth Gulich
für den Gesamtverband Schadstoffsanierung e. V.

Inhalt

1 Einleitung

Viele heute als Schadstoffe eingestufte Materialien wurden in der Vergangenheit wegen ihrer besonderen Eigenschaften in Bauprodukten und Bauteilen eingesetzt. Erst später wurde entdeckt, dass diese Baustoffbestandteile auch Gefahren für Mensch und Umwelt zur Folge haben. Dies ist besonders kritisch, da die Stoffe eine weite Verbreitung gefunden haben und vielfach über eine lange Lebensdauer verfügen. Damit werden die Auswirkungen ihrer Verwendung über Jahrzehnte, teils über Jahrhunderte bestehen.

Bei Baumaßnahmen im Bestand, aber auch bei Wartung und Instandhaltung von Bestandsgebäuden muss nahezu immer mit dem Auftreten von Schadstoffen gerechnet werden. Welche der Beteiligten sind in einem solchen Fall für welche Maßnahmen verantwortlich? Sind Untersuchungen erforderlich? Wer hat Schutz- und Sanierungsmaßnahmen zu ergreifen? Die Auffassungen darüber sind so unterschiedlich wie die jeweiligen Baumaßnahmen.

Antworten gibt das vorliegende Buch. Dass diese in der Regel komplex sind, liegt in der Natur der Sache, da auch bei typischen Schadstoffvorkommen immer individuelle Rahmenbedingungen vorliegen. Zudem ist von entscheidender Bedeutung, welche Rolle der Fragende im jeweiligen Fall hat und welche Maßnahmen vorgesehen sind. In erster Linie richtet sich dieses Buch an Immobilieneigentümer bzw. -verfügungsberechtigte wie Projektentwickler/Bauträger, Vermieter, Immobilienverwalter und Planer sowie an Unternehmen oder öffentliche Arbeitgeber, die ein Gebäude gemietet oder in ihrem Eigentum haben und dort Mitarbeiter beschäftigen. Hilfreich ist es ebenso für Handwerksbetriebe, die in einem Gebäude Wartungs-, Instandhaltungs- oder Baumaßnahmen durchführen. Schließlich bietet es Käufern und Verkäufern von Immobilien sowie Rechtsanwälten und Notaren wichtige Hinweise.

Für die Beteiligten ist im konkreten Fall meist nicht klar, welche Schadstoffe wo in einem Gebäude vorliegen. Hinzu kommt die Schwierigkeit zu entscheiden, ob ein Bauteil, ein Konstruktionsabschnitt oder eine technische Anlage als „verunreinigt", „kontaminiert", „belastet"/„unbelastet", „gefährlich"/„nicht gefährlich" zu bewerten ist. Denn der Gesetzgeber hat in Gefahrstoffrecht, Bauordnungsrecht, Abfallrecht, Immissionsschutzrecht und Arbeitsschutzrecht eine Vielzahl von Konzentrationsgrenzen festgelegt, bei deren Überschreitung ein Stoff im Material oder in der Luft als „Schadstoff" bzw. „Gefahrstoff" oder ein Abfall als „gefährlicher Abfall" gilt.

Das Buch ermöglicht einen einfachen Einstieg in diese Materie, strukturiert die kaum überschaubare Fülle der Regelungen und hilft so, viele der auftretenden Fragen auch ohne Jura-, Ingenieur- oder naturwissenschaftliches Studium zu beantworten.

Dies hat einen gewissen Mut zur Vereinfachung sowie die Konzentration auf typische Fälle erfordert. Es geht also nicht darum, Sonderfälle zu diskutieren oder Gesetzestexte im Detail auszulegen. Vielmehr wird der „Geist" von Regelungen herausgearbeitet, um aufzuzeigen, was Gesetzgeber oder Regelverfasser eigentlich bezweckt haben. Zur Vertiefung der Materie können das vom Gesamtverband Schadstoffsanierung e. V. herausgegebene Werk „Schadstoffe in Innenräumen und an Gebäuden" (2. Aufl., Köln, Verlagsgesellschaft Rudolf Müller, 2014) und die einschlägigen Regelwerke herangezogen werden. Eine Übersicht der wichtigen Regelwerke gibt der Anhang des vorliegenden Buches.

Da nicht alle Schadstoffe behandelt werden können, stehen diejenigen Stoffe im Mittelpunkt, die besonders häufig bei Wartungs-, Instandhaltungs- und Baumaßnahmen auftreten und Probleme verursachen: Asbest, KMF, PCB, PAK und PCP sowie Blei – Stoffe, die bei unsachgemäßem Umgang Handwerker und Nutzer gesundheitlich stark gefährden können und auf die alle Baubeteiligten daher ein besonderes Augenmerk haben müssen.

2 Verantwortung der Beteiligten im Bauablauf und Vermeidung von Risiken

2.1 Der öffentlich-rechtliche Rahmen

Verantwortungsbereiche

Bei Baumaßnahmen im Bestand, aber auch bei Wartung und Instandhaltung von Bestandsgebäuden muss mit dem **Auftreten von Schadstoffen** gerechnet werden.

Im Folgenden soll die Frage beantwortet werden, ob **Untersuchungen auf Schadstoffe** im gegebenen Fall **sinnvoll und notwendig** sind und darüber hinaus **Maßnahmen zur Beseitigung von Gefährdungen und Schadstoffen** ergriffen werden müssen. Dabei soll auch geklärt werden, wer jeweils zuständig ist.

Bauherr und beauftragter **Unternehmer** tragen für die von ihnen zur Verfügung gestellten Informationen, Materialien und Geräte sowie für die sich aus den Bautätigkeiten ergebenden Konsequenzen die Verantwortung bzw. eine Mitverantwortung (siehe Kapitel 2.1.1),

- der **Bauherr/Auftraggeber** z. B. für den Baugrund und die Bausubstanz oder die vorhandene Anlagentechnik sowie die Planung und
- der **Unternehmer/Auftragnehmer** für die angelieferten Baustoffe und die Geräte, die er für die Baumaßnahme verwendet, sowie für die Arbeiten die er ausführt.

Der Bauherr ist zusätzlich für die Koordination der Baumaßnahmen (z. B. Neubau, Umbau, Sanierung oder Abbruch) verantwortlich (Sicherheits- und Gesundheitsschutzkoordination gemäß Baustellenverordnung bzw. Koordination gemäß TRGS 524 und DGUV Regel 101-004 [bisher BGR 128]).

Ist die Zuordnung der Verantwortung bei einem Neubauvorhaben noch relativ klar, überschneiden sich die Verantwortungsbereiche beim Bauen im Bestand jedoch stärker. Hier wird vom Bauherrn neben dem Baugrund auch das Bestandsgebäude, an dem der Auftragnehmer Arbeiten ausführen soll, in das Bauvorhaben eingebracht. Wie beim Baugrundrisiko – das in der Regel dem Auftraggeber zuzurechnen ist – gibt es auch bei der Bestandsimmobilie zum Teil unerwünschte oder fehlende Eigenschaften, die für den Unternehmer nicht offensichtlich sind, wie z. B. Schadstoffe oder Mängel in der Statik. Diese Eigenschaften können neben erheblichen Kosten auch eine Gefährdung für alle am Bau Beteiligten verursachen und auch Auswirkungen auf die späteren Nutzer haben.

Daher ist beim Bauen im Bestand im Vorfeld größte Sorgfalt auf die **eindeutige Abgrenzung der unterschiedlichen Verantwortungsbereiche** zu legen.

Das Wissen um die jeweilige Verantwortung bzw. Mitverantwortung schafft mehr Klarheit, verhindert schon im Vorfeld Konflikte und trägt so zu einem reibungslosen und termingerechten Bauablauf bei.

Abb. 2.1: Konkretisierung des Schutzes der öffentlichen Sicherheit und Ordnung im Bauordnungsrecht

Bestehende Regelungen

Die zu beachtenden Gesetze, Verordnungen, Richtlinien und technische Regelwerke sind auf nationaler Ebene nahezu unüberschaubar, hinzu kommen zahlreiche EU-Verordnungen, die zu beachten sind, wie z. B. die REACH-Verordnung (Verordnung [EG] Nr. 1907/2006; REACH: Registration, Evaluation, Authorisation and Restriction of Chemicals), in der Registrierung, Bewertung, Zulassung und Beschränkung von Chemikalien geregelt sind. Zudem verursachen neue EU-Richtlinien, da sie in nationales Recht umgesetzt werden müssen, ständig Anpassungen auf nationaler Ebene. Da diese nicht immer zeitnah erfolgen, treten zwischen den EU-Richtlinien und den nationalen Bestimmungen oft Regelungslücken oder Abweichungen auf.

Im Folgenden werden daher zunächst die wesentlichen rechtlichen Grundlagen umrissen.

Im Grundgesetz ist das Grundrecht auf Leben und körperliche Unversehrtheit verankert. Auch im **Bauordnungsrecht** wird darauf Bezug genommen, indem der Bauherr und/oder der Gebäudeeigentümer verpflichtet werden, dafür Sorge zu tragen, dass die **„öffentliche Sicherheit und Ordnung“**, insbesondere **„Leben und Gesundheit“** und die **„natürlichen Lebensgrundlagen“** nicht gefährdet werden (Abb. 2.1).

„Leben und Gesundheit“ bezieht sich im Wesentlichen auf den Schutz von Nutzern und Arbeitnehmern, wie z. B. Besuchern, Mietern, Büroangestellten oder Mitarbeitern von Bauunternehmen, die Arbeiten ausführen, während **„natürliche Lebensgrundlagen“** für den Schutz der Umwelt steht, die indirekt wiederum eine Auswirkung auf die menschliche Gesundheit hat.

Konkretisiert werden diese übergeordneten Schutzgüter mithilfe themenbezogener Gesetze, Verordnungen, Vorschriften, Richtlinien, Regeln und Normen.

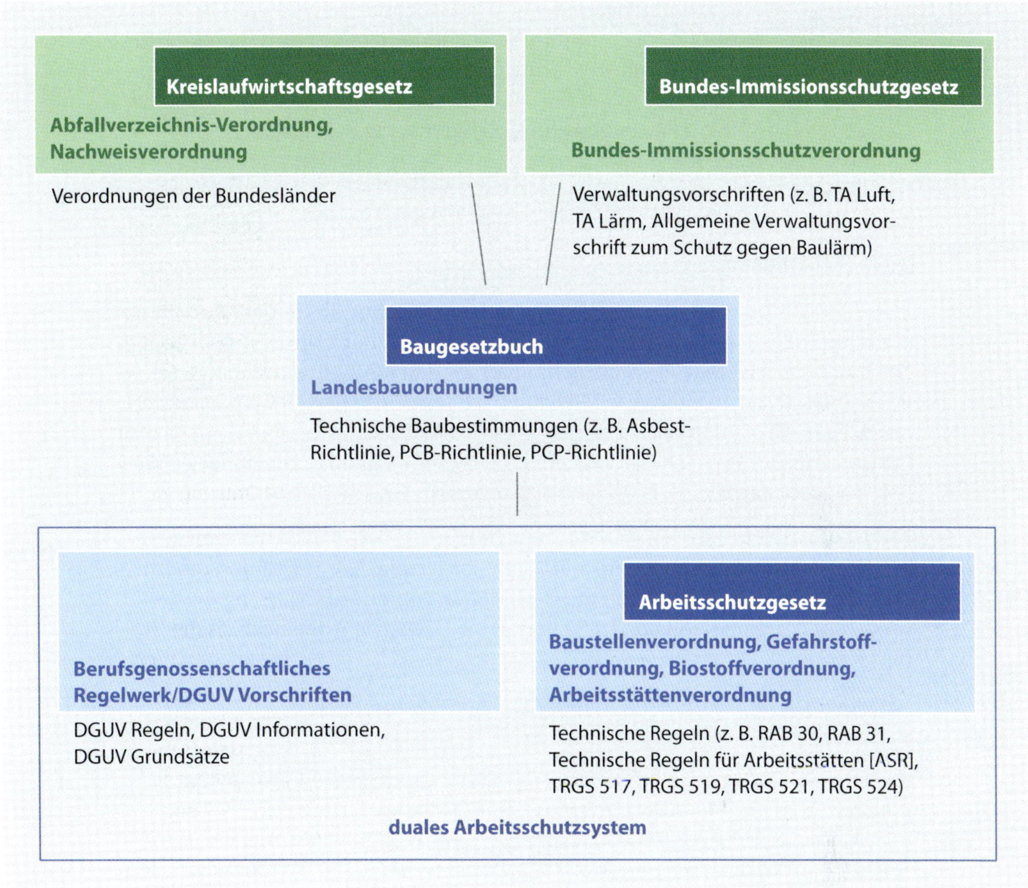

Abb. 2.2: Bei Bauvorhaben zu beachtende wesentliche Rechtsvorschriften und andere Regelwerke

In Abb. 2.2 sind die beim Bauen im Bestand am häufigsten anzuwendenden Gesetze und Verordnungen und wichtige ihnen inhaltlich nahestehende Regelungen nach den Bereichen Bauordnungsrecht, Abfallrecht, Immissionsschutzrecht, und Arbeitsschutzrecht in einer Übersicht zusammengestellt. Diese 4 Rechtsbereiche werden in Kapitel 2.1.1 bis 2.1.4 im Weiteren jeweils eingehender behandelt.

Das **Altlastenrecht** mit dem Bundes-Bodenschutzgesetz und der Bundes-Bodenschutz- und Altlastenverordnung wird dabei im Folgenden nicht weiter behandelt, da es bei der Betrachtung von Schadstoffen in Gebäuden in der Regel nicht relevant ist. Unter „Altlasten" versteht das Bundes-Bodenschutzgesetz

- stillgelegte Abfallbeseitigungsanlagen sowie Grundstücke, auf denen Abfälle behandelt, gelagert oder abgelagert worden sind (Altlablagerungen), und
- Grundstücke stillgelegter Anlagen und sonstige Grundstücke, auf denen mit umweltgefährdenden Stoffen umgegangen worden ist (Altstandorte).

Da das Bundes-Bodenschutzgesetz somit vor allem den Schutz des Bodens einschließlich seiner flüssigen Bestandteile (Bodenlösung) und seiner gasförmigen Bestandteile (Bodenluft) – ohne Grundwasser und Gewässerbetten – zum Gegenstand hat, liegt es auf der Hand, dass das Altlastenrecht nicht auf Gebäude anzuwenden ist, auch wenn sich hartnäckig der falsche Begriff „Altlasten in Gebäuden" hält.

2.1.1 Bauordnungsrecht

Musterbauordnung

Das Bauordnungsrecht liegt in der Kompetenz der Bundesländer, die sich jedoch mit ihren Landesbauordnungen weitgehend an der Musterbauordnung (MBO) der ARGEBAU (Arbeitsgemeinschaft der für Städtebau, Bau- und Wohnungswesen zuständigen Minister und Senatoren der 16 Bundesländer) orientieren. Trotz dieser Orientierung an der MBO kann es in den einzelnen Bundesländern Abweichungen geben, z. B. beim Bestandsschutz oder bezüglich der Notwendigkeit von Genehmigungen für Abbruchmaßnahmen.

Die Landesbauordnungen selbst regeln zwar nicht den konkreten Umgang mit Schadstoffen, nehmen aber mit ihrer Forderung, alle relevanten öffentlichen Vorschriften einzuhalten (§ 52 MBO) und mit der Festlegung der wesentlichen Verantwortlichen (§ 52 MBO) eine zentrale Rolle beim Bauen im Bestand ein.

Als **wesentliche Forderungen** im Hinblick auf Schadstoffe legt die MBO fest,

- *„Anlagen sind so anzuordnen, zu errichten, zu ändern und instand zu halten, dass die öffentliche Sicherheit und Ordnung, insbesondere Leben, Gesundheit und die natürlichen Lebensgrundlagen, nicht gefährdet werden."* (§ 3 Abs. 1 MBO)
- *„Bauliche Anlagen müssen so angeordnet, beschaffen und gebrauchstauglich sein, dass durch Wasser, Feuchtigkeit, pflanzliche und tierische Schädlinge sowie andere chemische, physikalische oder biologische Einflüsse Gefahren oder unzumutbare Belästigungen nicht entstehen."* (§ 13 Satz 1 MBO)

Es liegt demnach in der Verantwortung des Bauherrn, durch Schadstoffe verursachte Gefährdungen und Belästigungen abzuwenden.

Für die Anwendung der Landesbauordnungen ist es dabei unerheblich, ob es sich um genehmigungspflichtige oder um nicht genehmigungspflichtige Maßnahmen handelt, solange es dabei um die Anordnung, die Errichtung, die Änderung oder den Abbruch geht.

Technische Baubestimmungen

Da die zitierten Forderungen der Musterbauordnung auch auf die Instandhaltung anzuwenden sind (§ 3 Abs. 1 MBO), muss der Eigentümer auch während des normalen Betriebes eines Gebäudes Maßnahmen zur Gefahrenabwehr ergreifen. Wichtige Hinweise hierzu liefern die eingeführten Technischen Baubestimmungen, wie z. B. die Asbest-Richtlinie. Die Erfüllung der oben zitierten Forderungen der MBO setzt voraus, dass sich der

Eigentümer oder der Bauherr umfassend über den Zustand seines Gebäudes im Klaren ist.

Neben der allgemeinen Forderung, alle relevanten öffentlichen Vorschriften einzuhalten, sind insbesondere die eingeführten Technischen Baubestimmungen zu beachten, die damit direkt dem Bauordnungsrecht unterstellt werden. Für den Umgang mit Schadstoffen sind dies u. a. die folgenden Richtlinien:

- Asbest-Richtlinie:
  „Richtlinie für die Bewertung und Sanierung schwach gebundener Asbestprodukte in Gebäuden (Asbest-Richtlinie)“ (1996)
- PCB-Richtlinie:
  „Richtlinie für die Bewertung und Sanierung PCB-belasteter Baustoffe und Bauteile in Gebäuden (PCB-Richtlinie)“ (1994)
- PCP-Richtlinie:
  „Richtlinie für die Bewertung und Sanierung Pentachlorphenol (PCP)-belasteter Baustoffe und Bauteile in Gebäuden“ (1996)

Anerkannte Regeln der Technik

Neben den Technischen Baubestimmungen, die in fast allen Bundesländern eingeführt sind, beziehen sich zahlreiche Bundesländer auch auf die „anerkannten Regeln der Technik“ (siehe hierzu auch Kapitel 2.1.5). Für die anerkannten Regeln der Technik gibt es keine verbindliche Zusammenstellung, denn sie betreffen unterschiedliche Sachgebiete und haben nicht in allen Rechtsbereichen die gleiche Bedeutung. Dokumentiert sind die anerkannten Regeln der Technik u. a. in folgenden Regelwerken:

- DIN-Normen (z. B. VOB/C ATV DIN 18459 „Abbruch- und Rückbauarbeiten“ [2015])
- Unfallverhütungsvorschriften der Berufsgenossenschaften
- VDI-Richtlinien (z. B. VDI/GVSS 6202 Blatt 1 „Schadstoffbelastete bauliche und technische Anlagen – Abbruch-, Sanierungs- und Instandhaltungsarbeiten“ [2013])

2.1.2 Abfallrecht

Das **Kreislaufwirtschaftsgesetz** (KrWG) als zentrales Bundesgesetz zum Abfallrecht hat das Ziel, die natürlichen Ressourcen zu schonen, den Schutz von Mensch und Umwelt bei der Erzeugung und Bewirtschaftung von Abfällen sicherzustellen und das Abfallaufkommen erheblich zu reduzieren, insbesondere den Anteil der zu deponierenden Abfälle. Daher wird im Kreislaufwirtschaftsgesetz eine Stufenfolge der Maßnahmen im Umgang mit Abfällen eingeführt, die der Vermeidung vor allen anderen Möglichkeiten wie der Wiederverwertung, dem Recycling und den sonstigen Verwertungen (z. B. energetische Verwertung oder Verfüllung) Vorrang einräumt. Erst wenn alle anderen Möglichkeiten ausgeschöpft sind, kann die Beseitigung durch Deponierung bzw. Verbrennung in Betracht gezogen werden.

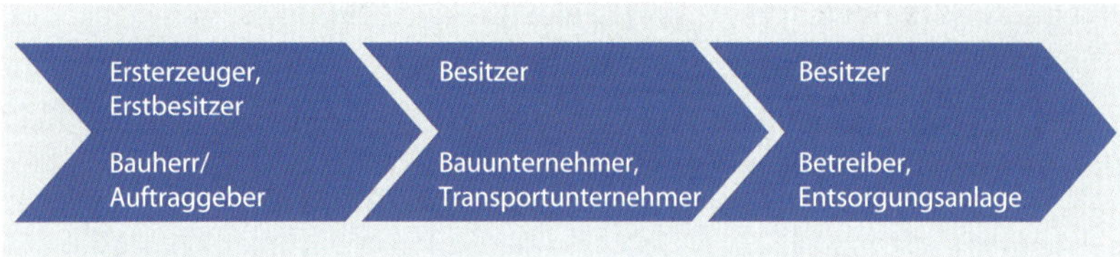

Abb. 2.3: Rollen der Beteiligten im Zuge der Abfallentsorgung

Verantwortung für die Entsorgung

Die Definition des Abfall**erzeugers** und des Abfall**besitzers** (Abb. 2.3) ist im Kreislaufwirtschaftsgesetz von wesentlicher Bedeutung, denn sowohl der Erzeuger als auch der Besitzer sind verpflichtet, Abfälle ordnungsgemäß zu entsorgen bzw. die Anforderungen des Kreislaufwirtschaftsgesetzes einzuhalten.

Erzeuger von Abfällen ist nach § 3 Abs. 8 KrWG jede natürliche oder juristische Person,

- durch deren Tätigkeit Abfälle anfallen (Ersterzeuger) oder
- die Vorbehandlungen, Mischungen oder sonstige Behandlungen vornimmt, die eine Veränderung der Beschaffenheit oder der Zusammensetzung dieser Abfälle bewirken (Zweiterzeuger).

Besitzer von Abfällen nach § 3 Abs. 9 KrWG ist jede natürliche oder juristische Person, die die tatsächliche Sachherrschaft über Abfälle hat.

Das Abfallrecht gilt nicht nur für den Baubereich, sondern für alle Bereiche wie z. B. Industrie, Handel, Gewerbe und Endverbraucher von der Abfallentstehung über die Verwertung bis hin zur endgültigen Beseitigung.

Im Allgemeinen richten sich die Anforderungen an die ordnungsgemäße Entsorgung gleichermaßen an den Abfallerzeuger und den Abfallbesitzer. Insofern ist dem Kreislaufwirtschaftsgesetz nicht direkt zu entnehmen, ob nun der Bauherr/Eigentümer, der Unternehmer oder andere Beteiligte die Rolle des Abfallerzeugers oder Abfallbesitzers einnehmen. Es spricht jedoch vieles dafür, dass die Abfallerzeugerrolle für Abfälle, die im Rahmen von Abbruch, Demontage und Sanierung anfallen, dem Bauherrn/Auftraggeber zuzurechnen ist, dem damit die primäre Verantwortung für die ordnungsgemäße und schadlose Entsorgung zu unterstellen ist.

Zur Orientierung empfiehlt es sich daher, von folgender Zuordnung auszugehen:

- Bei Abfällen aus dem Verantwortungsbereich des **Auftragnehmers**, wie z. B. Verpackungsmaterialien, Wartungs- und Betriebsmitteln der Baumaschinen und -geräte, Hausmüllabfällen aus dem Betrieb der Baustelleneinrichtung, aber auch Verarbeitungsabfällen, Fehlchargen, Materialbruch usw., ist der **Unternehmer als Erzeuger und Besitzer** anzusehen.
- Bei Abfällen aus dem Verantwortungsbereich des **Auftraggebers**, wie z. B. Baustoffen oder Materialien, die dem Unternehmer durch den Bauherrn zur Verfügung gestellt oder geliefert werden (hierzu zählen auch der Baugrund oder das Bestandsgebäude), ist der **Bauherr/Eigentümer als Erzeuger und Besitzer** anzusehen.

Diese Sichtweise steht auch mit dem Bauvertragsrecht (VOB/C ATV DIN 18299, Abschnitt 4.1.11 und 4.1.12) im Einklang, wonach die Entsorgung von Abfällen von mehr als 1 m^3 und von schadstoffbelasteten Materialien als „Besondere Leistung“ definiert ist (vgl. Fuchs/Schalk, 2013).

Die **Entsorgungsleistungen** und auch die formale Abwicklung **können delegiert werden**. Allerdings bleibt der Abfallerzeuger bis zur endgültigen Entsorgung in der Verantwortung. Diese gesetzliche Verantwortung kann **nicht** durch eine vertragliche Gestaltung an Dritte übertragen werden. Besondere Bedeutung hat dies vor dem Hintergrund, dass der Abfallerzeuger/-besitzer unter Umständen für eine anderweitige Abfallentsorgung aufkommen muss, wenn der von ihm Beauftragte seiner Pflicht nicht ordnungsgemäß nachgekommen ist oder (z. B. bei Insolvenz des Unternehmens) nicht mehr nachkommen kann (vgl. Kropp, 2010).

Die **Abfalleigenschaft** eines Stoffes oder Gegenstands **endet erst**, wenn dieser ein Verwertungsverfahren durchlaufen hat und so beschaffen ist, dass

- er üblicherweise für bestimmte Zwecke verwendet wird,
- ein Markt für ihn oder eine Nachfrage nach ihm besteht,
- er alle für seine jeweilige Zweckbestimmung geltenden technischen Anforderungen sowie alle Rechtsvorschriften und anwendbaren Normen für Erzeugnisse erfüllt sowie
- seine Verwendung insgesamt nicht zu schädlichen Auswirkungen auf Mensch oder Umwelt führt.

Da einige Entsorgungsarten (z. B. die Verfüllung) nach den voranstehenden Kriterien keine endgültige Beseitigung darstellen, weil die stofflichen Eigenschaften des Abfalls nicht so verändert wurden, dass das abfallspezifische Gefährdungspotenzial vollständig beseitigt wurde, kann die Verantwortung des Abfallerzeugers/-besitzers gegebenenfalls erst in ferner Zukunft enden. Bis zu diesem Zeitpunkt besteht immer das Risiko, die Abfälle wieder zurücknehmen und auf eigene Kosten einer ordnungsgemäßen Entsorgung zuführen zu müssen (vgl. Köhler & Klett: Ende der Abfalleigenschaft).

Hinweis

Es ist ratsam, die Abwicklung der Entsorgung nur dann zu delegieren, wenn das Vertrauen in den Gutachter/Planer und in die ausführenden Unternehmen vollumfänglich vorhanden ist, da der Bauherr/Eigentümer dadurch die Kontrolle über den vollständigen Entsorgungsweg aus der Hand gibt.

Abfalldefinition

Als „Abfall“ werden alle beweglichen Materialien bezeichnet, deren sich ihr Besitzer entledigt, entledigen will oder entledigen muss, unabhängig davon, ob es sich um eine Verwertung oder um eine Beseitigung handelt.

Bei der Definition, was als Abfall anzusehen ist, spielt zum einen der Entledigungs**wille** des Besitzers eine entscheidende Rolle, wobei dieser Entledigungswille nicht mit der Absicht verbunden sein muss, Abfall zu erzeugen. Abfall kann unter Umständen auch ein Nebenprodukt einer anderen Aktivität sein, wie z. B. der Errichtung einer Wand, bei der Abfälle anfallen (Bruch, Putzreste usw.), für die keine Verwendung besteht.

Zum anderen kann aber auch eine Entledigungs**pflicht** bestehen, wenn die **ursprüngliche Zweckbestimmung** entfallen ist oder wenn eine Gefährdung nicht anders vermieden werden kann.

Unabhängig davon sind **Böden** am Ursprungsort, auch wenn sie kontaminiert sind, und **Bauwerke**, die dauerhaft mit dem Grund und Boden verbunden sind, **kein Abfall**. Bei Gefährdungen, die von Böden oder Gebäuden ausgehen, greifen andere Regelungen, wie das Bundes-Bodenschutzgesetz oder die Asbest-Richtlinie. Bei Gebäuden ist daher Voraussetzung, dass die dauerhafte Verbindung mit dem Grund und Boden aufgehoben wird. Dieser im Fall des Bodens oft als „Spatenprinzip" bezeichnete **Zeitpunkt der Abfallentstehung** allein reicht jedoch nicht aus, da immer auch der **Wille oder die Pflicht zur Entledigung** erforderlich ist. Durch diese Regelung ist es möglich, Bodenaushub oder Bauteile am Standort im Rahmen der Baumaßnahme direkt wiederzuverwenden, ohne dass die Bestimmungen des Abfallrechts greifen.

Abfalldeklaration

Bei der Deklaration der Abfälle durch den Abfallerzeuger ist zu berücksichtigen, ob es sich um **gefährliche Abfälle** oder um **nicht gefährliche Abfälle** handelt.

Die **Abfallverzeichnis-Verordnung** führt mehr als 800 Abfallarten mit ihrem jeweiligen Abfallschlüssel auf. Sie regelt die Bezeichnung eines Abfalls sowie die Einstufung von Abfällen nach ihrer Gefährlichkeit. Die **gefährlichen Abfälle**, die im Abfallverzeichnis mit * gekennzeichnet sind, können in **2 Gruppen** eingeteilt werden:

- Abfälle, die ohne weitere Prüfung als gefährlicher Abfall eingestuft werden können, weil mindestens ein Kriterium der Abfallverzeichnis-Verordnung erfüllt ist
- Abfälle, die je nach ihrer Zusammensetzung gefährlicher oder nicht gefährlicher Abfall sein können und bei denen die gefahrenrelevanten Eigenschaften erst geprüft werden müssen (sogenannte Spiegeleinträge)

Insbesondere viele aus dem Baubereich stammende Abfallarten fallen unter diese Spiegeleinträge und können erst nach entsprechenden Untersuchungen einem konkreten Abfallschlüssel zugeordnet werden. Da die Kriterien der Abfallverzeichnis-Verordnung sich nur eingeschränkt zur Einstufung von Boden und Bauschutt eignen, haben die Bundesländer jeweils eigene Kriterien festgelegt, die jedoch nicht aufeinander abgestimmt sind und im Einzelfall stark voneinander abweichen können. Dies kann innerhalb von Deutschland bei bundesländerübergreifenden Entsorgungen zu Schwierigkeiten führen. Trotz intensiver Bemühungen ist bisher noch keine bundeseinheitliche Regelung geschaffen worden.

Hinweis

Die Einstufung der Abfälle und die Festlegung der Entsorgungswege sollte bereits im Vorfeld einer Baumaßnahme erfolgen, um eine sichere und kostengünstige Entsorgung zu gewährleisten. Diese wichtige Planungsaufgabe des Bauherrn und seines Planers erfordert detaillierte Kenntnisse des Marktes, der Abfalleigenschaften, der rechtlichen Regelungen sowie der regionalen Besonderheiten.

2.1.3 Immissionsschutzrecht

Der Immissionsschutz hat das Ziel, von Anlagen, Maschinen und Geräten ausgehende schädliche Umwelteinwirkungen durch Luftverunreinigungen, Geräusche und Erschütterungen abzuwehren, also schon die Entstehung von schädlichen Umwelteinwirkungen zu vermeiden und Mensch und Umwelt vor bestehenden Gefahren zu schützen. Die wesentlichen Regelungen hierzu finden sich im **Bundes-Immissionsschutzgesetz** (BImSchG).

Da das Bundes-Immissionsschutzgesetz nicht nur für genehmigungspflichtige Anlagen gilt, sondern für Anlagen aller Art (§ 22 BImSchG), fallen auch Maschinen und Geräte, die bei Bau- oder Sanierungsmaßnahmen Verwendung finden, unter die Bestimmungen des Gesetzes. Demnach müssen die **nach dem Stand der Technik** vermeidbaren schädlichen Umwelteinwirkungen unterlassen oder auf ein Mindestmaß beschränkt werden (vgl. Geesmann, 2010). Damit sind nicht nur die anerkannten Regeln der Technik, wie z. B. in DIN Normen, VDI-Richtlinien und Verwaltungsvorschriften zu berücksichtigen, sondern darüber hinaus die technischen Möglichkeiten zum aktuellen Zeitpunkt (siehe hierzu auch Kapitel 2.1.5). Das heißt, wenn neue, bessere Lösungen vorhanden sind, sollten diese auch umgesetzt werden.

Sofern in den Durchführungsverordnungen zum Bundes-Immissionsschutzgesetz keine Grenzwerte für Emissionen bzw. Immissionen festgelegt sind, sind die Werte aus den bundeseinheitlichen Verwaltungsvorschriften wie der TA Luft (Technische Anleitung zur Reinhaltung der Luft), der TA Lärm (Technische Anleitung zum Schutz gegen Lärm) oder der Allgemeinen Verwaltungsvorschrift zum Schutz gegen Baulärm zu berücksichtigen. Insbesondere die Vermeidung von Lärm und Staub bei Baumaßnahmen rückt immer mehr in den öffentlichen Fokus, sodass neben dem Unternehmer auch zunehmend der Bauherr im Rahmen der Planung und des Genehmigungsverfahrens gefordert ist, für Baumaßnahmen zu sorgen, die die voranstehenden Anforderungen erfüllen.

2.1.4 Arbeitsschutzrecht

In Deutschland wird der Schutz der Arbeitnehmer seit mehr als 100 Jahren in einem **dualen Arbeitsschutzsystem** geregelt. Dieses duale System beruht auf 2 Säulen. Die eine Säule wird durch Gesetze und Verordnungen des Staates (Bund und Länder) zum Arbeitsschutz gebildet, die allgemeine Anforderungen formulieren. Die andere Säule besteht aus den Vorschriften der gesetzlichen Unfallversicherungsträger, im gewerblichen Bereich sind dies die Berufsgenossenschaften.

Arbeitsschutzgesetz

Grundlage des betrieblichen Arbeitsschutzes in Deutschland ist das Arbeitsschutzgesetz, das die Ermächtigungsgrundlage für die relevanten Verordnungen bildet. Zu diesen zählen u. a.

- die Gefahrstoffverordnung,
- die Biostoffverordnung und
- die Baustellenverordnung.

Das **Arbeitsschutzgesetz** (ArbSchG) gibt den Unternehmen im Einklang mit den EU-Vorschriften – sofern keine explizit zu befolgenden Regelungen bestehen – einen sehr weiten Ermessensspielraum bei der Umsetzung des Arbeitsschutzes und bietet zusammen mit dem **Betriebsverfassungsgesetz** den Betriebsräten weitreichende Mitbestimmungs- und Gestaltungsmöglichkeiten. Zu den Grundpflichten des Arbeitgebers gehört dabei, alle erforderlichen Maßnahmen zu treffen, um die Sicherheit und die Gesundheit der Beschäftigten bei der Arbeit zu gewährleisten. Dabei sollen Gefährdungen vermieden bzw. an der Quelle bekämpft und Schutzmaßnahmen nach dem TOP-Prinzip (technische und organisatorische Maßnahmen vor personenbezogenen Maßnahmen) ergriffen werden (siehe hierzu auch Kapitel 2.2.7). Ein zentrales Instrument ist dabei die Gefährdungsbeurteilung vom Arbeitgeber. Aber auch für den Arbeitnehmer werden Rechte und Pflichten abgeleitet, wie z. B. die bestimmungsgemäße Verwendung der Arbeitsschutzeinrichtungen oder die Meldung von Gefahren und Mängeln.

Gefahrstoffverordnung

Ziel der Gefahrstoffverordnung (GefStoffV) ist u. a., die Beschäftigten vor Gefährdungen durch Gefahrstoffe zu schützen. In Gebäuden können Gefahrstoffe in reiner Form auftreten (z. B. Kühlflüssigkeiten, Lösungsmittel), vielfach liegen sie aber auch als Bestandteil von Baustoffen/Materialien in Gemischen vor. Für beide Vorkommen von Gefahrstoffen gilt, dass alle Tätigkeiten im Umgang mit diesen Stoffen (z. B. Demontage, Verpackung, Entsorgung) als Verwendung von Gefahrstoffen im Sinne der Gefahrstoffverordnung anzusehen sind.

Dies betrifft nicht nur Sanierungs- oder Rückbauunternehmen, sondern kann auch für den Handwerker von Bedeutung sein, der Renovierungs- oder Umbaumaßnahmen in einem Gebäude durchführt. Daher ist im Vorfeld die schon in §§ 5 und 6 ArbSchG aufgeführte und in §§ 6 und 7 GefStoffV konkretisierte Gefährdungsbeurteilung vom Auftragnehmer – in seiner Funktion als Arbeitgeber – durchzuführen. Ohne entsprechende Informationen vom Auftraggeber und die darauf aufbauende Gefährdungsbeurteilung ist die Aufnahme der Arbeiten nicht zulässig (§ 7 Abs. 1 GefStoffV). Da bei der Sanierung, beim Umbau und beim Rückbau schadstoffhaltige Materialien neben unschädlichen vorliegen und die Materialien mit unterschiedlichen Schadstoffkonzentrationen im Gebäude vorkommen, sind insbesondere beim Bauen im Bestand und beim Rückbau besondere Erfahrungen erforderlich und es bestehen besondere Anforderungen an die Untersuchung der Materialien und an die Ermittlung der Exposition.

Zur Konkretisierung der Gefahrstoffverordnung wurden die **Technischen Regeln für Gefahrstoffe (TRGS)** erarbeitet. Sofern der Unternehmer die in den TRGS beschriebenen Maßnahmen und Verfahren befolgt, kann er davon ausgehen, dass die Anforderungen der Gefahrstoffverordnung erfüllt sind.

Die Technischen Regeln für Gefahrstoffe geben den Stand der Technik wieder. Sie umfassen 9 Reihen (vgl. TRGS 001; siehe auch die Website der Bundeanstalt für Arbeitsschutz und Arbeitsmedizin www.baua.de):

TRGS 001–099	Allgemeines, Aufbau und Beachtung
TRGS 100–199	Begriffsbestimmungen
TRGS 200–299	Inverkehrbringen von Stoffen, Zubereitungen und Erzeugnissen
TRGS 300–399	Arbeitsmedizinische Vorsorge
TRGS 400–499	Gefährdungsbeurteilung
TRGS 500–599	Schutzmaßnahmen bei Tätigkeiten mit Gefahrstoffen
TRGS 600–699	Ersatzstoffe und Ersatzverfahren
TRGS 700–799	Brand- und Explosionsschutz
TRGS 800–899	Grenzwerte, Einstufungen, Begründungen und weitere Beschlüsse des AGS [Ausschuss für Gefahrstoffe]

Im Rahmen von Baumaßnahmen im Bestand sind durch den Arbeitgeber, den Unternehmer und den Auftraggeber insbesondere die folgenden TRGS zu beachten:

TRGS 001	Das Technische Regelwerk zur Gefahrstoffverordnung. Allgemeines – Aufbau – Übersicht – Beachtung der Technischen Regeln für Gefahrstoffe (TRGS)
TRGS 400	Gefährdungsbeurteilung für Tätigkeiten mit Gefahrstoffen
TRGS 401	Gefährdung durch Hautkontakt. Ermittlung – Beurteilung – Maßnahmen
TRGS 402	Ermitteln und Beurteilen der Gefährdungen bei Tätigkeiten mit Gefahrstoffen: Inhalative Exposition
TRGS 517	Tätigkeiten mit potenziell asbesthaltigen mineralischen Rohstoffen und daraus hergestellten Gemischen und Erzeugnissen
TRGS 519	Asbest. Abbruch-, Sanierungs- oder Instandhaltungsarbeiten
TRGS 521	Abbruch-, Sanierungs- und Instandhaltungsarbeiten mit alter Mineralwolle
TRGS 524	Schutzmaßnahmen bei Tätigkeiten in kontaminierten Bereichen
TRGS 559	Mineralischer Staub
TRGS 900	Arbeitsplatzgrenzwerte
TRGS 905	Verzeichnis krebserzeugender, erbgutverändernder oder fortpflanzungsgefährdender Stoffe
TRGS 906	Verzeichnis krebserzeugender Tätigkeiten oder Verfahren nach § 3 Abs. 2 Nr. 3 GefStoffV

Die Information, ob bei den Arbeiten unter Umständen mit Gefahrstoffen zu rechnen ist, kann nur vom Bauherrn bzw. vom Auftraggeber kommen, denn dieser bringt die entsprechenden Materialien in das Bauvorhaben ein bzw. stellt sie zur Verfügung. Folgerichtig wird er auch in den entsprechenden TRGS (z. B. TRGS 524) im Rahmen der Planung zur Ermittlung, zur Beurteilung sowie zur Erstellung eines Arbeits- und Sicherheitsplans mit Angabe der zu erwartenden Gefährdungen und Gefahrstoffe und der zu ergreifenden Schutzmaßnahmen verpflichtet. Auf dieser Basis kann dann der Auftragnehmer die Gefährdungsbeurteilung durchführen.

Biostoffverordnung

Die Biostoffverordnung (BioStoffV) ist systematisch und inhaltlich der Gefahrstoffverordnung ähnlich. Ziel der Biostoffverordnung ist, die Beschäftigten durch geeignete Maßnahmen vor biologischen Gefährdungen zu schützen.

In Gebäuden können die Beschäftigten z. B. mit Keimen (u. a. in Abwasseranlagen) oder Schimmelpilzen in Berührung kommen. Insbesondere in ungenutzten, länger leer stehenden und nicht mehr gewarteten Gebäudeteilen können sie zudem durch Insekten, Tierkadaver oder Taubenkot Krankheitserregern ausgesetzt sein.

Wesentlich ist hierbei die Unterscheidung zwischen **gezielten Tätigkeiten** und **nicht gezielten Tätigkeiten** nach § 2 Abs. 8 BiostoffV. Bei **Umbau, Sanierung und Abbruch** handelt es sich um **nicht gezielte Tätigkeiten** mit biologischen Arbeitsstoffen. Zunächst muss daher eine Gefährdungsbeurteilung erfolgen (siehe auch bisherige Darlegungen zum Arbeitsschutzgesetz und zur Gefahrstoffverordnung). Dabei kann bei Tätigkeiten, bei denen die sensibilisierenden oder toxischen Wirkungen der Biostoffe im Vordergrund stehen (z. B. Sanierungsarbeiten), auf die formalen Anforderungen zur Klassifizierung der Infektionsgefährdung (Schutzstufenzuordnung) verzichtet werden. Im Rahmen der Gefährdungsbeurteilung sind dann Schutzmaßnahmen nach dem Stand der Technik festzulegen.

Analog den Technischen Regeln für Gefahrstoffe (TRGS) geben die **Technischen Regeln für Biologische Arbeitsstoffe (TRBA)** den Stand der Technik, der Arbeitsmedizin und der Arbeitshygiene sowie anderer gesicherter wissenschaftlicher Erkenntnisse für Tätigkeiten mit biologischen Arbeitsstoffen einschließlich deren Einstufung wieder.

Die Technischen Regeln für biologische Arbeitsstoffe umfassen 6 Reihen (vgl. TRBA 001; siehe auch die Website der Bundeanstalt für Arbeitsschutz und Arbeitsmedizin www.baua.de):

TRBA 001–099	Allgemeines, Aufbau und Anwendung
TRBA 100–299	Tätigkeiten mit biologischen Arbeitsstoffen
TRBA 300–399	Arbeitsmedizinische Vorsorge
TRBA 400–499	Gefährdungsbeurteilung
TRBA 500–599	Hygiene- und Desinfektionsmaßnahmen
TRBA 600–699	Beschlüsse des ABAS [Ausschuss für Biologische Arbeitsstoffe] zu Anforderungen bei Tätigkeiten mit biologischen Arbeitsstoffen in besonderen Fällen

Im Rahmen von Baumaßnahmen im Bestand sind durch den Unternehmer und den Auftraggeber insbesondere die folgenden TRBA zu beachten:

TRBA 001	Allgemeines und Aufbau des Technischen Regelwerks zur Biostoffverordnung. Anwendung von Technischen Regeln für Biologische Arbeitsstoffe (TRBA)
TRBA 400	Handlungsanleitung zur Gefährdungsbeurteilung und für die Unterrichtung der Beschäftigten bei Tätigkeiten mit biologischen Arbeitsstoffen
TRBA 500	Grundlegende Maßnahmen bei Tätigkeiten mit biologischen Arbeitsstoffen

Baustellenverordnung

Europaweite Untersuchungen haben ergeben, dass ein wesentlicher Teil der Unfälle am Bau auf Planungsfehler und mangelnde Organisation zurückzuführen ist. Die Baustellenverordnung soll hier Abhilfe schaffen und zu einer wesentlichen Verbesserung von Sicherheit und Gesundheit der Beschäftigten auf Baustellen führen. Dies soll mit einer verstärkten Koordination der Bauabläufe und die frühzeitige Berücksichtigung von Arbeitsschutzbelangen in der Planungsphase erreicht werden. Auch wenn es sich hierbei um eine Verordnung aus dem Arbeitsschutzbereich handelt, verpflichtet sie doch ausdrücklich auch den **Bauherrn** als Veranlasser eines Bauvorhabens zur Einleitung und Umsetzung der baustellenspezifischen Arbeitsschutzmaßnahmen sowohl bei der Planung als auch bei der Ausführung eines Bauvorhabens.

Je nach Umfang und Gefährlichkeit der Arbeiten ist schon in der Planungsphase und/oder in der Ausführungsphase ein **Koordinator** einzubinden. Zu den Aufgaben des Bauherrn/Koordinators gehört dann gegebenenfalls, eine **Vorankündigung** zu erstellen, einen **Sicherheits- und Gesundheitsschutzplan** (SiGe-Plan) zu erstellen und bei Ausführung von mehreren Unternehmen die Maßnahmen aus Sicht des Arbeitsschutzes zu koordinieren, um gegenseitige Gefährdungen auszuschließen. Unabhängig von der Tätigkeit des Koordinators verbleibt die Verantwortung für die Wahl der geeigneten Arbeitsschutzmaßnahmen und die Umsetzung bei den jeweiligen Unternehmen.

Daneben besteht in bestimmten Fällen das Erfordernis zur **Erstellung einer Unterlage**. Ziel dieser Unterlage ist es, die bei gegebenenfalls später durchzuführenden Arbeiten notwendigen Sicherheits- und Gesundheitsschutzmaßnahmen anzugeben. Dazu zählen nicht nur Hinweise auf dauerhafte Absturzsicherungen auf Dächern oder Sicherheitseinrichtungen zur Fassadenreinigung bei Neubaumaßnahmen, sondern auch Sicherheitsvorkehrungen aufgrund von Schadstoffen, die unter Umständen nach einer Sanierung noch im Gebäude verblieben sind, sowie die Kennzeichnung und Dokumentation dieser Stoffe.

Einen Überblick über die sich je nach Projektumfang ergebenden Pflichten für den Bauherrn gibt Tabelle 2.1.

Bei vorhandener Eignung kann die Koordination für die Ausführung des Bauvorhabens an einen Bauleiter oder an einen beauftragten Unternehmer übertragen werden. Voraussetzung hierfür ist jedoch, dass der Bauherr bereits bei der Ausführungsplanung seinen Verpflichtungen gemäß Baustellenverordnung nachgekommen ist und dem/den Unternehmen die notwen-

Tabelle 2.1: Verantwortung des Bauherrn gemäß Baustellenverordnung

Baustellenbedingungen		**Vorankündigung**	**Erstellung SiGe-Plan**	**Bestellung Koordinator**	**Erstellung Unterlage**
Zahl der tätigen Arbeitgeber	**Umfang und Art der Arbeiten**	**(§ 2)**	**(§ 2 Abs. 3)**	**(§ 3 Abs. 1)**	**(§ 3 Abs. 2 Nr. 3)**
1 Arbeitgeber	< 31 Arbeitstage und < 21 Beschäftigte oder < 501 Personentage	–	–	–	–
	< 31 Arbeitstage und < 21 Beschäftigte oder < 501 Personentage **+ gefährliche Arbeiten**	–	–	–	–
	> 30 Arbeitstage und > 20 Beschäftigte oder > 500 Personentage	×	–	–	–
	> 30 Arbeitstage und > 20 Beschäftigte oder > 500 Personentage **+ gefährliche Arbeiten**	×	–	–	–
mehrere Arbeitgeber (gleichzeitig oder nacheinander tätig)	< 31 Arbeitstage und < 21 Beschäftigte oder < 501 Personentage	–	–	×	×
	< 31 Arbeitstage und < 21 Beschäftigte oder < 501 Personentage **+ gefährliche Arbeiten**	–	×	×	×
	> 30 Arbeitstage und > 20 Beschäftigte oder > 500 Personentage	×	×	×	×
	> 30 Arbeitstage und > 20 Beschäftigte oder > 500 Personentage **+ gefährliche Arbeiten**	×	×	×	×

× erforderlich
– nicht erforderlich

digen Vorgaben aus den vorangegangenen Planungsschritten vom Bauherrn lückenlos zur Verfügung gestellt worden sind. Um Interessenkonflikte zu vermeiden, ist es ratsam, Bauleitung und Koordination zu trennen. Nicht zulässig ist es, dem Bauleiter oder einem beauftragten Unternehmer nachträglich alle Pflichten des Bauherrn pauschal zu übertragen (vgl. Antworten auf häufig gestellte Fragen zur BaustellV, 2005).

Regelwerk der Deutschen Gesetzlichen Unfallversicherung

Neben ihrer Versicherungsaufgabe haben die gesetzlichen Unfallversicherungsträger (Deutsche Gesetzliche Unfallversicherung [DGUV]) den Auftrag, ihre Versicherten vor arbeitsbedingten Gesundheitsgefahren und Unfällen zu schützen und nach Eintritt von Arbeitsunfällen oder Berufskrankheiten die Gesundheit und die Leistungsfähigkeit der Versicherten mit allen geeigneten Mitteln wiederherzustellen (Siebtes Buch Sozialgesetzbuch – Gesetzliche Unfallversicherung).

Alle Unternehmen, Betriebe und Verwaltungen sind Pflichtmitglieder, sodass alle Beschäftigten in Deutschland Versicherungsschutz bei Arbeitsunfällen und Berufskrankheiten genießen. Finanziert werden die Unfallversicherungsträger und damit auch die Versicherungsleistungen bei einem Arbeitsunfall oder bei einer Berufskrankheit grundsätzlich über Beiträge der Arbeitgeber, die dadurch in ihrem Haftungsrisiko entlastet werden.

Zur Erfüllung ihrer Aufgaben haben die Unfallversicherungsträger/Berufsgenossenschaften ein Regelwerk geschaffen, das von den Mitgliedern/Unternehmen zu beachten ist und das die staatlichen Vorschriften konkretisiert und ergänzt. Zu unterscheiden sind dabei 4 Kategorien:

- DGUV Vorschriften (rechtsverbindlich für die Mitglieder)
- DGUV Regeln (Stand der Technik)
- DGUV Informationen (erläuternde Fachinformationen)
- DGUV Grundsätze (Verfahrensmaßstäbe)

Umfangreiche Informationen zum DGUV-Regelwerk, in das das frühere Berufsgenossenschaftliche Regelwerk (BGR) am 1. Mai 2014 überführt wurde, werden auf der Website der DGUV www.dguv.de zur Verfügung gestellt.

Für den Umgang mit Schadstoffen sind u. a. die folgenden Regelungen der DGUV von Bedeutung:

- DGUV Vorschrift 1 (bisher BGV A1/GUV-V A1)
  Grundsätze der Prävention
- DGUV Vorschrift 6 (bisher BGV A4)
  Arbeitsmedizinische Vorsorge
- DGUV Vorschrift 7 (bisher GUV-V A4)
  Arbeitsmedizinische Vorsorge
- DGUV Regel 100-001
  Grundsätze der Prävention
- DGUV Regel 101-004 (bisher BGR 128)
  Kontaminierte Bereiche
- DGUV Regel 112-189 (bisher BGR 189)
  Benutzung von Schutzkleidung
- DGUV Regel 112-190 (bisher BGR/GUV-R 190)
  Benutzung von Atemschutzgeräten

- DGUV Information 201-012 (bisher BGI 664)
  Verfahren mit geringer Exposition gegenüber Asbest bei Abbruch-, Sanierungs- und Instandhaltungsarbeiten
- DGUV Information 201-013 (bisher BGI 665)
  Abbrucharbeiten
- DGUV Information 201-028 (bisher BGI 858)
  Gesundheitsgefährdungen durch biologische Arbeitsstoffe bei der Gebäudesanierung
- DGUV Information 201-031 (bisher BGI 892)
  Gesundheitsgefährdungen durch Taubenkot

2.1.5 „Stand der Wissenschaft und Technik", „Stand der Technik" und „anerkannte Regeln der Technik"

Die „anerkannten Regeln der Technik" werden häufig mit dem „Stand der Technik" sowie dem „Stand der Wissenschaft und Technik" verwechselt. Diese Begriffe habe jedoch unterschiedliche Bedeutung (vgl. hierzu auch Anerkannte Regeln der Technik, 2013; Seibel, 2013; Stand der Technik, 2013).

Als **Stand der Wissenschaft und Technik** (höchste Technikklausel) gelten technische Regeln, die wissenschaftlich richtig und unanfechtbar sind und den jeweils aktuellen Stand der Erkenntnisse aus Forschung und Wissenschaft entsprechen.

Als **Stand der Technik** (zweithöchste Technikklausel) gelten Regeln, die den entsprechenden ausgebildeten Fachleuten bekannt, ebenfalls wissenschaftlich richtig und unanfechtbar sind. Der Begriff „Stand der Technik" soll sicherstellen, dass es zum Einsatz der besten verfügbaren Technik kommt. Zu diesen Regeln zählen die

- TRGS (Technische Regeln für Gefahrstoffe) und die
- TRBA (Technische Regeln für Biologische Arbeitsstoffe).

Als **anerkannte Regeln der Technik** (auch als „allgemein anerkannte Regeln der Technik" bezeichnet) gelten Regeln, die sowohl die Voraussetzungen für eine Einstufung als „Stand der Wissenschaft und Technik" als auch für eine Einstufung als „Stand der Technik" erfüllen und sich zudem über einen ausreichend langen Zeitraum bewährt haben. Beschrieben sind die anerkannten Regeln der Technik u. a. in

- den DIN-VDE-Normen,
- den DIN-Normen,
- den Unfallverhütungsvorschriften und
- den VDI-Richtlinien.

Die anerkannten Regeln der Technik beschreiben das Verhalten im Normalfall und gelten als der Sollzustand einer vertraglichen Leistung.

Neben den oben genannten Unfallverhütungsvorschriften sind vor allem die **DIN-Normen** und die **VDI-Richtlinien** für den Umgang mit Schadstoffen von Bedeutung.

In den **DIN-Normen** ist u. a. geregelt, dass Schadstoffe im Untergrund, im Grundwasser oder in Bauteilen dem Verantwortungsbereich des Bauherrn zuzuordnen sind und alle Maßnahmen im Zusammenhang mit diesen Schadstoffen als „Besondere Leistungen" anzusehen sind. Damit wird der Bauherr neben der ordnungsrechtlichen Verantwortung auch im vertragsrechtlichen Sinne in die Verantwortung genommen und dem Unternehmer ein zusätzlicher Vergütungsanspruch eingeräumt (vgl. VOB/C ATV DIN 18299, Abschnitt 3.3, sowie VOB/C ATV DIN 18459).

Die **VDI-Richtlinien** regeln u. a. Untersuchungsmethoden und Analyseverfahren. Die wichtigste im hier behandelten Zusammenhang zu nennende VDI-Richtlinie ist die VDI/GVSS 6202 Blatt 1, die den Umgang mit Schadstoffen bei Abbruch-, Sanierungs- und Instandhaltungsarbeiten in baulichen und technischen Anlagen regelt. Sie gilt für das Entfernen, das Beschichten und das räumliche Trennen von Schadstoffen sowie für die Bereitstellung und die Übergabe der hierbei anfallenden Abfälle zur Entsorgung.

In der VDI/GVSS 6202 Blatt 1 werden die wesentlichen Aspekte für den Ablauf der Schadstoffsanierung – von der Erhebung bis zur Entsorgung – dargelegt. Ergänzend zu den Regelungen der Vergabe- und Vertragsordnung für Bauleistungen, Teil B und Teil C (VOB/B, VOB/C), werden Empfehlungen für erforderliche werkvertragliche Regelungen gegeben (VDI/GVSS 6202 Blatt 1, Abschnitt 1).

2.2 Verantwortung der Beteiligten in den einzelnen Phasen eines Projekts

Als Veranlasser von Bau- oder Sanierungsmaßnahmen kommt dem Bauherrn gemäß Musterbauordnung (MBO) die Hauptverantwortung zu:

„Bei der Errichtung, Änderung, Nutzungsänderung und der Beseitigung von Anlagen sind der Bauherr und im Rahmen ihres Wirkungskreises die anderen am Bau Beteiligten dafür verantwortlich, dass die öffentlich-rechtlichen Vorschriften eingehalten werden." (§ 52 MBO)

Den vom Bauherrn hinzugezogenen Erfüllungsgehilfen wie Planer (§ 54 MBO), Unternehmer (§ 55 MBO) sowie Bauleiter (§ 56 MBO) wird im Rahmen ihrer Aufgabenbereiche eine eingeschränkte Verantwortung zugewiesen. Daraus darf jedoch nichtgeschlossen werden, dass die anderen am Bau Beteiligten immer nur eine untergeordnete Verantwortung haben, denn neben den bauordnungsrechtlichen Bestimmungen ergeben sich auch Pflichten aus anderen Bestimmungen, wie z. B. die Unterweisung der Mitarbeiter sowie die Wahl der geeigneten Arbeitsverfahren zusammen mit der Gestellung der Arbeitsschutzeinrichtungen und -ausrüstung gemäß Gefahrstoffverordnung.

Im Folgenden steht die Frage im Mittelpunkt, wann für wen Handlungsbedarf besteht. Zu klären sind hierfür zunächst die **Projektziele** (und damit die Motivation) des Bauherrn/Auftraggebers. Die Erfahrung zeigt oft, dass die Ziele nicht hinreichend definiert sind und nicht alle Beteiligten die gleichen Ziele vor Augen haben oder die Ziele – mit oder ohne Wissen der übrigen Beteiligten – im Laufe eines Projekts geändert werden. Der Grund für solche Änderungen liegt häufig darin, dass nicht alle Bedürfnisse des Bauherrn oder Nutzers berücksichtigt wurden, die Rahmenbedingungen nicht hinreichend geklärt waren oder Informationen über den Zustand des Objekts fehlten bzw. unzureichend waren. Nicht selten wird so aus einer Renovierung eine umfangreiche Grundsanierung/Modernisierung und in manchen Fällen sogar ein Abbruch.

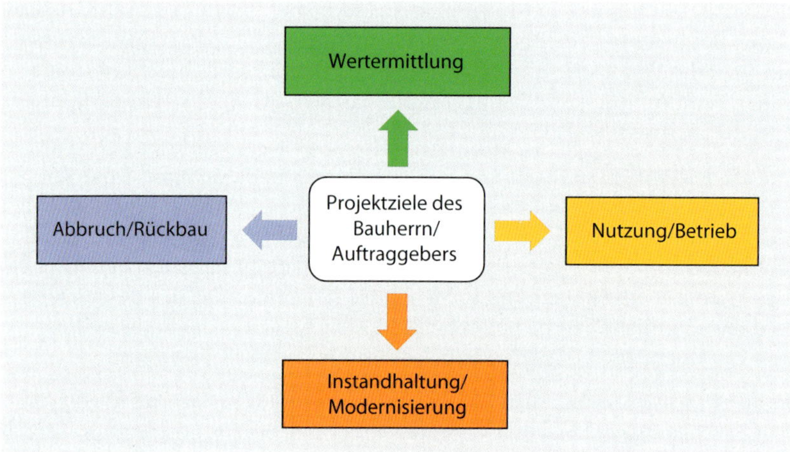

Abb. 2.4: Mögliche Projektziele des Bauherrn/Auftraggebers

Am Ende dieses Kapitels 2.2 sind die Pflichten der Beteiligten während der Gebäudenutzung und in den einzelnen Phasen von Umbau, Modernisierung und Rückbau in Tabelle 2.4 im Überblick zusammengefasst.

2.2.1 Projektziele des Bauherrn

Da sich mit veränderten Projektzielen auch die Aufgaben und Anforderungen an die Beteiligten deutlich ändern, sollte im Vorfeld eine Bedarfsplanung erfolgen und die Ziele sollten vom Bauherrn klar definiert sowie regelmäßig überprüft und abgestimmt werden. Mögliche alternative Ziele sollten ebenfalls berücksichtigt werden. Dies erfordert eine eindeutige Projektstruktur und Koordination.

Die Darstellung in Abb. 2.4 gibt eine Übersicht möglicher Projektziele des Bauherrn/Auftraggebers.

Je nach Projektziel ergeben sich für die Umsetzung unterschiedliche Akteure, die am Vorhaben beteiligt sein können, wie z. B. der aktuelle Eigentümer, der Vermieter, der Mieter, der Arbeitgeber der im Objekt beschäftigten Mitarbeiter, der Arbeitgeber der im Objekt tätigen Handwerker, der Planer, der Verkäufer und der Käufer, die beteiligten Fach- und Genehmigungsbehörden sowie die gewerblichen Berufsgenossenschaften.

2.2.2 Verantwortung von Eigentümer, Vermieter, Planer und Bauunternehmen

Beim Bauen im Bestand, bei der Schadstoffsanierung und auch beim Rückbau werden die üblichen Phasen nach der Systematik der Honorarordnung für Architekten und Ingenieure (HOAI) von der Grundlagenermittlung über die Planung und Genehmigung, die Ausschreibung und Vergabe bis hin zur Ausführung mit der Bau- und Objektüberwachung durchlaufen. Speziell für den Bereich der Schadstoffsanierung und des Rückbaus gibt das AHO-Heft 18 (Leistungsbild und Honorierung. Planungsbereich „Baufeldfreimachung/Rückbau“, 2015) ergänzende Hinweise zu den Leistungsphasen und den Leistungen (AHO: Ausschuss der Verbände und Kammern der Ingeni-

Tabelle 2.2: Verantwortung des Bauherrn und des Planers bei Umbau, Modernisierung und Rückbau

Verantwortlicher	Rechtsbereich	Phase Grundlagenermittlung	Planung und Genehmigung	Ausschreibung und Vergabe	Baustellenvorbereitung und -einrichtung	Bauausführung
Bauherr	**Bauordnungsrecht**	• Einhaltung öffentlicher Vorschriften • Ermittlung und Bewertung	• Planung der Maßnahme	• Beauftragung geeigneter Unternehmen		• Einhaltung öffentlicher Vorschriften • Koordination • Bestellung Bauleiter • Erfolgskontrolle • Kennzeichnung der Gefahrstoffe
	Abfallrecht	• Gewährleistung der ordnungsgemäßen Abfallentsorgung[1)]			• Deklaration und Entsorgungsnachweis	• Nachweispflicht und Nachweisverfahren
	Immissionsschutzrecht		• Prognose der Immissionen und Festlegung von Maßnahmen zur Einhaltung der Richtwerte			
	Arbeitsschutzrecht	• Erkundung, Ermittlung, Beurteilung • Information über Gefährdungen	• Sicherheits- und Gesundheitsschutzplanung • Vorankündigung • Erstellung Arbeits- und Sicherheitsplan	• Ausschreibung der Arbeitsschutzmaßnahmen • Beauftragung von Fachunternehmen	• Unterstützung bei der Gefährdungsbeurteilung des Auftragnehmers • Sicherstellung der Einhaltung der baustellenbezogenen Arbeitsschutzvorschriften	• Bestellung Koordinator • Erstellung Unterlage • Kennzeichnung der Gefahrstoffe
Planer		• Einhaltung aller relevanten öffentlichen Vorschriften bzw. Erfüllung der vom Auftraggeber übertragenen Aufgaben • Hinweis- und Beratungsverpflichtung gemäß HOAI				

1) Diese Verpflichtung gilt für die Abfälle aus dem Verantwortungsbereich des Auftraggebers.

eure und Architekten für die Honorarordnung e. V.). Wie detailliert die einzelnen Phasen bearbeitet werden, hängt von dem jeweiligen Vorhaben und den Rahmenbedingungen ab.

Welche wesentlichen **Pflichten** für den **Bauherrn** (in der Regel Eigentümer/Vermieter/Verfügungsberechtigter/Auftraggeber) und seinen **Planer** bestehen, kann anhand der Übersicht in Tabelle 2.2 überprüft werden. Unter Umständen können sich je nach Vorhaben weiter reichende Pflichten ergeben.

Eine detailliertere Darstellung mit den jeweils zugrunde liegenden Regelwerken findet sich in Tabelle 2.4 am Ende dieses Kapitels 2.2.

Hinweis

Da in den Vorschriften nicht immer explizit ein bestimmter Personenkreis angesprochen wird, sondern vielfach der Umgang mit bestimmten Stoffen (z. B. im Abfallrecht und im Gefahrstoffrecht), bestimmte Tätigkeiten oder Arbeitsstätten (z. B. im Arbeitsschutzrecht), die Errichtung oder der Betrieb eines Gebäudes (im Bauordnungsrecht) oder der Schutz der Umwelt (im Immissionsschutzrecht und hinsichtlich Altlasten) geregelt werden, sind die **Zuständigkeiten vom Einzelfall abhängig. In der Regel sind mehrere Personen gleichzeitig in der Verantwortung.**

2.2.3 Grundlagenermittlung

Bei einem **Neubau** sind einige **Rahmenbedingungen** vorgegeben (z. B. die Grundstücksgröße und der Baugrund), während andere Rahmenbedingungen wie die zu verwendenden Materialien und die Zusammensetzung der Baustoffe (Qualität) und die Größe der Einheiten oder die Zahl der Geschosse (Quantität) in einem gewissen Rahmen noch angepasst werden können.

Bei **Bestandsgebäuden** kommen aufgrund der vorhandenen Bausubstanz und vorangegangener Nutzungen weitere **Rahmenbedingungen** hinzu, wobei das Wissen über die verwendeten Baustoffe und die vorhandenen Schadstoffe oft nicht oder nicht mehr vollständig verfügbar ist.

Unzureichendes Wissen über Qualität und Quantität des Bestandes und mangelhafte Planung führen zwangsläufig zur Verschlechterung der Ausgangssituation, woraus z. B. erhöhte Kosten und verlängerte Ausführungszeiten resultieren können und sogar der Gesamterfolg des Vorhabens gefährdet sein kann. Dies kann z. B. eintreten, wenn Schadstoffe nicht rechtzeitig erkannt wurden und aufgrund von Vermischung mit anderen Materialien kostenintensiv entsorgt werden müssen (Verschlechterung der Quantität) oder Schadstoffe freigesetzt wurden und durch Kontamination in ursprünglich unbelasteten Bereichen zusätzliche Maßnahmen erforderlich wurden (Verschlechterung der Qualität). Daher kommt der **Grundlagenermittlung** und der **Bestandsaufnahme** beim Bauen im Bestand vor den üblichen Planungsschritten eine so große Bedeutung zu.

Die **Ermittlungspflicht** ergibt sich grundsätzlich aus der Musterbauordnung, nach der alle öffentlichen Vorschriften einzuhalten sind, und im Detail aus den eingeführten Technischen Baubestimmungen, wie z. B. der Asbest-Richtlinie, die eine Ermittlung und Bewertung von Schadstoffen fordern. Zudem sind in nahezu allen Arbeitsschutzvorschriften auch Pflichten zur Erkundung, Ermittlung und Beurteilung von Gefährdungen sowie die entsprechende **Informationspflicht** der Betroffenen seitens des Auftraggebers und Bauherrn verankert. So legt z. B. die TRGS 524, Abschnitt 3.2.1, fest:

„(1) Der Auftraggeber hat aufgrund seiner Verpflichtungen aus § 17 Abs. 1 Satz 2 GefStoffV, § 2 Abs. 1 und 3 in Verbindung mit § 4 Baustellenverordnung und gegebenenfalls anderer Rechtsvorschriften zu ermitteln, ob in den an den Auftragnehmer zur Bearbeitung übergebenen Materialien Gefahrstoffe enthalten sein können.

(2) Führt diese Ermittlung zu dem begründeten Verdacht, dass in den an den Auftragnehmer zur Bearbeitung übergebenen Materialien Gefahrstoffe enthalten sein können, ist vom Auftraggeber das mögliche Gefährdungspotenzial zu beschreiben. Dazu sind im Vorfeld der Arbeiten in kontaminierten Bereichen eine Erkundung und Beurteilung der zu bearbeitenden Materialien (Untergrund, Grundwasser, Bausubstanz, Anlagen) im Hinblick auf die entsprechend der Bau- und Nutzungsgeschichte zu vermutenden oder bereits als vorhanden festgestellten Gefahrstoffe vorzunehmen. Die für die Gefährdungsbeurteilung relevanten Eigenschaften der Gefahrstoffe sind zu beschreiben."

Da der **Planervertrag** wie auch der **Bauvertrag** in der Regel **Werkverträge** sind, schulden Planer und Fachingenieure eine fachgerechte Leistung unter Berücksichtigung der anerkannten Regeln der Technik (Leistungsumfang der HOAI: Beraten zum gesamten Leistungsbedarf und Formulieren von Entscheidungshilfen für die Auswahl anderer an der Planung fachlich Beteiligter). Hierzu gehören unter Umständen auch folgende Leistungen:

- Erfassung und Erstbewertung der Historie
- Erfassung und Erstbewertung des Istzustands
- Prüfung der vorliegenden Unterlagen auf Vollständigkeit
- Hinweis an den Bauherrn/Auftraggeber auf fehlende Unterlagen wie z. B. ein Schadstoffkataster
- Unterstützung des Bauherrn/Auftraggebers bei der Einholung der erforderlichen Gutachten

Erfüllt der Planer die genannten Aufgaben nicht oder führt er die Arbeit trotz unvollständiger Unterlagen (wie z. B. fehlendes oder unvollständiges Schadstoffkataster) fort, liegt gegebenenfalls eine **mangelhafte Leistung** vor und er kann entsprechend für ein fehlgeschlagenes Bauvorhaben in **Haftung** genommen werden.

Insbesondere bei Bestandsgebäuden stellt die Schadstoffuntersuchung nicht zuletzt wegen der schon gegebenen Rahmenbedingungen einen zentralen Baustein in der Projektabwicklung dar. Die VDI/GVSS 6202 Blatt 1 gibt hier Entscheidungshilfen, Handlungsanleitungen und Bewertungskriterien für die Erstellung von Schadstoffkatastern und für die Auswahl der geeigneten Schadstoffgutachter, sodass die beschriebenen Anforderungen abgedeckt werden.

2.2.4 Planung und Genehmigung

Sofern entsprechende Gefährdungen im Rahmen der Grundlagenermittlung festgestellt wurden, ergibt sich die Notwendigkeit, zusätzlich zu den üblichen Planungen und Genehmigungsverfahren bzw. Kenntnisgabeverfahren (z. B. in Baden-Württemberg bei Abbruchmaßnahmen) einen **Sicherheits- und Gesundheitsschutzplan (SiGe-Plan)** zu erstellen und gegebenenfalls eine Vorankündigung einzureichen. Zusätzlich kann es erforderlich sein, beim Auftreten von Gefahrstoffen, einen **Arbeits- und Sicherheitsplan (A+S-Plan)** zu erstellen bzw. Asbestsanierungsmaßnahmen zu planen.

Während der **SiGe-Plan** die gegenseitige Gefährdung einzelner Auftragnehmer ausschließen soll, behandelt der **A+S-Plan** die konkreten Maßnahmen im Umgang mit Gefahrstoffen bzw. biologischen Arbeitsstoffen. Es empfiehlt sich hier auch die notwendigen Planungsschritte für den Umgang mit **Asbest** sowie Maßnahmen im Umgang mit **künstlichen Mineralfasern**, **Schimmelpilzen** und **Taubenkot** einzubinden. In den weiteren Planungs- und Genehmigungsphasen sind dann auch die Immissionsrichtwerte insbesondere im Hinblick auf **Baulärm** oder **Recyclinganlagen** festzulegen.

2.2.5 Ausschreibung und Vergabe

Aus dem Bauordnungsrecht und den entsprechenden eingeführten Richtlinien ergibt sich die Verpflichtung für den Bauherrn/Auftraggeber, **nur geeignete Fachunternehmen** zu beauftragen. Deren Eignung hängt sehr stark von den beabsichtigten Baumaßnahmen ab, deshalb sind die Größe der von ihnen bisher durchgeführten Maßnahmen oder anschauliche Referenzen nicht immer aussagekräftig. Viel wichtiger ist, ob die infrage kommenden Unternehmen die Arbeiten auch **mit eigenem Personal und Gerät** ausgeführt haben und über die entsprechenden **Zulassungen** und die erforderliche **Erfahrung** verfügen – eine Einschätzung, die entsprechende Erfahrung und Marktkenntnis erfordert. Hier liegt eine der wichtigen Aufgaben des beratenden Planers. Ein weiteres entscheidendes Kriterium zur Auswahl geeigneter Unternehmen stellen die entsprechenden **Versicherungsnachweise** dar, die eine für das Bauvorhaben ausreichende Deckungssumme, die vor allem die Risiken aus dem Umgang mit den entsprechenden Gefahrstoffen abdeckt, ausweisen müssen.

Auch wenn ein geeignetes Fachunternehmen gefunden wurde, ist eine **detaillierte Ausschreibung** der **Arbeitsschutzanforderungen** sowie der **Entsorgung** unerlässlich, um auch die gesetzlichen Bestimmungen zum Arbeitsschutz und die Vorschriften der gesetzlichen Unfallversicherer zu erfüllen; letztendlich ist diese detaillierte Ausschreibung ohne ein Schadstoffkataster nicht möglich. Selbst einem Fachunternehmen wird es nicht möglich sein, im Rahmen der Angebotserstellung mit bloßem Auge alle Schadstoffe eindeutig zu identifizieren. Wer darauf vertraut, sollte sich zudem fragen, ob der eingesetzte Planer, der sich ja bereits ausgiebig mit dem Bauvorhaben auseinandergesetzt hat, über ausreichende Erfahrung verfügt, denn dann hätte er die Schadstoffe bereits erkennen können und beschreiben müssen.

Der Bieter ist im Rahmen der Angebotsbearbeitung nicht zur Durchführung von Untersuchungen verpflichtet. Er kann sich vielmehr gemäß der gängigen Rechtsprechung darauf verlassen, dass der Eigentümer/Bauherr zusammen mit seinem Planer die notwendigen Untersuchungen im Vorfeld durchgeführt hat.

Andererseits sollte der Bieter sich wiederum nicht zu sehr auf die Verpflichtung des Bauherrn/Auftraggebers zur vollumfänglichen Untersuchung und Beschreibung verlassen. Zwar kann vom Bieter nicht verlangt werden, dass er alle Schadstoffe und Risiken im Vorfeld erkennt, wenn aber ein Unternehmen über besondere Fach- und Sachkenntnis verfügt und sich bei einem Objekt eindeutige Hinweise aus den Unterlagen oder im Rahmen des Ortstermins ergeben, hat es zumindest eine **Hinweispflicht** (wie z. B. bei einem offensichtlichen Asbestzementdach). Denn ob erst später vorgefundene Schadstoffe als „offensichtlich" eingestuft werden und sich Nachforderungen geltend machen lassen, hängt sehr vom Einzelfall ab (vgl. Fuchs/Schalk, 2013).

2.2.6 Baustellenvorbereitung und -einrichtung

Wenn der Bauherr und sein Planer in den vorauslaufenden Phasen alle Aufgaben erfüllt haben, liegt der Tätigkeitsschwerpunkt beim Auftragnehmer. Der Auftragnehmer übernimmt zusammen mit dem Bauherrn und dem Planer eine Mitverantwortung für das Gelingen des Bauvorhabens. Zu beachten ist auch in dieser Phase, dass die alleinige Verantwortung nicht an den Unternehmer übergeht, sondern alle Beteiligten bestimmte Aufgaben und Verantwortungen haben und unter Umständen mehrere Personengruppen zusammen die Verantwortung für einzelne Tätigkeiten haben können. So ist z. B. der Unternehmer dafür verantwortlich, dass bei seinen Tätigkeiten keine Schadstoffe, durch die Dritte gefährdet werden, freigesetzt werden, und der verantwortliche Planer/Architekt muss dafür Sorge tragen, dass die Maßnahmen ordnungsgemäß ausgeführt werden, während der Bauherr ohnehin die Gesamtverantwortung für das Bauvorhaben trägt.

Der Auftragnehmer sollte hier vor allem den Erfolg der Baumaßnahme und die Sicherheit seiner Mitarbeiter im Fokus haben. Daraus ergeben sich Aufgaben wie die **Gefährdungsbeurteilung** und die **Erstellung von Betriebsanweisungen** sowie die **Anmeldung der Tätigkeiten** bei den Berufsgenossenschaften und gegebenenfalls bei den Arbeitsschutzbehörden, unter Umständen sind auch **arbeitsmedizinische Vorsorgeuntersuchungen** der Mitarbeiter zu veranlassen, sofern dies nicht bereits im Vorfeld geschehen ist.

Neben den notwendigen Vorbereitungen zum Arbeitsschutz sind in dieser Phase auch die **Entsorgungsmaßnahmen** vorzubereiten und vom Bauherrn unter Mitwirkung von Planer oder Auftragnehmer die **erforderlichen Nachweise** zu erstellen. Hierfür muss der Auftraggeber über eine Abfallerzeugernummer (auch „Betriebsnummer“ genannt) verfügen, für das elektronische Abfallnachweisverfahren bei der Zentralen Koordinierungsstelle der Länder (ZKS-Abfall) angemeldet sein und über eine Signaturkarte für die qualifizierte elektronische Signatur verfügen. Dies kann vom Planer bereits im Vorfeld veranlasst und für den Auftraggeber durchgeführt werden. Sofern der Bauherr diese Funktion nicht selbst übernehmen möchte, kann er auch einen Bevollmächtigten benennen.

Hinweis

> Die Nachweisverordnung (Verordnung über die Nachweisführung bei der Entsorgung von Abfällen) bietet auch die Möglichkeit, dass der Auftragnehmer für die Abfälle aus dem Verantwortungsbereich des Bauherrn formal in den Entsorgungsnachweisen als Abfallerzeuger auftritt.
>
> Die Abfallerzeugerverantwortung im Sinne des Kreislaufwirtschaftsgesetzes geht damit jedoch nicht vom Auftraggeber bzw. Bauherrn auf den Auftragnehmer über. Der Bauherr bleibt weiterhin in der Verantwortung für die vollumfängliche Kontrolle der ordnungsgemäßen Entsorgung.

Im Zuge der Vorbereitungen obliegt es dem Auftragnehmer, die Örtlichkeiten und die Verkehrswege zu besichtigen, die ihm vom Auftraggeber zur Verfügung gestellten und dokumentierten Unterlagen auf offensichtliche Unstimmigkeiten zu prüfen und auf entdeckte oder vermutete Mängel hinzuweisen. Auch hat er gegebenenfalls weitere Informationen beim Auftrag-

Tabelle 2.3: Verantwortung des Arbeitgebers in der Baustellenvorbereitung und -einrichtung sowie in der Bauausführung

Verantwortlicher	Rechtsbereich	Phase	
		Baustellenvorbereitung und -einrichtung	**Bauausführung**
Arbeitgeber (Handwerker/ Bauunternehmen)	**Bauordnungsrecht**	• Mitverantwortung Bauunternehmen und Bauleiter • Informationsermittlung und Gefährdungsbeurteilung • arbeitsmedizinische Vorsorge • Anzeige bei Berufsgenossenschaft und Arbeitsschutzbehörde • Erstellung Betriebsanweisung sowie Unterweisung	• Mitverantwortung Bauunternehmen und Bauleiter • Umsetzung Schutzmaßnahmen und Gestellung von Schutzausrüstung • Erfolgskontrolle
	Abfallrecht	• Deklaration und Entsorgungsnachweis	• Nachweispflicht und Nachweisverfahren
	Immissionsschutzrecht		• Beachtung der Anforderungen zum Schutz vor schädlichen Umwelteinwirkungen • Einhaltung der Immissionsrichtwerte und Immissionsminimierung auf das unvermeidliche Maß
	Arbeitsschutzrecht	• Gefährdungsbeurteilung • Erstellung Betriebsanweisung sowie Unterweisung • arbeitsmedizinische Vorsorge • Zulassung und Anzeige der Arbeiten	• Arbeitsschutz und mängelfreie Arbeitsstätten • Benennung von sachkundigen und verantwortlichen Personen • Leitung der Arbeiten durch fachlich geeignete Vorgesetzte bzw. Bauleiter • Wahl der geeigneten Verfahren, Maschinen, Geräte und Schutzmaßnahmen • Gestellung der Arbeitsschutzeinrichtungen und -ausrüstung • messtechnische Überwachung

geber anzufordern oder darauf hinzuweisen, dass weitere Untersuchungen notwendig sind, um eine Gefährdungsbeurteilung bzw. eine Betriebsanweisung erstellen, die Arbeitsverfahren und die persönliche Schutzausrüstung festlegen und die Abfallentsorgung vorbereiten zu können.

Da diese Tätigkeiten sämtlich im Vorfeld der Ausführung zu erbringen sind und allein die **Anzeige von Arbeiten zur Sanierung von Gebäudeschadstoffen** wie z. B. polychlorierten Biphenylen (PCB) oder polycyclischen aromatischen Kohlenwasserstoffen (PAK) spätestens 14 Tage (DGUV Regel 101-004) sowie die **Anzeige von Arbeiten mit asbesthaltigen Materialien** spätestens 7 Tage vor Aufnahme der Arbeiten erfolgen müssen (TRGS 519 und Gefahrstoffverordnung), empfiehlt es sich, mehr als 14 Tage zwischen Auftragserteilung und Baubeginn einzuplanen. Werden neben den Arbeiten am Gebäude auch andere Arbeiten in kontaminierten Bereichen ausgeführt (z. B. eine Bodensanierung), beträgt die Frist mehr als 4 Wochen.

Die wesentlichen Pflichten des Arbeitgebers als Auftragnehmer im Rahmen der Baustellenvorbereitung und -einrichtung sowie in der Bauausführung sind in Tabelle 2.3 zusammengefasst.

2.2.7 Bauausführung

In der Bauausführung liegt die Gesamtverantwortung gemäß den Landesbauordnungen beim Bauherrn/Auftraggeber, wobei dem Planer – in der Regel der Architekt – eine Mitverantwortung zukommt. Zusammen mit dem Bauunternehmen schuldet der Planer eine ordnungsgemäße Ausführung und ein mängelfreies Objekt. Wenn Mängel in der Ausführung auftreten oder ein bestimmungsgemäßer Gebrauch nach Abschluss der Arbeiten nicht gewährleistet ist, kann dies für den Planer weitreichende Folgen haben.

Bauherr

Zu den Pflichten des Bauherrn/Auftraggebers in der Bauphase gehören u. a.:

- Einhaltung der öffentlichen Vorschriften
- Bestellung des **Bauleiters** gemäß Landesbauordnung
- Koordination gemäß Baustellenverordnung (gegebenenfalls Bestellung eines Koordinators – auch **Baustellenkoordinator** oder Sicherheits- und Gesundheitsschutzkoordinator [SiGeKo] genannt)
- Bestellung eines Koordinators (im Folgenden **Gefahrstoffkoordinator**) gemäß Gefahrstoffverordnung und TRGS 524 bzw. DGUV Regel 101-004
- Überwachung des ordnungsgemäßen Bauablaufs und Erfolgskontrolle
- Entsorgung sämtlicher anfallender Abfälle unter Erfüllung der abfallrechtlichen Deklarations-, Nachweis- und Dokumentationspflichten
- Erstellung der Unterlage gemäß Baustellenverordnung und Kennzeichnung der Gefahrstoffe

Bauleiter

Die Auswahl eines geeigneten Bauleiters, der über die erforderliche Sachkunde und Erfahrung verfügt, ist für den weiteren Erfolg der Baumaßnahme von großer Bedeutung, da ohne ihn der Koordinator/die Koordinatoren keinen Ansprechpartner zur Umsetzung der Schutzmaßnahmen hat/haben.

Baustellenkoordinator

Der Baustellenkoordinator (Sicherheits- und Gesundheitsschutzkoordinator [SiGeKo] gemäß Baustellenverordnung) ist vom Bauherrn/Auftraggeber einzusetzen, um eine gegenseitige Gefährdung einzelnen Auftragnehmer zu vermeiden, wobei der Bauherr hierdurch jedoch nicht von seiner Verantwortung entbunden wird.

Zu den **Aufgaben des Baustellenkoordinators** (SiGeKo) gehört gemäß Baustellenverordnung u. a.,

- die Anwendung der allgemeinen Grundsätze des Arbeitsschutzgesetzes zu koordinieren,
- darauf zu achten, dass die Arbeitgeber und die Unternehmer ohne Beschäftigte ihre Pflichten gemäß Baustellenverordnung erfüllen,
- den Sicherheits- und Gesundheitsschutzplan bei erheblichen Änderungen in der Ausführung des Bauvorhabens anzupassen oder anpassen zu lassen,
- die Zusammenarbeit der Arbeitgeber zu organisieren und
- die Überwachung der ordnungsgemäßen Anwendung der Arbeitsverfahren durch die Arbeitgeber zu koordinieren.

Hinweis

Auch wenn in der Praxis der Koordinator neben seinen Koordinationsaufgaben zusätzlich oft auf Mängel beim Arbeitsschutz hinweist, bleibt die eigentliche Verantwortung für die Umsetzung und Einhaltung von Arbeitsschutzmaßnahmen bei dem jeweiligen Unternehmer.

Gefahrstoffkoordinator

Der Gefahrstoffkoordinator (Gefahrstoffverordnung und TRGS 524 bzw. DGUV Regel 101-004) ist neben dem Baustellenkoordinator zu bestellen, wenn Arbeiten in kontaminierten Bereichen bzw. Gefährdungen durch Gefahrstoffe vorliegen.

Zu den **Aufgaben des Gefahrstoffkoordinators** gehören gemäß TRGS 524 bzw. DGUV Regel 101-004 u. a.,

- einen baustellenbezogenen Arbeits- und Sicherheitsplan aufzustellen,
- die Versicherten in die jeweiligen Gefährdungen und die erforderlichen Schutzmaßnahmen auf der Arbeits- oder Baustelle einzuweisen,
- die Einhaltung der in den Betriebsanweisungen festgelegten Anforderungen zu überwachen,
- gegebenenfalls zusätzlich erforderliche Ermittlungen zu Gefahrstoffen und biologischen Arbeitsstoffen zu veranlassen und
- erforderliche Messungen in der Luft der Arbeitsbereiche vornehmen zu lassen.

Mit der Bestellung des Gefahrstoffkoordinators sind auch die Koordinationspflichten gemäß Gefahrstoffverordnung erfüllt.

Obwohl die Befugnisse (z. B. die Weisungsbefugnis) und Aufgaben der Koordinatoren unterschiedlich sind, bietet es sich an, alle diese Koordinationsaufgaben von 1 Person wahrnehmen zu lassen, sofern sie über die für die jeweilige Baumaßnahme erforderlichen Eignungen und Qualifikationen verfügt.

Wenn durch den Bauherrn/Auftraggeber mehrere Koordinatoren gleichzeitig bestellt werden, was z. B. aufgrund der Größe des Bauvorhabens oder des Erfordernisses besonderer Kenntnisse notwendig sein kann, obliegt die **Gesamtkoordination** immer dem **Baustellenkoordinator** gemäß Baustellenverordnung. In Abb. 2.5 sind die Rollen des Bauherrn und der Koordinatoren in der Übersicht dargestellt.

Nach **Abschluss einer Sanierung** sollte immer eine **Dokumentation** erstellt werden, die aufzeigt, wo Schadstoffe beseitigt wurden, in welchen Bereichen noch mit Schadstoffen im Rahmen von Wartung, Instandsetzung oder Umbau zu rechnen ist und wie mit diesen Schadstoffen in Zukunft umzugehen ist. Selbst wenn alle Schadstoffe beseitigt wurden, ist diese Dokumentation notwendig, da sie den zukünftigen Nutzern wichtige Hinweise gibt und damit Neubewertungen der Immobilie erleichtert sowie die Kosten für Untersuchungen in der Zukunft deutlich reduzieren kann. Sofern eine **Unterlage gemäß Baustellenverordnung** zu erstellen ist, bietet es sich an, die Dokumentation über die Sanierungsmaßnahmen in die Unterlage zu integrieren.

Abb. 2.5: Verantwortung des Bauherrn und der Koordinatoren

Auftragnehmer/Unternehmer

Der Auftragnehmer/Unternehmer muss über die erforderliche Sachkenntnis und Erfahrung verfügen und hat seinerseits einen **Bauleiter** mit der erforderlichen Sachkunde und Erfahrung einzusetzen.

Dieser Bauleiter muss die vorschriftsmäßige Durchführung der Arbeiten gewährleisten und auch mit den besonderen Gefahren bei Arbeiten in kontaminierten Bereichen vertraut sein.

Gemäß VDI/GVSS 6202 Blatt 1 sind vom Auftragnehmer folgenden **Tätigkeiten vor Aufnahme der Arbeiten** auszuführen:

- Überprüfung des Vorliegens der Dokumente wie z. B. Abbruchgenehmigung, Entsorgungsnachweise oder Nachweis der Medienfreischaltung
- Erstellung/Fortschreibung des Baustelleneinrichtungsplans
- Erstellung/Fortschreibung des Arbeits- und Bauablaufplans
- Zusammenstellung der personellen Besetzung einschließlich der Nachweise der Sachkunde und der arbeitsmedizinischen Vorsorgeuntersuchungen
- Zusammenstellung der technischen Arbeitsmittel wie z. B. Raumluftfilteranlagen, Industriestaubsauger oder persönliche Schutzausrüstung

Für eingesetzte **Subunternehmer** gelten dieselben Anforderungen wie für den Hauptauftragnehmer.

Bei der Festlegung der Maßnahmen durch den Unternehmer ist der Schutz der Beschäftigten und anderer Personen vor Gefährdungen ihrer Gesundheit und Sicherheit durch Schadstoffe und der Schutz der Umwelt vor stoffbedingten Schädigungen zu berücksichtigen.

Tabelle 2.4: Verantwortung der Beteiligten während der Gebäudenutzung und bei Umbau, Modernisierung und Rückbau

Verantwortlicher	Rechtsbereich	Vorschrift	Phase	
			Nutzung	**Umbau, Modernisierung und Rückbau**
			Wartung und Instandhaltung	**Grundlagenermittlung**
Bauherr/ Auftraggeber	**Bauordnungsrecht**	**Musterbauordnung**	§ 3 Abs. 1: Anordnung, Errichtung, Änderung und Instandhaltung ohne Gefährdung der öffentlichen Sicherheit und Ordnung, insbesondere Leben, Gesundheit und natürliche Lebensgrundlagen § 13 Satz 1: Vermeidung von Gefahren oder unzumutbaren Belästigungen durch bauliche Anlagen § 52: Hauptverantwortung Bauherr § 52: Einhaltung aller relevanten öffentlichen Vorschriften	§ 3 Abs. 1: Anordnung, Errichtung, Änderung und Instandhaltung ohne Gefährdung der öffentlichen Sicherheit und Ordnung, insbesondere Leben, Gesundheit und natürliche Lebensgrundlagen § 13 Satz 1: Vermeidung von Gefahren oder unzumutbaren Belästigungen durch bauliche Anlagen § 52: Hauptverantwortung Bauherr § 52: Einhaltung aller relevanten öffentlichen Vorschriften
		Asbest-Richtlinie	Abschn. 3: Bewertung der Dringlichkeit von Sanierungsmaßnahmen	Abschn. 3: Bewertung der Dringlichkeit von Sanierungsmaßnahmen
		PCB-Richtlinie	Abschn. 3: Bewertung der PCB-Belastung von Räumen und der Dringlichkeit von Sanierungsmaßnahmen	Abschn. 3: Bewertung der PCB-Belastung von Räumen und der Dringlichkeit von Sanierungsmaßnahmen
		PCP-Richtlinie	Abschn. 4: Ermittlung der Sanierungsnotwendigkeit PCP-belasteter Räume	Abschn. 4: Ermittlung der Sanierungsnotwendigkeit PCP-belasteter Räume
	Abfallrecht	**Kreislaufwirtschaftsgesetz**	§ 3: Abfallerzeuger (siehe auch VOB/C ATV DIN 18299, Abschn. 4.1.11, 4.1.12), Ausnahme Dienstleistungs- und Reparaturfälle	§ 3: Abfallerzeuger (siehe auch VOB/C ATV DIN 18299, Abschn. 4.1.11, 4.1.12)
		Nachweisverordnung		

Planung und Genehmigung	Ausschreibung und Vergabe	Baustellenvorbereitung und -einrichtung	Bauausführung
			§ 3 Abs. 1: Anordnung, Errichtung, Änderung und Instandhaltung ohne Gefährdung der öffentlichen Sicherheit und Ordnung, insbesondere Leben, Gesundheit und natürliche Lebensgrundlagen § 13 Satz 1: Vermeidung von Gefahren oder unzumutbaren Belästigungen durch bauliche Anlagen § 52: Hauptverantwortung Bauherr § 52: Einhaltung aller relevanten öffentlichen Vorschriften § 53: Bestellung Bauleiter
Abschn. 4.1: Planung von Sanierungsmaßnahmen	Abschn. 4.1: Beauftragung geeigneter Unternehmen		Abschn. 4.4: Schutzmaßnahmen während der Sanierung Abschn. 4.5: abschließende Arbeiten und Kennzeichnung der verbliebenen Produkte Abschn. 5: Erfolgskontrolle
Abschn. 4: vollumfängliche Planung	Abschn. 4: Beauftragung geeigneter Unternehmen		Abschn. 4.3: Schutzmaßnahmen bei der Sanierung PCB-belasteter Baustoffe und Bauteile Abschn. 4.3.3: organisatorische Schutzmaßnahmen, Bestellung Koordinator bei Beteiligung mehrerer Unternehmen Abschn. 5: Erfolgskontrolle
Abschn. 6.1: vollumfängliche Planung	Abschn. 6.1: Beauftragung geeigneter Unternehmen		Abschn. 6.1: Dokumentation verbleibender PCP-belasteter Materialien Abschn. 7.3: organisatorische Schutzmaßnahmen, Bestellung Koordinator bei Beteiligung mehrerer Unternehmen Abschn. 6.3: Erfolgskontrolle
		§ 3: Abfallerzeuger (siehe auch VOB/C ATV DIN 18299, Abschn. 4.1.11, 4.1.12)	§ 3: Abfallerzeuger (siehe auch VOB/C ATV DIN 18299, Abschn. 4.1.11, 4.1.12)
		§ 2: Nachweispflicht § 3: Deklaration und Entsorgungsnachweis	§ 2: Nachweispflicht § 3: Deklaration und Entsorgungsnachweis § 23: Registerpflicht

Tabelle 2.4: Fortsetzung

Verantwortlicher	Rechtsbereich	Vorschrift	Phase	
			Nutzung	**Umbau, Modernisierung und Rückbau**
			Wartung und Instandhaltung	**Grundlagenermittlung**
Bauherr/ Auftraggeber (Fortsetzung)	**Immissionsschutzrecht**	**Bundes-Immissionsschutzgesetz**		
		Allgemeine Verwaltungsvorschrift Baulärm		
	Arbeitsschutzrecht	**Arbeitsschutzgesetz**	§ 8: Vergewisserung, dass Beschäftigte anderer Unternehmen angemessene Anweisungen hinsichtlich der Gefahren für ihre Sicherheit und Gesundheit erhalten haben	
		Baustellenverordnung		
		Gefahrstoffverordnung	§ 6: Aufnahme der Gefahrstoffe in das Gefahrstoffverzeichnis des Betriebes, u. a. Bezeichnung der Arbeitsbereiche, in denen Beschäftigte dem Gefahrstoff ausgesetzt sein können § 15: Information der Fremdfirmen über Gefahrenquellen und spezifische Verhaltensregeln	§ 6: Aufnahme der Gefahrstoffe in das Gefahrstoffverzeichnis des Betriebes, u. a. Bezeichnung der Arbeitsbereiche, in denen Beschäftigte dem Gefahrstoff ausgesetzt sein können § 15: Information der Fremdfirmen über Gefahrenquellen und spezifische Verhaltensregeln
		TRGS 524 Schutzmaßnahmen bei Tätigkeiten in kontaminierten Bereichen	Abschn. 2.5: Definition Auftraggeber Abschn. 3.1, 3.2, 4: Erkundung und Beschreibung eventueller Gefahrstoffe, Gefährdungsermittlung und Beschreibung des Gefährdungspotenzials	Abschn. 2.5: Definition Auftraggeber Abschn. 3.1, 3.2, 4: Erkundung und Beschreibung eventueller Gefahrstoffe, Gefährdungsermittlung und Beschreibung des Gefährdungspotenzials
		TRGS 519 Asbest. Abbruch-, Sanierungs- oder Instandhaltungsarbeiten	Abschn. 4.1: Ermittlung und Information	Abschn. 4.1: Ermittlung und Information

Planung und Genehmigung	Ausschreibung und Vergabe	Baustellenvorbereitung und -einrichtung	Bauausführung
		§ 22: Pflichten der Betreiber nicht genehmigungsbedürftiger Anlagen	§ 22: Pflichten der Betreiber nicht genehmigungsbedürftiger Anlagen
Abschn. 3.1: Prognose der Immissionen und Festlegung von Maßnahmen zur Einhaltung der Richtwerte			
		§ 8: Vergewisserung, dass Beschäftigte anderer Unternehmen angemessene Anweisungen hinsichtlich der Gefahren für ihre Sicherheit und Gesundheit erhalten haben	§ 8: Abstimmung über Gefahren für Sicherheit und Gesundheit bei der Arbeit und Maßnahmen zur Verhütung
§ 2: Planung der Ausführung des Bauvorhabens unter Berücksichtigung der allgemeinen Grundsätze nach § 4 Arbeitsschutzgesetz, Sicherheits- und Gesundheitsschutzplan, Vorankündigung		§ 2: Sicherstellung der Einhaltung der Arbeitsschutzvorschriften	§ 3: Bestellung Koordinator, Überwachung der ordnungsgemäßen Anwendung der Arbeitsverfahren, Erstellung der Unterlage
	§ 15: Sicherstellung, dass nur solche Unternehmen herangezogen werden, die über die notwendigen Fachkenntnisse und Erfahrungen verfügen; Information der Fremdfirmen über Gefahrenquellen und spezifische Verhaltensregeln	§ 15: Information der Fremdfirmen über Gefahrenquellen und spezifische Verhaltensregeln, bei Beteiligung mehrerer Arbeitgeber Bestellung eines Koordinators durch die Arbeitgeber	§ 6: Aufnahme der Gefahrstoffe in das Gefahrstoffverzeichnis des Betriebes, u. a. Bezeichnung der Arbeitsbereiche, in denen Beschäftigte dem Gefahrstoff ausgesetzt sein können
Abschn. 3.2: Ermittlung, ob Gefahrstoffe vorhanden sind Abschn. 6: Erstellung Arbeits- und Sicherheitsplan	Abschn. 3.2.2: Ausschreibung gemäß Arbeits- und Sicherheitsplan Abschn. 3.2.3: Beauftragung von Fachunternehmen		Abschn. 3.2.2: Bestellung Koordinator
			Abschn. 6: Koordination gem. § 15 Abs. 4 Gefahrstoffverordnung

Tabelle 2.4: Fortsetzung

Verant-wortlicher	Rechts-bereich	Vorschrift	Phase	
			Nutzung	Umbau, Modernisierung und Rückbau
			Wartung und Instandhaltung	Grundlagenermittlung
Bauherr/ Auftrag-geber (Fortset-zung)	Arbeits-schutz-recht (Fortset-zung)	**TRGS 521** Abbruch-, Sanierungs- und Instandhaltungsarbeiten mit alter Mineralwolle	Abschn. 3: Informationser-mittlung, Information durch Auftraggeber oder Bauherr	Abschn. 3: Informationser-mittlung, Information durch Auftraggeber oder Bauherr
		DGUV Vorschrift 1 (bisher BGV A1/GUV-V A1) Grundsätze der Prävention	§ 5: Verpflichtung, als Auftrag erteilender Unternehmer die beauftragten Unternehmen bei der Gefährdungsbeurtei-lung bezüglich der betriebs-spezifischen Gefahren zu unterstützen	§ 5: Verpflichtung, als Auftrag erteilender Unternehmer die beauftragten Unternehmen bei der Gefährdungsbeurtei-lung bezüglich der betriebs-spezifischen Gefahren zu unterstützen
		DGUV Regel 101-004 (bisher BGR 128) Kontaminierte Bereiche	Abschn. 8.1, 8.2: Erkundung der vermuteten Gefahrstoffe bzw. biologischen Arbeits-stoffe, Abschätzung und Er-mittlung der Gefährdung	Abschn. 8.1, 8.2: Erkundung der vermuteten Gefahrstoffe bzw. biologischen Arbeits-stoffe, Abschätzung und Er-mittlung der Gefährdung
		DGUV Information 201-028 (bisher BGI 858) Gesundheitsgefährdungen durch biologische Arbeits-stoffe bei der Gebäude-sanierung		
		DGUV Information 201-031 (bisher BGI 892) Gesundheitsgefährdungen durch Taubenkot		
		DGUV Information 201-013 (bisher BGI 665) Abbrucharbeiten		
Planer	Bauord-nungs-recht	**Musterbauordnung**	§ 54: Mitverantwortung Planer § 52: Einhaltung aller relevan-ten öffentlichen Vorschriften	§ 54: Mitverantwortung Planer § 52: Einhaltung aller relevan-ten öffentlichen Vorschriften
	Arbeits-schutz-recht	**DGUV Regel 101-004 (bisher BGR 128)** Kontaminierte Bereiche	Abschn. 8.5: ggf. Unter-stützung durch Planer	Abschn. 8.5: ggf. Unter-stützung durch Planer

Planung und Genehmigung	Ausschreibung und Vergabe	Baustellenvorbereitung und -einrichtung	Bauausführung
Abschn. 8.3: Erstellung Arbeits- und Sicherheitsplan	Abschn. 4: Vergabe an fachlich geeignete und erfahrene Unternehmen, detaillierte Ausschreibung gemäß Arbeits- und Sicherheitsplan		Abschn. 5.1: Koordination Abschn. 5.2: Sachkunde des Koordinator erforderlich
		Vorbemerkung, Abschn. 5: Unterstützung des Auftragnehmers bei der Gefährdungsbeurteilung durch Information über mögliche Gefahren und Festlegung erforderlicher Maßnahmen mit dem Auftragnehmer vor Beginn der Arbeiten	
Abschn. D 239: Sanierungs- und Entsorgungskonzept, Arbeits- und Sicherheitsplan bei Brandschäden			
§ 54: Mitverantwortung Planer § 52: Einhaltung aller relevanten öffentlichen Vorschriften	§ 54: Mitverantwortung Planer § 52: Einhaltung aller relevanten öffentlichen Vorschriften		§§ 54, 56: Mitverantwortung Planer und Bauleiter § 52: Einhaltung aller relevanten öffentlichen Vorschriften
Abschn. 8.5: ggf. Unterstützung durch Planer			

Tabelle 2.4: Fortsetzung

Verantwortlicher	**Rechtsbereich**	**Vorschrift**	**Phase**		
			Nutzung	**Umbau, Modernisierung und Rückbau**	
			Wartung und Instandhaltung	**Grundlagenermittlung**	
Arbeitgeber: Gebäudenutzer (Mieter)	**Arbeitsschutzrecht**	**Arbeitsstättenverordnung**	§ 3: Gefährdungsbeurteilung, Feststellung und Sicherstellung, dass die Beschäftigten keiner Gefährdung ihrer Sicherheit und Gesundheit ausgesetzt sind § 4: Verpflichtung, die Arbeitsstätte instand zu halten und für die unverzügliche Beseitigung festgestellter Mängel zu sorgen		
Arbeitgeber: Handwerker/ Bauunternehmen	**Bauordnungsrecht**	**Musterbauordnung**			
		Asbest-Richtlinie			
		PCB-Richtlinie			
		PCP-Richtlinie			

Planung und Genehmigung	Ausschreibung und Vergabe	Baustellenvorbereitung und -einrichtung	Bauausführung
		§§ 55, 56: Mitverantwortung Bauunternehmen und Bauleiter	§§ 55, 56: Mitverantwortung Bauunternehmen und Bauleiter
			Abschn. 4.4: Schutzmaßnahmen während der Sanierung Abschn. 4.5: abschließende Arbeiten und Kennzeichnung Abschn. 5: Erfolgskontrolle
		Abschn. 4.3: Schutzmaßnahmen bei der Sanierung PCB-belasteter Baustoffe und Bauteile Abschn. 4.3.2: Informationsermittlung und Gefährdungsbeurteilung Abschn. 4.3.3: organisatorische Schutzmaßnahmen, Anzeige bei der Berufsgenossenschaft, Betriebsanweisung und Unterweisung	Abschn. 4.3: Schutzmaßnahmen bei der Sanierung PCB-belasteter Baustoffe und Bauteile, organisatorische, technische, hygienische Schutzmaßnahmen, arbeitsmedizinische Vorsorge Abschn. 4.4: Abfall- und Abwasserentsorgung Abschn. 5: Erfolgskontrolle
		Abschn. 7: Schutzmaßnahmen bei der Sanierung PCP-belasteter Räume und Bauteile Abschn. 7.3: organisatorische Schutzmaßnahmen, Anzeige bei der Arbeitsschutzbehörde und der Berufsgenossenschaft, Unterweisung	Abschn. 7.3: technische Schutzmaßnahmen Abschn. 7.5: hygienische Schutzmaßnahmen, Gestellung persönliche Schutzausrüstung Abschn. 7.6: arbeitsmedizinische Vorsorge Abschn. 8: Entsorgung PCP-haltiger Abfälle Abschn. 6.3: Erfolgskontrolle

Tabelle 2.4: Fortsetzung

Verantwortlicher	Rechtsbereich	Vorschrift	Phase	
			Nutzung	Umbau, Modernisierung und Rückbau
			Wartung und Instandhaltung	Grundlagenermittlung
Arbeitgeber: Handwerker/ Bauunternehmen (Fortsetzung)	Abfallrecht	Kreislaufwirtschaftsgesetz		
		Nachweisverordnung		
	Immissionsschutzrecht	Bundes-Immissionsschutzgesetz		
		TA Luft		
		TA Lärm		
		Allgemeine Verwaltungsvorschrift Baulärm		
	Arbeitsschutzrecht	Arbeitsschutzgesetz		
		Baustellenverordnung		
		Gefahrstoffverordnung		

Planung und Genehmigung	Ausschreibung und Vergabe	Baustellenvorbereitung und -einrichtung	Bauausführung
		§ 3: Abfallerzeuger (siehe auch VOB/C ATV DIN 18299, Abschn. 4.1.11, 4.1.12)	§ 3: Abfallerzeuger (siehe auch VOB/C ATV DIN 18299, Abschn. 4.1.11, 4.1.12)
		§ 2: Nachweispflicht § 3: Deklaration und Entsorgungsnachweis	§ 2: Nachweispflicht § 3: Deklaration und Entsorgungsnachweis § 23: Registerpflicht
			§ 22: Minimierung auf das unvermeidliche Maß
			Abschn. 4: Anforderungen zum Schutz vor schädlichen Umwelteinwirkungen
			Abschn. 6: Einhaltung der Immissionsrichtwerte
			Abschn. 3.1: Einhaltung der Immissionsrichtwerte
		§ 5: Beurteilung der Gefährdung u. a. durch physikalische, chemische und biologische Einwirkungen, Arbeitsstoffe, Maschinen, Geräte und Anlagen § 8: gegenseitige Information und Abstimmung der Arbeitgeber über Gefahren bei der Tätigkeit von Beschäftigten mehrerer Arbeitgeber an einem Arbeitsplatz § 12: Unterweisung	
			§§ 5, 6: Erfüllung ihrer Arbeitsschutzpflichten
		§§ 6, 7: Informationsermittlung und Gefährdungsbeurteilung § 14: Betriebsanweisung und Unterweisung § 15: Zusammenarbeit verschiedener Unternehmen, Informationsbeschaffung bei Hersteller und Bauherr, Bestellung eines Koordinators bei Beteiligung mehrerer Arbeitgeber §§ 15, 16: arbeitsmedizinische Vorsorge	§ 7: Wahl der geeigneten Verfahren und Gestellung der Arbeitsschutzeinrichtungen und -ausrüstung

Tabelle 2.4: Fortsetzung

Verantwortlicher	Rechtsbereich	Vorschrift	Phase		
			Nutzung	Umbau, Modernisierung und Rückbau	
			Wartung und Instandhaltung	Grundlagenermittlung	
Arbeitgeber: Handwerker/ Bauunternehmen (Fortsetzung)	**Arbeitsschutzrecht (Fortsetzung)**	**Biostoffverordnung**			
		Arbeitsstättenverordnung			
		TRGS 524 Schutzmaßnahmen bei Tätigkeiten in kontaminierten Bereichen			
		TRGS 519 Asbest. Abbruch-, Sanierungs- oder Instandhaltungsarbeiten			
		TRGS 521 Abbruch-, Sanierungs- und Instandhaltungsarbeiten mit alter Mineralwolle			
		DGUV Vorschrift 1 (bisher BGV A1/GUV-V A1) Grundsätze der Prävention			

Planung und Genehmigung	Ausschreibung und Vergabe	Baustellenvorbereitung und -einrichtung	Bauausführung
		§ 2: Begriffsbestimmungen, nicht gezielte Tätigkeit bei Schimmelpilzbefall § 4: Gefährdungsbeurteilung	§ 9: allgemeine Schutzmaßnahmen
		§ 3: Gefährdungsbeurteilung, Feststellung und Sicherstellung, dass die Beschäftigten keiner Gefährdung ihrer Sicherheit und Gesundheit ausgesetzt sind	§ 4: Verpflichtung, die Arbeitsstätte instand zu halten und für die unverzügliche Beseitigung festgestellter Mängel zu sorgen
		Abschn. 2.6: Definition Auftragnehmer Abschn. 3.1, 3.2, 4: Erkundung und Beschreibung eventueller Gefahrstoffe, Gefährdungsermittlung Abschn. 7: Unterrichtung und Unterweisung der Beschäftigten Abschn. 8: arbeitsmedizinische Vorsorge	
		Abschn. 3: Zulassung, Anzeige der Arbeiten spätestens 7 Tage vor Baubeginn Abschn. 5.1: Beurteilung der Gefährdung bei Tätigkeiten mit Asbest, Prüfung vor Beginn, Gefährdungsbeurteilung, Arbeitsplan Abschn. 11: Betriebsanweisung und Unterweisung Abschn. 13: arbeitsmedizinische Vorsorge	Abschn. 5: Anforderungen an die personelle und sicherheitstechnische Ausstattung, verantwortliche Personen, Sachkunde Abschn. 6: Koordination Abschn. 7: organisatorische Maßnahmen Abschn. 8: sicherheitstechnische Maßnahmen Abschn. 9: persönliche Schutzausrüstung, Gestellung und Benutzung
		Abschn. 3: Informationsermittlung und Gefährdungsbeurteilung	Abschn. 4: Schutzmaßnahmen
		§ 3: Gefährdungsbeurteilung § 4: Betriebsanweisung und Unterweisung	§ 29: Gestellung persönliche Schutzausrüstung

Tabelle 2.4: Fortsetzung

Verantwortlicher	Rechtsbereich	Vorschrift	Phase	
			Nutzung	Umbau, Modernisierung und Rückbau
			Wartung und Instandhaltung	Grundlagenermittlung
Arbeitgeber: Handwerker/ Bauunternehmen (Fortsetzung)	**Arbeitsschutzrecht (Fortsetzung)**	**DGUV Regel 101-004 (bisher BGR 128)** Kontaminierte Bereiche		
		DGUV Information 201-028 (bisher BGI 858) Gesundheitsgefährdungen durch biologische Arbeitsstoffe bei der Gebäudesanierung		
		DGUV Information 201-031 (bisher BGI 892) Gesundheitsgefährdungen durch Taubenkot		
		DGUV Information 201-013 (bisher BGI 665) Abbrucharbeiten		

Planung und Genehmigung	Ausschreibung und Vergabe	Baustellenvorbereitung und -einrichtung	Bauausführung
		Abschn. 8.4: Überprüfung der vom Arbeitsgeber zur Verfügung gestellten Informationen Abschn. 8.4: Gefährdungsbeurteilung Abschn. 11.2: Anzeige der Arbeiten spätestens 14 Tage vor Baubeginn Abschn. 11.8: schriftliche Abbruchanweisung bei Abbrucharbeiten Abschn. 15: arbeitsmedizinische Vorsorge Abschn. 16: Betriebsanweisung Abschn. 17: Unterweisung	Abschn. 6: Leitung der Arbeiten durch fachlich geeigneten Vorgesetzten bzw. Bauleiter Abschn. 9: messtechnische Überwachung Gefahrstoffe Abschn. 11.1: technische Maßnahmen vor organisatorischen vor persönlichen Schutzmaßnahmen Abschn. 19: Gestellung persönliche Schutzausrüstung
		Abschn. 5.1: Erkundigungen zu Art und Ausmaß möglicher Gefährdungen Abschn. 3.1, 5.1: Gefährdungsbeurteilung Abschn. 6.1: Betriebsanweisung und Unterweisung Abschn. 7: arbeitsmedizinische Vorsorge	Abschn. 6: Wahl geeigneter Arbeitsverfahren sowie Maschinen und Geräte, Gestellung persönliche Schutzausrüstung
		Vorbemerkungen, Anhang 1: Informationsbeschaffung Abschn. 4: Gefährdungsbeurteilung Abschn. 5: Betriebsanweisung und Unterweisung Abschn. 6: arbeitsmedizinische Vorsorge	Abschn. 5: Auswahl der geeigneten technischen und organisatorischen Schutzmaßnahmen, Gestellung persönliche Schutzausrüstung
		Gefährdungsbeurteilung Betriebsanweisung und Unterweisung arbeitsmedizinische Vorsorge	Durchsetzung und Umsetzung festgelegter Schutzmaßnahmen, Gestellung persönliche Schutzausrüstung

Die Arbeitsverfahren sind so zu gestalten, dass Schadstoffe nicht freigesetzt werden, soweit dies nach dem Stand der Technik möglich ist.

Dabei ist das **STOP-Prinzip** bzw. das **TOP-Prinzip** zu berücksichtigen:

- **S** Substitution (Ersatz) durch ein ungefährliches Produkt (z. B. lösungsmittelfreie Lacke)
- **T** technische Maßnahmen/Schutzmaßnahmen (z. B. Geräte mit Absaugung)
- **O** organisatorische Maßnahmen (z. B. Begrenzung der Arbeitszeiten)
- **P** persönliche Schutzmaßnahmen (z. B. Schutzanzüge und Atemschutz)

Das STOP-Prinzip bzw. das TOP-Prinzip beruht auf einer Stufenfolge der zu ergreifenden Maßnahmen, wonach persönliche Schutzmaßnahmen erst zum Tragen kommen sollen, wenn alle anderen Maßnahmen ausgeschöpft sind.

Der Auftragnehmer/Unternehmer hat die notwendigen Arbeitsschutzeinrichtungen und -ausrüstungen zu stellen und darauf zu achten, dass diese von seinen Arbeitnehmern auch ordnungsgemäß angewendet werden.

2.2.8 Wartung und Instandhaltung

Auch bei der Wartung und Instandhaltung von Gebäuden können Handwerker mit Gefahrstoffen in Kontakt kommen. Daher gelten für diese Arbeiten dieselben Anforderungen an Bauherrn/Auftraggeber und Auftragnehmer/Unternehmer wie bei beabsichtigten Baumaßnahmen.

Auch wenn sich für die Nutzer keine direkten Gefährdungen ergeben, sollte der **Vermieter** auf das Vorhandensein von Schadstoffen in der Bausubstanz hinweisen, wenn im Rahmen der Nutzung auch Instandhaltungs- und Wartungsarbeiten anstehen und die Gefahr besteht, dass eine Gefährdung für Handwerker und Nutzer entsteht.

Sofern Wartungs- und Instandhaltungsarbeiten in den Verantwortungsbereich des **Mieters** fallen, ergeben sich auch für diesen als potenziellen Auftraggeber vergleichbare Anforderungen wie für den Bauherrn/Auftraggeber.

Unabhängig davon treten Mieter wie Besitzer von Räumen oder Gebäuden oft auch als Arbeitgeber auf und sind damit für den Zustand der Arbeitsstätte nach der Arbeitsstättenverordnung verantwortlich, und zwar unabhängig davon, ob sie das Objekt gemietet haben oder selbst Eigentümer sind. Der Arbeitgeber hat dabei sicherzustellen, dass die Beschäftigten keiner Gefährdung ihrer Gesundheit und Sicherheit ausgesetzt sind. Damit liegt die **Ermittlungspflicht** für bekannte und unbekannte Gefahren nicht nur beim Bauherrn, sondern auch beim Arbeitgeber für die von ihm genutzten Räumlichkeiten.

2.3 Risikoerkennung und -vermeidung

Im Folgenden steht die Frage im Mittelpunkt, was ist bei der Vorbereitung und Durchführung von Baumaßnahmen zu beachten ist, d. h., für wen Risiken bestehen, wie sie zu erkennen sind und welche Maßnahmen daraus resultieren.

Die Risiken beim Bauen im Bestand bestehen nicht nur in den üblichen Planungs- und Ausführungsrisiken, sondern liegen auch im Bereich der vorhandenen **Bausubstanz**. Je häufiger ein Gebäude während seiner Nutzungsdauer Um-, An- oder Ausbauten, Renovierungen oder Modernisierungen unterzogen wurde, desto vielfältiger sind auch die verwendeten Bautechniken und Baustoffe. Neben dem Wissen über diese Baustoffe und Bautechniken der zurückliegenden Jahrzehnte und teils sogar Jahrhunderte sind auch detaillierte Informationen über den Bestand und zurückliegende Baumaßnahmen am Objekt erforderlich. Das Nachvollziehen der **Geschichte des Bestandsgebäudes** setzt dabei umfangreiche Erfahrung und ein gewisses detektivisches Gespür voraus, da vielfach nicht offensichtlich ist, welche Materialien verwendet wurden. Sie liegen oft hinter mehreren Lagen Tapete, Farbe und Putz verborgen, und eine Öffnung aller Bauteile ist wegen einer noch laufenden Nutzung nicht immer im erforderlichen Umfang möglich.

Viele heute als Schadstoffe identifizierte Stoffe wurden in der Vergangenheit wegen ihrer besonderen Eigenschaften in Baumaterialien und Bauteilen eingesetzt. Erst später wurde bekannt, dass diese Bestandteile auch Gefährdungen für Mensch und Umwelt mit sich bringen. Dies ist besonders kritisch, da solche Materialien weit verbreitet sind und Nutzer sich viele Stunden am Tag in ihrer unmittelbaren Nähe aufhalten. Die betreffenden Materialien haben zudem in vielen Fällen eine sehr lange Lebens- bzw. Einsatzdauer.

Die Herstellungs- und Verwendungszeiträume der wichtigsten dieser Schadstoffe werden im Folgenden im Überblick aufgeführt. Im Sinne der Bauordnung sind KMF und Blei keine Schadstoffe.

2.3.1 Herstellungs- und Verwendungszeiträume wichtiger Schadstoffe

Asbest

- bis 1969: Spritzasbest in der DDR
- bis 1979: Spritzasbest in der Bundesrepublik
- bis 1984: schwach gebundene Asbestprodukte in der Bundesrepublik
- bis 1992: Asbestzementplatten im Hochbau
- ab 1995: Herstellungs- und Verwendungsverbot von Asbest und asbesthaltigen Materialien in der Bundesrepublik (mit wenigen Ausnahmen)

Künstliche Mineralfasern (KMF)

- 1996: Beginn der Herstellung neuer Mineralwolle
- bis 31.5.2000: Verwendung alter Mineralwolle

Polychlorierte Biphenyle (PCB)

- 1955 bis ca. 1975: Dichtstoffmassen in den alten Bundesländern (in Einzelfällen auch deutlich danach; Verwendungsmaximum: 1964 bis 1972)
- bis 1971: PCB-haltige Anstriche (Brandschutz) für Akustik-Deckenplatten (Holzfaserplatten) der Firma Wilhelmi
- bis 1984: Kondensatoren und Transformatoren in den alten Bundesländern

Polycyclische aromatische Kohlenwasserstoffe (PAK)

- bis ca. 1965:
  - Bauwerksabdichtungen (Dachbahnen, Anstriche)
  - teergebundene Korkdämmplatten
  - Klebstoff für Mosaikparkett
- bis Mitte der 1960er-Jahre: Teerasphaltestriche
- bis in die späten 1970er-Jahre: Klebstoff für Stabparkett (vereinzelt)
- bis ca. 1984: Straßenbau (Beläge, Fugenvergussmassen)
- bis ca. 1991: Holz- und Bautenschutz
- bis 1995: Klebstoff für Holzpflaster (vereinzelt)
- bis 2000: Korrosionsschutzanstriche (Stahlwasserbau, Druckrohrleitungen, Betonbeschichtungen)

Pentachlorphenol (PCP)

- 1978:
  - Einführung einer Kennzeichnungspflicht für PCP-haltige Zubereitungen in den alten Bundesländern
  - Verbot der Anwendung PCP-haltiger Holzschutzmittel mit Prüfzeichen in Aufenthaltsräumen durch das Deutsche Institut für Bautechnik in den alten Bundesländern
  - Ende der Zulassung PCP-haltiger Holzschutzmittel für Aufenthaltsräume in der DDR
- 1986: Verbot der Anwendung PCP-haltiger Holzschutzmittel in Innenräumen in den alten Bundesländern; PCP für Außenanwendungen noch bis 1989 erlaubt
- 1988: Ende der Zulassung für PCP-haltige Grundierungen im Bereich Fenster und Außentüren in der DDR
- 1989: Verbot des Inverkehrbringens und der Verwendung von PCP und von PCP-haltigen Produkten mit einem PCP-Gehalt > 0,01 Masse-% und von Holzteilen mit einem PCP-Gehalt > 5 mg/kg

Blei

- bis 1973: Bleileitungen für die Hausinstallation
- bis in die 1980er-Jahre:
  - Einsatz von Bleicarbonaten (Bleiweiß) und Bleisulfaten in Farben für Holz und Metalle
  - Einsatz von Blei(II)-chromat in Europa
- ab 2015: Verzicht der europäischen PVC-Industrie auf den Einsatz von Bleistabilisatoren in PVC
- bis heute: kein Verbot der Herstellung und Verwendung von Bleimennige

2.3.2 Risikoerkennung

Vor der Ermittlung der Schadstoffbelastungen sollte der Bauherr für eine Untersuchung sein **Projektziel** deutlich machen, damit der Sachverständige/Gutachter die hierzu **passende Untersuchungsstrategie** wählen kann. So wird der Untersuchungsumfang für einen baulichen Eingriff im Rahmen einer **Instandhaltung oder Modernisierung** umfassender sein müssen, für einen **Rückbau** werden sogar alle Schadstoffe vorher identifiziert und entfernt werden müssen. Für die **Bewertung während der normalen Nutzung** hingegen kann der Untersuchungsumfang geringer ausfallen, während die Untersuchung als Grundlage einer **wirtschaftlichen Bewertung** in Abhängigkeit von der erwarteten Genauigkeit nochmals zurückhaltender, aber auch sehr intensiv ausfallen kann. Oft wird der Fehler einer **unklaren Zieldefinition** gemacht, sodass im Laufe eines Projekts weitere oder zusätzliche Untersuchungen erforderlich werden, die bei Folgemaßnahmen störend wirken.

Es liegt in der Natur der Sache, dass eine Untersuchung, die alle Schadstoffe aufdeckt, sowohl technisch als auch finanziell nahezu unmöglich ist, denn eine vollständige Information über die Konstruktion und die verwendeten Baustoffe würde sich erst nach einem fraktionierenden Rückbau ergeben. Es ist daher immer mit **unerwarteten Schadstoffvorkommen** zu rechnen, sodass ein **Restrisiko** nicht ausgeschlossen werden kann. Dabei sollte der Sachverständige/Gutachter den Bauherrn auch über die Aussagegenauigkeit des von ihm erstellten Schadstoffkatasters informieren.

Entscheidend bei der Erfassung der Bausubstanz sind ein **systematisches Vorgehen** und eine **detaillierte Darstellung** der Untersuchungen und Ergebnisse. Auch wenn der Eindruck verbreitet ist, dass in Deutschland eine Überregulierung bestehe, gab es bisher nur Einzelregelungen für bestimmte Substanzen in den eingeführten Technischen Baubestimmungen (z. B. die Asbest-Richtlinie). Einheitliche und umfassende Standards für alle Schadstoffe, die die Untersuchung von Gebäuden und die Dokumentation beschreiben, fehlten hingegen bisher.

Eine gute Grundlage für die Untersuchung und Dokumentation der Bausubstanz bietet seit Oktober 2013 jedoch die **VDI/GVSS 6202 Blatt 1** (Abb. 2.6). Sie fordert vor Bau-, Abbruch-, Sanierungs- und Instandhaltungsarbeiten an baulichen oder technischen Anlagen zunächst eine **Ermittlung**. Bei dieser Ermittlung wird zwischen den folgenden **Belastungen** unterschieden:

- **primäre Belastungen**
  Sie resultieren aus verwendeten Baustoffen bzw. Bauprodukten, die bereits durch ihre Herstellung gefährliche Stoffe wie PCB oder Asbest (z. B. im Fall von Asbestzement) enthalten.
- **sekundäre Belastungen**
  Sie resultieren aus ursprünglich unbelasteten Bauteilen oder Gegenständen, die durch eine anderweitige Schadstoffquelle belastet werden (z. B. von PCB-haltigen Fugen ausgehende sekundäre PCB-Belastungen von Betonwänden über die Raumluft).
- **nutzungsbedingte Belastungen**
  Sie resultieren aus Einträgen infolge der aktuellen oder einer früheren Nutzung (z. B. Öl im Boden einer Werkstatt).

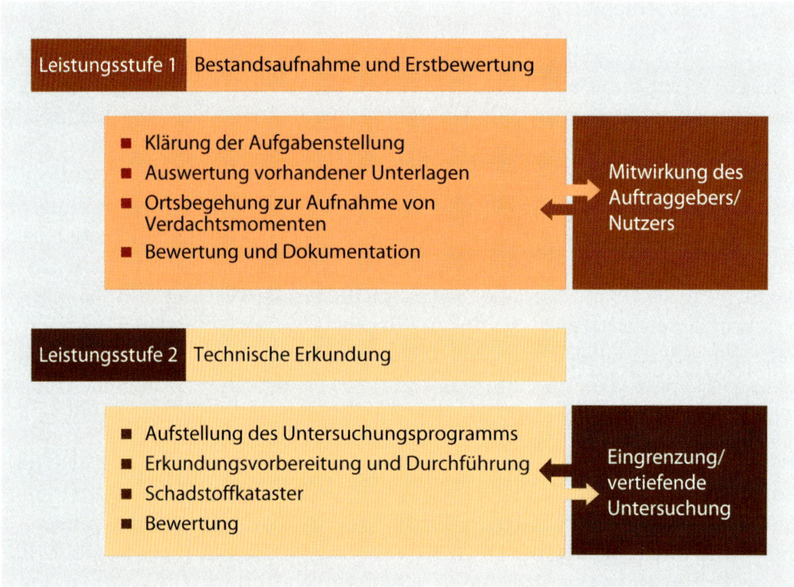

Abb. 2.6: Systematik des Vorgehens bei der Untersuchung auf Schadstoffe gemäß VDI/GVSS 6202 Blatt 1

Von diesen Belastungen sind die **biologischen Belastungen** zu unterscheiden, die z. B. aufgrund von Feuchte durch Schimmelpilzbesiedlung oder durch Verunreinigungen mit Taubenkot auftreten.

Da sich viele Schadstoffe/Baustoffe auch ohne eine Beprobung und Analyse eindeutig klassifizieren lassen, ist je nach Projektziel nicht immer eine umfangreiche technische Erkundung erforderlich.

Zu beachten ist, dass der Umfang der Schadstoffbelastung oft erst im Zuge der Untersuchungen zu erkennen ist. Daher ist es sinnvoll und wirtschaftlicher, die **Untersuchung** zwar in einem Zusammenhang, dennoch aber **stufenweise** vorzunehmen und so Erkenntnisse und Befunde in vertiefenden Untersuchungsgängen weiter zu konkretisieren und einzugrenzen. Da die Ergebnisse der Untersuchungen maßgeblich den zukünftigen Aufwand beeinflussen und einen wesentlichen Einfluss auf die Kosten einer Sanierung haben, sollte dafür sowohl ein **angemessener Untersuchungsumfang** als auch ein **ausreichender Ausführungszeitraum** vorgesehen werden.

Während des Gebäudebetriebs und im Vorfeld von Untersuchungen und Baumaßnahmen kann der Bauherr/Auftraggeber die Kosten und den Erfolg durch die folgenden Maßnahmen wesentlich positiv beeinflussen:

- Dokumentation und Archivierung aller Maßnahmen während des laufenden Betriebes
- Zusammenstellung und Zurverfügungstellung aller verfügbaren Daten (z. B. Bauantragsunterlagen, Detailpläne, Ausschreibungen)
- Benennung eines Ansprechpartners mit langjährig erworbenem Detailwissen über das Objekt

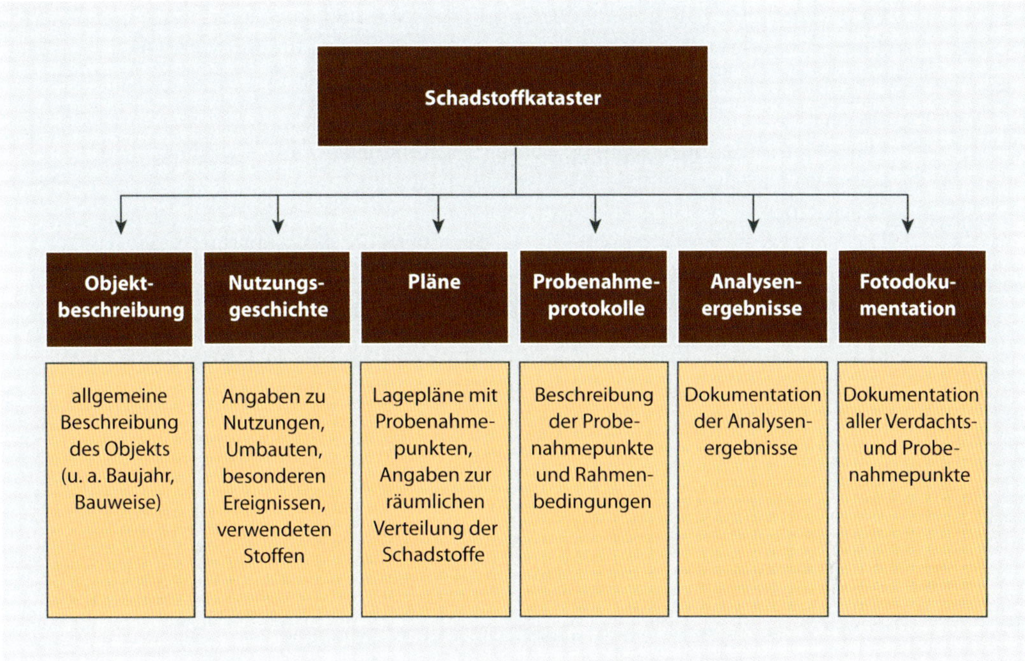

Abb. 2.7: Aufbau und Inhalte eines Schadstoffkatasters nach VDI/GVSS 6202 Blatt 1

Insbesondere **Informationen über Um- oder Einbaumaßnahmen und Sanierungen** – auch wenn die Schadstoffe vollständig saniert und oder entfernt wurden – sollten vorliegen. Die Erfahrung zeigt, dass der Untersuchungsumfang dadurch deutlich eingeschränkt und die Aussagesicherheit zugleich erheblich erhöht wird.

Auch die **Dokumentation der Schadstoffkataster** sollte nach dem Standard der VDI/GVSS 6202 Blatt 1 erfolgen (Abb. 2.7), da der dort definierte Aufbau, Umfang und Inhalt des Schadstoffkatasters die Sachlage einheitlich darstellt und somit besser nachvollziehbar macht.

2.3.3 Risiken und deren Vermeidung

Nicht jeder **Schadstoff** in einem Gebäude führt auch zu einer Gefährdung der Nutzer. Entscheidend für die Beurteilung eine möglichen Gefährdung ist neben den gesundheitsschädlichen Eigenschaften auch die **Übertragbarkeit**. Daher ist es wichtig, zu wissen, wo die Stoffe eingesetzt wurden und in welchem Umfang der Nutzer mit dem Stoff in Kontakt kommt. So stellen z. B. die Abwasserrohre aus Asbestzement für den Nutzer eines Gebäudes keine akute/konkrete Gefahr dar, während Spritzasbestverkleidungen oder Promabestplatten sehr viel eher eine erhebliche Gefährdung sein können. Ebenso verhält es sich mit Blei, das als Walzblei zur Dachabdichtung oft noch heute eingesetzt wird und in dieser Verwendung keine Gefährdung darstellt, während das Blei in alten Trinkwasserleitungen durchaus auf den Nutzer einwirkt.

Entsprechend zielen die üblichen Sanierungsmaßnahmen auch auf die **Abstellung der Gefahren**, Gefährdungen oder Belästigungen für die Nutzer ab. Dies kann durch 3 Methoden erreicht werden:

1. **Entfernen**
   Die schadstoffhaltigen Bauteile werden vollständig demontiert und beseitigt und so die Gefährdung vollständig beseitigt.
2. **Beschichten**
   Die Schadstoffe verbleiben im Objekt, doch wird die Emission durch eine direkte Beschichtung/Versiegelung wirkungsvoll unterbunden.
3. **Räumliche Trennung**
   Die Schadstoffe verbleiben im Objekt, wobei durch das Einbringen zusätzlicher Bauteile eine räumliche Trennung zwischen schadstoffhaltigem Bauteil und Nutzerbereich geschaffen wird.

Je nach Schadstoff und Konzentration sind für die genannten 3 Methoden unterschiedliche Sanierungstechniken und Materialien zu verwenden.

In den Kapiteln 2.3.3.1 bis 2.3.3.11 werden im Folgenden 11 typische Risiken, die im Zusammenhang mit Schadstoffsanierungen auftreten können, im Einzelnen beschrieben.

2.3.3.1 Auf die Projektziele nicht abgestimmte Untersuchungen

Bei der Untersuchung kann grundsätzlich zwischen der Klärung der folgenden Themenkomplexe unterschieden werden:

- Gefährdungen der Nutzer
- Gefährdungen im Zuge von Bauarbeiten
- Abfalldeklaration

Ein Schadstoffkataster, das alle Bedürfnisse abdecken könnte, gibt es nicht. Untersuchungen zur Einschätzung der Gefährdung von Nutzern in einer Werkhalle werden z. B. nicht vollumfänglich dazu geeignet sein, den Umbau zu einem Büro zu beurteilen, und Untersuchungen zur Abfalldeklaration erlauben in den seltensten Fällen eine Beurteilung der Mitarbeitergefährdung.

Je nach Untersuchungsziel sind zudem teils unterschiedliche Anforderungen hinsichtlich Probenahme und Analytik zu erfüllen. In jedem Fall ungeeignet sind Untersuchungen ohne genaue Angaben über die Probenahme/Probenahmestellen, die Dokumentation der Untersuchungsberichte und die Darstellung der flächenhaften Verteilung der vorgefundenen Schadstoffe.

Bereits vorliegende Untersuchungen sind ein wertvolles Mittel zur Bewertung der Bausubstanz. Sie sind jedoch kritisch auf Vollständigkeit und Verwertbarkeit für das Vorhaben zu prüfen. Es ist wahrscheinlich, dass zwischenzeitlich neue Erkenntnisse über weitere Gefahrstoffe oder deren Verwendungsarten vorliegen oder sich das Projektziel des Auftraggebers geändert hat und schon deshalb eine aktuelle Untersuchung vor Beginn der Baumaßnahmen notwendig wird.

Fazit

Veränderte Projektziele erfordern eine Neubewertung vorliegender Gutachten und gegebenenfalls neue Untersuchungen.

2.3.3.2 Unvollständige Erkundung oder Sanierung aufgrund technischer oder wirtschaftlicher Beschränkungen

Die Erkundung und die Sanierung von Schadstoffen unterliegen sowohl technischen als auch wirtschaftlichen Beschränkungen. Ohne ein Gebäude zu zerstören oder die Nutzung stark einzuschränken, ist eine vollständige Erkundung oder eine vollständige Entfernung von Schadstoffen oft nicht möglich bzw. wirtschaftlich nicht vertretbar. Daher muss auch bei Gebäuden, in oder an denen Schadstoffe entfernt wurden, noch mit verborgenen Resten gerechnet werden, die zu einer Gefährdung im Zuge künftiger Baumaßnahmen führen können. Zwar sind viele mit Spritzasbest kontaminierte Gebäude inzwischen saniert, doch werden auch in Zukunft in solchen Gebäuden noch Spritzasbestreste gefunden werden, da eine vollständige Entfernung von Spritzasbest aus einem Gebäude oft nicht möglich ist. So kann z. B. Spritzasbest, der sich in Fugen zwischen Stahlträgern und aufgelegten Decken oder zwischen Stützen und direkt angrenzenden tragenden Wänden befindet, ohne Abbruchmaßnahme nicht entfernt werden.

In Gebäuden, in denen in der Vergangenheit Sanierungen durchgeführt wurden, sollte daher immer damit gerechnet werden, dass der Bauherr oder der Sanierer bei diesen Maßnahmen Kompromisse aufgrund technischer oder wirtschaftlicher Beschränkungen eingegangen ist. Die schwierige Aufgabe künftiger Gutachter und Planer ist es, diese Bereiche ausfindig zu machen und in der Planung zu berücksichtigen.

Fazit

Technische oder wirtschaftliche Beschränkungen können in der Vergangenheit zu unvollständigen Erkundungen und Sanierungen und damit zum Verbleib von Schadstoffen in einem Gebäude geführt haben.

2.3.3.3 Nicht erkannte Gefährdungen aufgrund fehlender geeigneter Untersuchungsverfahren

Der Einsatz neuer Untersuchungstechniken und Analyseverfahren kann zu neuen Schadstofffunden führen und eine neue Bewertung des Gebäudebestands oder der Gefährdungen erforderlich machen.

So zeigt die aktuelle Entwicklung der Kenntnisse in Bezug auf asbesthaltige Putze, Spachtelmassen und Fliesenklebstoffe in Gebäuden, dass von Baustoffen eine besondere Gefährdung ausgeht, die bei bloßer Inaugenscheinnahme gar nicht als asbestverdächtig erkannt werden können.

Bisher ist davon ausgegangen worden, dass zur Einstellung der Fließeigenschaften technischer Produkte zwischen 0,1 und 1,0 Masse-% Asbest zugemischt wurden. Es hat sich jedoch herausstellt, dass zur Optimierung des thixotropen Verhaltens, also der Rückstellung aus dem flüssigen in einen gelartigen Zustand, für eine gute Verarbeitbarkeit von Spachteln, Asbestanteile auch deutlich unter 0,1 Masse-% zugesetzt worden sind. Außerdem war es üblich, auch vor Ort, d. h. auf der Baustelle, einer Mörtelmasse oder einer Beschichtung Asbest beizumischen, bis die gewünschte Konsistenz erreicht wurde. Erst durch angepasste Untersuchungs- und Analysemethoden ist es möglich geworden, solche asbesthaltigen Baustoffe trotz ihres zum Teil unregelmäßigen und unsystematischen Vorkommens in Gebäuden sicher zu identifizieren.

Zusammen mit der Weiterentwicklung der Messungen von Asbestfaserbelastungen in der Raumluft konnte so trotz der früher die Auswertung störenden hohen sonstigen Staubbelastungen bei Abbruchtätigkeiten nachgewiesen werden, dass selbst bei ursprünglich geringen Zugabemengen an Asbest im Bereich < 0,1 Masse-% teils sehr hohe Asbestfaserkonzentrationen in der Luft erreicht werden. Diese Konzentrationen entstehen regelmäßig bei den üblichen Instandsetzungsarbeiten wie Schleifen von Wänden und Decken, Fräsen von Schlitzen in Wände zur Verlegung von Leitungen oder Bohren sowie auch beim Innenabbruch. Als kritisch gelten in diesem Zusammenhang Gebäude, die vor 1995 errichtet wurden, wobei die überwiegende Verwendung von Asbest zwischen den 1950er-Jahren und 1989 erfolgte (vgl. hierzu das von VDI und GVSS veröffentlichte Diskussionspapier [Asbesthaltige Putze, Spachtelmassen und Fliesenkleber in Gebäuden, 2015]).

Vorhandene Gutachten und Bewertungen sind daher zu überprüfen. Bei Verdacht auf bisher unerkannte Gefährdungen sind ergänzende Untersuchungen durch erfahrene Sachverständige unter Anwendung der Grundsätze aus dem genannten VDI/GVSS-Diskussionspapier durchzuführen.

Fazit

> Es kann nicht davon ausgegangen werden, dass mit der bisher zur Verfügung stehenden Untersuchungsverfahren alle Gefährdungen in einem Gebäude aufgedeckt wurden.

2.3.3.4 Zu geringe Genauigkeit früherer Analyseverfahren

Die über 20 Jahre alten Analyseverfahren weisen zum Teil nicht die heute erreichbare und geforderte Genauigkeit auf bzw. erfüllen nicht die Anforderungen an die Nachweisgrenzen, um nach gegenwärtigen Erkenntnissen und Anforderungen eine Schadstofffreiheit zu belegen.

Unabhängig davon ist der Begriff der „Schadstofffreiheit“ auch nicht einheitlich definiert. Ein Beispiel hierfür ist die Asbestanalytik.

Die ersten in den 1970er-Jahren erarbeiteten, infrarotspektroskopischen Verfahren zur Bestimmung des Massenanteils von Asbest in Bauprodukten oder im Staub am Arbeitsplatz hatten eine Nachweisgrenze von 0,1 Masse-%. Dieser Wert wurde daher auch entsprechend in alle bestehenden Verordnungen eingeführt und ist bis heute unverändert in allen Regelwerken enthalten.

Die heute noch gültigen Untersuchungsverfahren z. B. für die Analyse von Materialproben (VDI 3866 Blatt 4 „Bestimmung von Asbest in technischen Produkten – Phasenkontrastmikroskopisches Verfahren“ [2002] sowie VDI 3866 Blatt 5 „Bestimmung von Asbest in technischen Produkten – Rasterelektronenmikroskopisches Verfahren" [2015]) sind sogar nur für Nachweise eines Massenanteils ≥ 1 % geeignet. Die gängigen Regelwerke zur Untersuchung und Bewertung von Asbest in Gebäuden beziehen sich einerseits auf diese neuen Untersuchungsverfahren, definieren andererseits jedoch bereits Materialien mit einem Gehalt > 0,1 Masse-% als gefährlich – eine Genauigkeit, über die die zugleich vorgegebenen Untersuchungsverfahren gar nicht verfügen. Andere Regelwerke (TRGS 517) definieren wiederum Gehalte an Asbest < 0,1 Masse-% als immer noch bedeutsam gefährdend. Die in den Technischen Baubestimmungen verankerte Asbest-Richtlinie ist seit 1993 nicht den heutigen Erkenntnissen angepasst worden, sodass es zwischen der Bewertung hinsichtlich des Arbeitsschutzes und der Bewertung hinsichtlich einer Gefährdung bei Nutzung immer wieder zu unauflösbaren Widersprüchen kommt.

Derzeit zeigen die Analyseverfahren weitere Fortschritte bei der Nachweisgrenze. So ist es inzwischen möglich, Nachweisgrenzen < 0,001 Masse-% (ISO 22262-2 „Air quality – Bulk materials – Part 2: Quantitative determination of asbestos by gravimetric and microscopical methods" [2014)]) zu erreichen, ohne dass es in den Regelwerken zu einer neuen Definition einer kritischen Grenzkonzentration gekommen wäre. Gutachten und Bewertungen der letzten Jahre und Jahrzehnte sind daher immer darauf zu befragen, ob ihre Aussagen noch Bestand haben. Wohl kann bei einem positiven Befund weiterhin von einer Belastung ausgegangen werden, doch ist umgekehrt ein negativer Befund keine Garantie für eine Schadstofffreiheit des Materials.

Fazit

Auch wenn ein Schadstoff in der Vergangenheit nicht nachweisbar war, kann eine Belastung vorliegen.

2.3.3.5 Notwendigkeit zusätzlicher Untersuchungen aufgrund neuer Erkenntnisse über das Gefährdungspotenzial eines Schadstoffs

Neue Erkenntnisse über die Gefährlichkeit bestimmter Schadstoffe führen zu einer Ausweitung des Untersuchungsbedarfs und zur Änderung von Einstufungen. Die Bewertung von polychlorierten Biphenylen (PCB) kann hierfür als Beispiel dienen.

Die Untersuchung auf PCB erfolgte über viele Jahre auf Basis von 6 Leitsubstanzen (sogenannten Kongenere). Dies sind PCB 28, 52, 101, 138, 153 und 180. Aufgrund neuer toxikologischer Erkenntnisse wird nun ein weiteres Kongener (PCB 118) in einer gesonderten Bewertung mit einbezogen, mit der Folge, dass sich die Bewertungen der Gefährdung grundlegend ändern.

Daher sind vorhandene Gutachten und zurückliegende Sanierungen stets darauf zu prüfen, ob der Umfang der vorgenommenen Untersuchungen ausreichend war, die Sanierung noch heutigen Maßstäben genügt und entsprechend die vorgenommene Bewertung noch Bestand hat.

Fazit

Frühere Bewertungen einer Belastung durch Schadstoffe müssen heute keinen Bestand mehr haben.

2.3.3.6 Verbleiben des Schadstoffs im Gebäude bei Sanierung durch Beschichtung oder räumliche Trennung

Nur bei einer Sanierung nach Methode 1 (Entfernen) werden die Schadstoffe entfernt, während bei einer Sanierung nach Methode 2 (Beschichten) oder Methode 3 (räumliche Trennung) nur der Immissionspfad wirkungsvoll unterbrochen und damit die Gefährdung beseitigt wurde; daher ist ein saniertes Gebäude nicht grundsätzlich mit einem schadstofffreien Gebäude gleichzusetzen. Durch spätere Störungen der Einkapselung können die Gefährdungen wieder vollständig wirksam werden. Dieser Fall tritt oft durch Unachtsamkeit oder Fehlinformationen ein oder weil die Kenntnis über die ursprüngliche Gefährdung und die Sanierungsmaßnahme verloren gegangen ist. So können z. B. Beschichtungen von asbesthaltigen Brandabschottungen von Kabeln durch später installierte Kabel beschädigt werden oder Beschichtungen von Wänden, die die Freisetzung z. B. von PCB in die Raumluft verhindern sollen, während Renovierungen durch An- oder Abschleifen beschädigt werden.

Der Nachteil einer Teilsanierung oder Sanierung durch Beschichtung oder räumliche Trennung liegt oft darin, dass später vielfach nur noch die Information vorliegt, das Gebäude sei saniert worden. Dies kann dann zu dem falschen Schluss führen, es seien keine Schadstoffe im Gebäude mehr vorhanden.

Fazit

Sanierung bedeutet nicht immer, das alle Schadstoffe entfernt wurden, sodass ein Restrisiko verbleibt.

2.3.3.7 Alterung konservierender Sanierungsmaßnahmen

Sanierungen nach den Methoden 2 oder 3 der Asbest-Richtlinie wurden unter Verwendung von Beschichtungsstoffen, Versiegelungsmitteln oder dauerelastischen Fugenmassen durchgeführt. Diese Maßnahmen erfolgten teils schon vor mehreren Jahrzehnten, sodass sie inzwischen Alterungserscheinungen durch Schwund- und Dehnungsrisse zeigen. Hinzu kommen Zerstörungen durch unsachgemäßen Umgang. Viele Sanierungsmaßnahmen besitzen daher nicht mehr die ursprüngliche Schutzwirkung. Daher sind frühere Sanierungen in regelmäßigen Abständen auf ihre Funktionsfähigkeit zu überprüfen.

Fazit

Eine ausreichende Schutzwirkung nach einer konservierenden Sanierung ist heute oft nicht mehr gegeben.

2.3.3.8 Unzureichende Qualität früherer Sanierungen

Auch Sanierungsverfahren unterliegen einem ständigen Verbesserungsprozess, da sich das Wissen über ihre Wirksamkeit ständig fortentwickelt. So werden heute Verfahren, die vor wenigen Jahren noch als Stand der Technik galten oder die gängige Praxis darstellten, nicht mehr angewendet. Es war z. B. üblich, den Sanierungsbereich nach einer Asbestsanierung sehr intensiv mit Restfaserbindemittel zu behandeln. So wurde eine Freimessung der Raumluft selbst bei Mängeln in der Sanierung und einer unvollständigen visuellen Kontrolle erreicht, da die restlichen Asbestvorkommen durch das Restfaserbindemittel eingebunden und mit dem Untergrund verklebt wurden.

Obwohl die Gefährdung für die Nutzer damit erfolgreich unterbunden wurde, zeigen neue Erkenntnisse, dass bei der Bearbeitung dieser Flächen, z. B. durch Schleifen, wieder Asbestfasern freigesetzt werden (siehe auch Kapitel 2.3.3.3).

Fazit

Frühere Sanierungen können heute eine Gefährdung verursachen.

2.3.3.9 Veränderung der Exposition durch Umbauten

Da Sanierungen teils Jahre oder sogar Jahrzehnte zurückliegen, sind an diesen Objekten inzwischen vielfach Renovierungen und Umbauten durchgeführt worden. Solche Maßnahmen können das oft labile Gleichgewicht zwischen Emission von Schadstoffen aus Baustoffen und Luftwechsel dahin gehend beeinflussen, dass erhöhte Schadstoffkonzentrationen in der Innenraumluft auftreten. Das Aufbringen eines Wärmedämm-Verbundsystems auf den Außenwänden kann z. B. dazu führen, dass bisher unbedenkliche PCB-haltige Außenfugen an Gebäuden zu nennenswerten Raumluftbelastungen im Innenbereich führen.

Es empfiehlt sich daher, vor einer Veränderung an der schadstoffbelasteten Bausubstanz zu prüfen, ob daraus eine Gefährdung entstehen kann.

Fazit

Durch einen Umbau kann eine durch frühere Sanierungen hergestellte unkritische Situation so verändert werden, dass es wieder zu einer Gefährdung kommt.

2.3.3.10 Uneindeutige Abfalldeklaration

Die im Verantwortungsbereich des Bauherrn/Auftraggebers liegende Abfallentsorgung, z. B. von Materialien aus der Schadstoffsanierung, aus der Entkernung oder aus dem Abbruch, erfordert eine detaillierte und eindeutige Beschreibung der betreffenden Stoffe. Wird dies vernachlässigt, entstehen in der Ausführung oft erhebliche Nachforderungen, da gemäß VOB/C ATV DIN 18299 die Entsorgung von Abfällen von mehr als 1 m^3 und schadstoffbelastete Materialien als „Besondere Leistung" definiert ist. Ein zunächst günstig erscheinender Bieter ist dann im Nachhinein oft nicht der wirtschaftlichste. Neben einer deutlichen Überschreitung des Budgets droht zudem auch eine erhebliche Bauzeitverzögerung durch die stattfindenden Prüfungen und Diskussionen.

Daher sollte sich der Bauherr bei starken Abweichungen zwischen den Angeboten oder bei sehr günstigen Angeboten fragen, ob er selbst und sein Planer alles berücksichtigt haben oder ob der Unternehmer gegebenenfalls auf

Nachforderungen aufgrund fehlerhafter Annahmen bei der Qualität der anfallenden Abfälle spekuliert.

Fazit

- Nur bei sicheren Ausschreibungen ist der niedrigste Bieter auch der wirtschaftlichste Bieter.

2.3.3.11 Mehrkosten auch bei Entsorgung schadstofffreier Abfälle

Unter bestimmten Umständen müssen auch schadstofffreie Baustoffe kostenintensiv entsorgt werden, z. B. wenn sie in der Abfallbeseitigung stören (Störstoffe). So können Baustoffe, die keine Gebäudeschadstoffe sind, jedoch Störstoffe wie z. B. den sauren Sulfatanteil beim Gips oder die organischen Bestandteile beim Asphalt enthalten, im Recycling des Bauschutts zu schlechteren Klassifizierungen führen und damit erhebliche Mehrkosten verursachen.

Daher sollte zusammen mit dem Schadstoffkataster auch ein Baustoffkataster erstellt werden, um eine sortenreine Trennung der Abfälle bei Umbau oder Abbruch zu ermöglichen.

Fazit

- „Schadstofffrei" bedeutet nicht „störstofffrei".

2.4 Qualifikation und Versicherungsschutz der Beteiligten

Für den Eigentümer oder den Verfügungsberechtigten einer baulichen Anlage ist eine wesentliche Frage, wie geeignete Berater und ausführende Unternehmen für die Ermittlung und Sanierung von Schadstoffen im Baubestand gefunden werden können. Denn eine sachliche Auseinandersetzung mit eventuell vorhandenen Gebäudeschadstoffen und deren fachlich differenzierte Bewertung sowohl bei der Nutzung eines Gebäudes oder einer baulichen Anlage als auch vor einem Eingriff in die Bausubstanz hat große **haftungsrechtliche Bedeutung**. Eine zutreffende Einschätzung schadstoffbezogener Sachverhalte stellt höchste fachliche Ansprüche an den Berater und an den Sanierer. Nur hierauf kann das notwendige Vertrauen zwischen den Beteiligten gründen.

2.4.1 Qualifizierte Fachleute

Nach der **persönlichen Qualifikation** werden die Beteiligten im Bereich Gebäudeschadstoffe unterschieden in

- **Fachkundige**,
- **Sachkundige** und
- **Sachverständige**.

Fachkundige

Als „fachkundig" gelten Personen, die die Befähigung für die Ausübung von Aufgaben im Zusammenhang mit Gefahrstoffen besitzen. Hierzu zählt auch, dass sie mit auftretenden Problemen so weit vertraut sind, dass sie die

Gefährdungssituation beurteilen können und die nach Gefahrstoffverordnung sowie der jeweils einschlägigen TRGS notwendigen Maßnahmen bzw. Schutzmaßnahmen festlegen können. Die Befähigung ergibt sich aus einer entsprechenden Berufsausbildung, aus der Berufserfahrung, aus zeitnahen beruflichen Tätigkeiten sowie aus der Teilnahme an speziellen Weiterbildungen.

Sachkundige

„Sachkundig" ist darüber hinaus derjenige, der seine bestehende Fachkunde durch die Teilnahme an einem behördlich anerkannten Sachkundelehrgang mit einer bestandenen Prüfung erweitert hat.

Sachverständige

Sachverständige und auch das Personal bzw. die Aufsichtführenden eines Fachunternehmens für Schadstoffsanierung müssen die ersten beiden Stufen der Expertise besitzen, also fachkundig und sachkundig sein (sofern ein Sachkundelehrgang eingerichtet ist, denn für viele Gefahrstoffe existieren keine behördlich anerkannten Sachkundelehrgänge).

Sachverständige müssen darüber hinaus über besondere Kenntnisse in einem Spezialgebiet verfügen.

Sachverständige werden unterschieden in

- **öffentlich bestellte und vereidigte Sachverständige**,
- **amtlich anerkannte Sachverständige**,
- **zertifizierte Sachverständige**,
- **verbandsanerkannte Sachverständige** und
- **freie Sachverständige**.

Für die **öffentlich bestellten und vereidigten (ö. b. u. v.) Sachverständigen** gilt:

- Ihre Tätigkeit ist in der Gewerbeordnung in Verbindung mit den Gesetzen über die bestellenden Industrie- und Handelskammern bzw. Ingenieurkammern geregelt und sie unterliegen vor der Bestellung einer schriftlichen und mündlichen Prüfung durch ein Fachgremium zum Nachweis der besonderen Sachkunde und der persönlichen Integrität.
- Sie müssen einen Eid dahin gehend ablegen, dass sie ihre Gutachten und sonstigen Aufgaben unparteiisch, weisungsfrei, unabhängig, gewissenhaft und persönlich erstatten.
- Sie unterliegen während der Zeit ihrer öffentlichen Bestellung einem umfangreichen Pflichtenkatalog (Berufshaftpflichtversicherung, kein Haftungsausschluss) und einer entsprechenden Kontrolle zum steten Nachweis ihrer besonderen Sachkunde.
- Sie müssen eine gesetzlich geregelte Schweigepflicht strikt einhalten.
- Sie werden für gerichtliche Verfahren vom jeweiligen Richter bestellt, dem sie Bericht erstatten (bei anderen Auftraggebern sind sie Parteiengutachter, auf deren Gutachten wie auf andere Gutachten auch der bestellte Sachverständige reflektieren kann).

Für die **amtlich anerkannten Sachverständigen** gilt:

- Sie werden aufgrund ihrer nachzuweisenden Qualifikation und besonderer gesetzlicher Bestimmungen in bestimmten Bereichen hoheitlich tätig (z. B. für periodische Sicherheitsprüfungen) oder sind von öffentlichen Stellen anerkannt (Die Asbest-Sachverständigenverordnungen für Hamburg und Mecklenburg-Vorpommern sind aufgehoben).

Für die **zertifizierten Sachverständigen** gilt:

- Sie sind auf der Grundlage der EU-Harmonisierung durch akkreditierte Stellen zertifizierte Personen, die nur nach bestimmten Vorgaben tätig werden dürfen.
- Die Tätigkeiten können auf gesetzlicher Grundlage im hoheitlichen Prüfbereich liegen (regulierter Bereich) oder es kann sich um Tätigkeiten ohne gesetzliche Grundlage im privaten Bereich handeln (nicht regulierter Bereich).
- Im regulierten Bereich sind für die Zulassung und Überwachung staatliche Stellen zuständig, im nicht regulierten Bereich sind privatrechtliche Zertifizierungsstellen zuständig.

Für die **verbandsanerkannten Sachverständigen** gilt:

- Sie müssen bestimmte Voraussetzungen an Berufserfahrung, Vorbildung und Sachkunde sowie an die persönliche Integrität erfüllen.
- Die Überprüfung der Eignung obliegt dem jeweiligen Verband (für den Bereich der Schadstoffe z. B. dem Gesamtverband Schadstoffsanierung e. V. [GVSS] auf Basis der Anforderungen zum „Schadstoffgutachter“ nach VDI/GVSS 6202 Blatt 1, Abschnitt 6.1 [insbes. 6.1.1] bis 6.1.4).

Für die **freien Sachverständigen** gilt:

- Sie bedürfen für die Ausübung ihrer Tätigkeit keiner der voranstehend für die übrigen genannten Sachverständigen genannten Zulassungen.
- Sie bezeichnen sich als „Sachverständige“ (nicht geschützte Bezeichnung).
- Sie unterliegen keinem gesetzlich geregelten Pflichtenkatalog mit behördlicher Überwachung (die Qualifikationsanforderungen der freien Sachverständigen sind in der VDI/GVSS 6202 Blatt 2 „Schadstoffbelastete bauliche und technische Anlagen – Qualifizierung von Personal“ [in Vorbereitung] beschrieben und sollten im Einzelfall entsprechend abgefragt werden).

Aus der Tatsache, dass nur wenige Auftraggeber und deren beauftragte Bauplaner und Fachunternehmen selbst über die erforderliche Fachkunde bzw. Sachkunde verfügen, ergibt sich die Notwendigkeit, Sonderfachleute mit entsprechenden Qualifikationen und Bescheinigungen zu beauftragen. Selbst Auftraggeber, die Sachkundelehrgänge absolviert haben, greifen überwiegend auf spezialisierte Fachleute zurück. Denn aufgrund ihrer eigenen Kenntnisse wissen sie, wie wichtig eine **umfassende** Erfahrung in diesem Bereich ist, über die sie selbst in der Regel nicht verfügen.

Havarien mit Gebäudeschadstoffen entstehen nach aller Erfahrung vornehmlich dadurch, dass in Unkenntnis – zum Teil aber auch wissentlich – Tätigkeiten an Bauteilen ausgeführt werden, die schadstoffbelastet sind. Die Diskussion, ob es sich dabei um **Pflichtverletzungen des Bauherrn** bzw. seines beauftragten Planers bei der Grundlagenermittlung oder um einen **Verstoß des Bauausführenden** bei der Gefährdungsermittlung als Arbeitgeber handelt, ist durch die **Musterbauordnung** und die **Gefahrstoffverordnung** zwar eindeutig beantwortet. Doch beziehen sich diese beiden Regelwerke auf jeweils nur eine der Parteien, ohne die Pflichten der jeweils anderen Partei zu behandeln, sodass es zu sich widersprechenden Auslegungen kommt.

Die derzeit vorbereitete **VDI/GVSS 6202 Blatt 2** beschreibt daher neben den Sachverständigenobliegenheiten auch die Aufgaben und Pflichten aller übrigen Teilnehmer bei Baumaßnahmen mit Gebäudeschadstoffen. In ihr ist die Sachlage geordnet dargestellt und die Pflichten der einzelnen Beteiligten werden als einander ergänzende und nicht als einander ersetzende Wahrnehmungspflichten beschrieben.

2.4.2 Qualifikation der Gutachter und Fachplaner

Es ist nicht zwingend davon auszugehen, dass der Schadstoffgutachter zugleich auch der Fachplaner für eine Schadstoffsanierung ist, auch wenn dies häufig der Fall ist. Eindeutig ist jedoch, dass der Fachplaner erst dann tätig werden kann, wenn ein ausreichend vollständiges Schadstoffkataster von einem qualifizierten Gutachter erstellt wurde. Der Bauherr sucht daher als **Gutachter** einen Sachverständigen, der sich mit der Vielzahl der Bauschadstoffe, ihren sehr unterschiedlichen Eigenschaften und ihren möglichen Fundstellen gut auskennt und somit die Risiken aus den Schutzansprüchen Dritter und die finanziellen Folgen aus dem Bauablauf beherrschbar macht. Dieselben Ansprüche stellt er an den **Fachplaner**, der die Schadstoffbefunde und Bewertungen in eine Sanierungsplanung umsetzt.

Informationen über entsprechende Fachleute sind außer von Teilnehmern des Marktes von Fachverbänden und Landesregierungen, Industrie- und Handelskammern sowie Architekten-, Ingenieur- und Landwirtschaftskammern, die entsprechende Verzeichnisse führen, zu erhalten.

Die darin aufgelisteten Fachleute verfügen über die in Kapitel 2.4.1 beschriebenen grundsätzlichen Qualifikationen; darüber hinausgehende besondere Qualifikationen sind z. B. bestimmte Erfahrungen und Verfahrensweisen des Fachmanns.

Für die **Abfrage der besonderen persönlichen Qualifikationen des Sachverständigen und Fachplaners** sind folgende Kriterien geeignet:

- mindestens dreijährige Erfahrung auf dem Gebiet der Schadstofferkundung und -sanierung
- Hochschul- bzw. Fachhochschulabschluss, insbesondere im Bereich des Ingenieurwesens, der Chemie oder der Biologie (alternativ zehnjährige Berufserfahrung im Bereich der Schadstofferkundung und -sanierung)
- fundierte Kenntnisse bzw. fundiertes Fachwissen u. a. im Bereich Baukonstruktion, Sanierungstechnik, Arbeitsschutz, Vergaberecht und Abfall sowie insbesondere im Schadstoffbereich
- Fachkunde gemäß TRGS 524/Sachkunde gemäß DGUV Regel 101-004
- Sachkunde für Asbest gemäß TRGS 519
- Nachweis der alle 5 Jahre erforderlichen Fortbildung gemäß TRGS 519

Zum **Nachweis der besonderen persönlichen Qualifikationen des Sachverständigen und Fachplaners** eignen sich z. B. die folgenden Unterlagen:

- tabellarischer Lebenslauf mit den wichtigsten allgemeinen Ausbildungen und Fortbildungen, Angaben zur Gremienarbeit sowie Veröffentlichungen und Vorträgen
- Bescheinigungen über regelmäßige Fortbildungen im Tätigkeitsbereich
- Arbeitsmuster wie Gutachten oder Schadstoffsanierungsplanungen
- Referenzen mit entsprechender Bestätigung durch den Auftraggeber, den Kontaktdaten des Auftraggebers mit Ansprechpartner für Auskünfte sowie einem Exposé mit Ablaufbeschreibungen und Angaben zu
  - Bauvolumen,
  - Gebäudeart,
  - Schadstoffart und
  - Belastungsverteilung

Der **Nachweis der Qualifikation des Unternehmens, in dem der Sachverständige tätig ist,** kann mit folgenden Unterlagen erfolgen:

- Qualitätsmanagement-(QM-)System/Akkreditierungen (Deutsche Akkreditierungsstelle [DAkkS])
- Zertifizierungen (z. B. durch den GVSS oder gleichwertige Stellen)
- Unternehmensreferenzen (zur Art der Beschreibungen siehe oben die Angaben zu besonderen persönliche Qualifikationen)
- technische Leistungsfähigkeit (Ausstattung für Planung und Messtechnik im Hause)
- Nebenqualifikationen für mit der Maßnahme einhergehende Aufgaben
- wirtschaftliche Leistungsfähigkeit (Jahresumsätze, Zahl qualifizierter Mitarbeiter)
- Zuverlässigkeit mit Zentralregisterauszügen (in Nordrhein-Westfalen z. B. gemäß zentraler IHK-Präqualifikation)
- Versicherungsbestätigung (siehe Kapitel 2.4.4)

Die Auswahl der Abfragen obliegt dem Bauherr je nach den konkreten Ansprüchen. Seltener zieht er hierfür einen Fachmann heran; dieser sollte jedoch nicht selbst zur Auswahl stehen.

2.4.3 Qualifikation der Sanierungsunternehmen

Entsprechend der überwiegend üblichen Aufgabenteilung im Bauablauf wird die Sanierungsausführung ohne darin enthaltene Planungsanteile vergeben. Fachunternehmen, die Schadstoffsanierungen anbieten, sollten die Grundstufen des Fachwissens, d. h. die Fachkunde und die Sachkunde, nachweislich erfüllen. Es ist davon auszugehen, dass die verbandlich organisierten Fachfirmen für Schadstoffsanierungen über diese Grundvoraussetzungen hinaus durch Fortbildungen wichtige zusätzliche Qualifikationen besitzen.

Da Fachunternehmen, die Arbeiten/Tätigkeiten an Schadstoffen/Gefahrstoffen verrichten, grundsätzlich der Gefahrstoffverordnung unterliegen, ist vielfach ein Zusammenwirken mit staatlichen Arbeitsschutzbehörden und den gesetzlichen Unfallversicherungsträgern notwendig. Das hier unbedingt notwendige Vertrauen kann nur durch den Nachweis fachlicher Qualifikationen und Zusatzqualifikationen, durch ein etabliertes QM-System, durch Zertifizierung z. B. durch den GVSS sowie bei bestimmten Schadstoffen auch durch die Zulassung durch die jeweilige Arbeitsschutzbehörde begründet werden.

Die **Auswahl eines qualifizierten Sanierungsunternehmens** kann dabei nach den folgenden Kriterien erfolgen:

- mindestens dreijährige ordnungsgemäße und eigenverantwortliche Tätigkeit mit Sanierungsarbeiten
- mindestens 50 % der Arbeitsleistungen bei Sanierungsarbeiten mit eigenem Personal
- mindestens 2 leitende Mitarbeiter des Unternehmens mit nachgewiesener erforderlicher Fach- bzw. Sachkunde
- Zulassung gemäß Anhang I Nr. 2 Gefahrstoffverordnung (sofern für die Arbeiten erforderlich)
- Zertifizierung als Sanierungsfachbetrieb (z. B. Sanierungsfachbetrieb gemäß GVSS)
- Qualitätsmanagement-(QM-)System/Akkreditierungen (Deutsche Akkreditierungsstelle [DAkkS])

Die **Leistungsfähigkeit des Sanierungsunternehmens** kann mit den folgenden Unterlagen belegt werden:

- wirtschaftliche Leistungsfähigkeit (Jahresumsätze, Mitarbeiterzahl, Finanzkraft)
- Leistungen in den letzten 3 abgeschlossenen Geschäftsjahren, die mit der zu vergebenden Leistung vergleichbar sind, mit Angaben zu
  - Ausführungszeitraum,
  - Auftraggeber mit Ansprechpartner,
  - Planer,
  - Auftragssumme und
  - vertraglichen Leistungen bzw. Leistungsanteil bei Arbeitsgemeinschaften (Volumen, Gebäudeart, Schadstoffart und Belastungsverteilung)
- Zahl der in den letzten 3 abgeschlossenen Geschäftsjahren jahresdurchschnittlich beschäftigten Arbeitskräfte aus dem Bereich Schadstoffsanierung, gegliedert nach Berufsgruppen
- technische Ausrüstung im Unternehmen (Ausstattung an Sicherheitseinrichtungen und Maschinen)
- Nachweis der Betriebshaftpflichtversicherung mit ausreichender Deckungssumme
- Zuverlässigkeit (in Nordrhein-Westfalen gemäß zentraler IHK-Präqualifikation)
- Nachweise über regelmäßige Mitarbeiterschulungen

Die **persönliche Qualifikation des Leitungspersonals** kann durch folgende Unterlagen nachgewiesen werden:

- Hochschul- bzw. Fachhochschulabschluss, insbesondere im Bereich der Bau- und Umweltwissenschaften
- mindestens dreijährige Erfahrung auf dem Gebiet der Schadstoffsanierung in leitender Funktion, alternativ:
  - Berufsabschluss als Meister oder Techniker im Bauhauptgewerbe und fünfjährige Berufserfahrung im Bereich der Schadstoffsanierung in leitender Funktion oder

  - abgeschlossene Berufsausbildung sowie zehnjährige Berufserfahrung im Bereich der Schadstoffsanierung in leitender Funktion
- fundierte Kenntnisse in den Bereichen
  - Gebäude- und Anlagenkonstruktion,
  - Baustoffkunde,
  - Vergabe- und Vertragsordnung für Bauleistungen, Teil A, B und C (VOB/A, VOB/B, VOB/C),
  - Schadstoffbelastungen in Gebäuden und Anlagen,
  - rechtliche Rahmenbedingungen (Gesetze, Verordnungen und weitere einschlägige Regelwerke),
  - Arbeitssicherheit, Gesundheitsschutz und Umweltschutz sowie
  - Planung von Sanierungsabläufen
- Fachkunde gemäß TRGS 524/Sachkunde gemäß DGUV Regel 101-004
- Sachkunde für Asbest gemäß TRGS 519
- Nachweis der alle 5 Jahre erforderlichen Fortbildung gemäß TRGS 519

Als **persönliche Qualifikation der Sanierungsmitarbeiter** ist beizubringen:

- arbeitsmedizinische Vorsorgeuntersuchungen

Einige **Asbestsanierungsaufgaben** können durch die **klassischen Baugewerke** abgewickelt werden, wenn sie mit einer zusätzlichen Qualifikation ausgestattet sind. Dachdecker, Heizungsbauer und andere Handwerker benötigen sie, um Arbeiten im Bestand ausführen zu können. Vorwiegend sind dies spezielle Asbest-Sachkundelehrgänge gemäß TRGS 519/TRGS 524. Es ist zu prüfen, ob der jeweilige Lehrgang auch die Qualifikation für die vorgesehene Arbeit umfasst. Den Inhalt und den Ablauf der Sachkundelehrgänge sowie die Abschlussprüfung regelt die jeweilige TRGS. Sanierungsunternehmen besitzen darüber hinaus oft auch Kapazitäten im Trockenbau und anderen ausbaunahen Gewerken, sodass sie die Wiederherstellung nach einer entfernenden Sanierungsmaßnahme eigenständig leisten können. Diese Leistungsfähigkeit lässt sich allerdings auch durch Kooperationspartner herstellen.

Hinweis

Es ist zu beachten, dass Asbest und entsprechend bestehenden Umgangsverboten auch andere Schadstoffe **vor** den nachfolgenden Arbeiten zu entfernen sind.

2.4.4 Risikoabsicherung

Im Baubereich ist regelmäßig eine Betriebs- bzw. Berufshaftpflichtversicherung notwendig, um Personen-, Sach- und Vermögensschäden abzudecken, die aus Mängeln der Bauausführung oder der Planung entstanden sind. Dies gilt grundsätzlich auch für die Schadstoffsanierung von Gebäuden, den Abbruch und die Abfallentsorgung.

Auch wenn durch eine Sanierung alle Schadstoffquellen entfernt worden sind, können durch unsachgemäßes Arbeiten **Kontaminationen** entstanden sein, die die spätere Nutzung einschränken oder verhindern. Auch bei Abbruchmaßnahmen können zahlreiche **Schäden auf dem Baugrundstück und in der Nachbarschaft** entstehen, die unter Umständen erst nach Abschluss der Maßnahmen festgestellt werden. Im ungünstigsten Fall kann es auch zu **Personenschäden** durch Schadstofffreisetzungen kommen. Ein hohes **Risiko** für den Auftraggeber stellt ebenfalls die **Entsorgung** dar, insbesondere wenn das Sanierungs-, Bau- oder Abbruchunternehmen bei Firmenauflösung oder Insolvenz nicht mehr haftbar gemacht werden kann. Wenn es zur Ausbreitung von Schadstoffen in angrenzende Gebäude oder Räume gekommen ist, können finanzielle Aufwendungen z. B. aufgrund von Mietminderungen, Produktionsausfällen oder Nachbarschaftsklagen mit Regressforderungen erforderlich sein, die unter günstigen Bedingungen gegebenenfalls als Versicherungsfälle abzuarbeiten sind. Daher ist besondere Sorgfalt auf die Auswahl der ausführenden Unternehmen und Gutachter/Planer sowie auf die Festlegung von Gewährleistungsfristen (gegebenenfalls mit Bürgschaften) und auf die Prüfung eines ausreichenden Versicherungsschutzes zu legen.

Asbestrisiko

Insbesondere im Versicherungsbereich haben sich in den letzten Jahren zahlreiche Veränderungen ergeben, die starken Einfluss auf bestehende und auf neue Versicherungsverträge haben. Ausgelöst wurden diese Veränderungen durch Asbestschadensfälle in den USA, die wegen der großen Fallzahlen mit hohen Entschädigungssummen als Risiko auch in Europa erkannt wurden. Die tödliche Gefahr, die von eingeatmeten Asbestfasern ausgeht, ist seit Langem bekannt und in der industriellen Verwendung wurden so hohe Mengen des Faserstaubs freigesetzt, dass die Folgen drastische Auswirkungen zeigten und kaum zu übersehen waren. Eine konsequentere Ächtung des Schadstoffs Asbest drang von den USA in den 1970er-Jahren nach Deutschland vor, in Frankreich wurde sie erst in den 1990er-Jahren vollzogen. Noch wird Asbest in vielen Ländern, vor allem in Asien, als nicht problematisch genug angesehen, um ein Verbot auszusprechen.

In den USA führten die Regressansprüche in der dortigen Feuerfest-Industrie zu Entschädigungszahlungen, die auf 120 Milliarden US-Dollar geschätzt werden und die durch die internationalen Verflechtungen der Versicherungsgesellschaften auch Auswirkungen auf die deutschen Versicherungen hatten. Als Folge wurden in **Abschnitt 7.11 der Allgemeinen Versicherungsbedingungen für die Haftpflichtversicherung (AHB)** des Gesamtverbands der der Deutschen Versicherungswirtschaft e. V. (GUV) **Risiken durch Asbest ausgeschlossen**. Danach wäre eine Haftung für Schäden im Zusammenhang mit Asbest nur noch dann abgesichert, wenn es sich um Ereignisse wie bei anderen Baustoffen auch handelt, nicht aber, wenn Asbestfasern auf die Gesundheit des Menschen einwirken.

Unternehmen und Personen, die noch einen Vertrag aus der Zeit vor der Änderung der AHB besitzen, sind grundsätzlich versichert, werden aber in der Regel bei Schadensfällen (auch bei solchen, die nicht im Zusammenhang mit Asbest stehen), also beim Eintritt der Kündigungsmöglichkeit für den Versicherer, zum Abschluss eines geänderten Vertrages aufgefordert. Falls dann noch eine Versicherung für das Asbestrisiko gewährt wird, werden hierfür gewöhnlich reduzierte Versicherungssummen eingesetzt. Diese reichen insbesondere bei Personenschäden oft bei Weitem nicht aus.

Da Unternehmen, Selbstständige und Freiberufler wie auch Privatpersonen in den meisten Fällen unbegrenzt haften, stellt dies nicht nur für die Versicherungsnehmer, sondern auch für den Versicherer ein bedeutendes Risiko dar. Das Risiko wird für den Versicherer über die Vereinbarung abstrakter Höchstleistungsgrenzen, sogenannter **Deckungssummen**, kalkulierbar. Die Deckungssummen stehen grundsätzlich je Schadensfall zur Verfügung, die Gesamtleistung des Versicherers für alle Versicherungsfälle eines Versicherungsjahres wird jedoch häufig auf das Doppelte der Deckungssumme begrenzt (sogenannte zweifache Maximierung). Doch nicht alle Gesellschaften versichern diese Schäden in gleicher Höhe, bei manchen Haftpflichtversicherungen steht die Deckungssumme nur einmal pro Versicherungsjahr zur Verfügung, z. B. in der Umwelthaftpflichtversicherung (UHV).

Für Sanierungsmaßnahmen wird für den Gutachter/Fachplaner (VDI/GVSS 6202 Blatt 1) und ebenso für das Sanierungsunternehmen eine **Berufs- bzw. Betriebshaftpflichtversicherung** mit folgenden **Mindestdeckungssummen** empfohlen:

- Personenschäden: 1.500.000 €
- Sach- und Vermögensschäden: 1.000.000 €
- Umwelt- und Gewässerschäden: 1.000.000 €

Die Deckung sollte Risiken mit allen Schadstoffen, einschließlich Asbest, umfassen; sie ist im Einzelfall entsprechend objektbezogen anzupassen.

Risikoausschlüsse durch die Allgemeinen Versicherungsbedingungen für die Haftpflichtversicherung (AHB)

Die Allgemeinen Versicherungsbedingungen für die Haftpflichtversicherung (AHB) stellen für fast alle Haftpflichtsparten die Basis dar. Sie sind daher sehr allgemein gehalten. Dies hat zur Folge, dass in den AHB viele Ausschlüsse bzw. Einschränkungen aufgeführt sind wie z. B. der voranstehend beschriebene Ausschluss für Asbest sowie für Umwelteinwirkungen oder Einschränkungen bei Vermögensschäden. Diese sind durch Zusatzvereinbarungen wieder einzuschließen oder über separate Versicherungen wie eine Umwelthaftpflichtversicherung abzudecken.

Die **Besonderen Bedingungen und Risikobeschreibungen** (BBR) der Versicherer sowie besondere Vereinbarungen oder Nebenklauseln regeln die Mitversicherung der berufsspezifischen Risiken. Doch führen hier gegenläufige Klauseln wieder zur **Einschränkung des Versicherungsschutzes**. Hierzu zählen z. B.

- der generelle Ausschluss von „Umweltschäden“ oder von „luftgetragenen Schadagenzien“,
- der generelle Ausschluss von bestimmten Gefahrstoffen,
- der Ausschluss bestimmter Tätigkeiten,
- der Ausschluss bei Vorsatz,
- der Ausschluss bei Verstoß gegen Gesetze, Vorschriften, Auflagen und Normen,
- die Radiusklausel (oft in Versicherungen von Abbruchunternehmen), nach der Schäden ab einem Radius, der der halben Höhe des Gebäudes entspricht, nicht versichert sind,

- der Ausschluss bei pflichtwidrigem Verhalten,
- die Ausweitung der Definition von Umwelteinwirkungen über das übliche Maß hinaus,
- der Ausschluss von Schäden an fremden Sachen, die der Versicherungsnehmer bearbeitet, und
- der Ausschluss von Schäden durch Arbeiten des Versicherungsnehmers.

Aus diesem Grund sollte der Bauherr, statt nur die übliche kurze Bestätigung eines Versicherungsschutzes zu fordern, grundsätzlich prüfen, ob für die beabsichtigten Tätigkeiten überhaupt ein Versicherungsschutz und eine ausreichende Deckungssumme besteht. Die Herausgabe der originalen Versicherungspolicen wird von den Versicherungen oft mit dem Hinweis auf das Geschäftsgeheimnis verweigert. Wenn die Prüfung der Originaltexte daher nicht möglich ist, sollten von der Versicherung Bestätigungen bzw. Abfragen über den Versicherungsschutz für das entsprechende Bauvorhaben eingeholt werden, die alle aktuell bekannten Einwände proaktiv ausschließen.

Zu Haftungsrisiken und Versicherungsschutz bei der Schadstoffsanierung siehe auch Lenoir, 2013.

3 Datenblätter Schadstoffe

3.1 Datenblatt Asbest

Stoffliche Eigenschaften

Das griechische Wort „asbestos" bedeutet „unauslöschlich" oder „unvergänglich".

Asbeste sind natürliche Silikate mit Faserstruktur. Sie werden **2 Gruppen** zugeordnet:

- Serpentin-Gruppe:
  - Chrysotil (Weißasbest)
- Amphibol-Gruppe:
  - Amosit (Braunasbest)
  - Krokydolith (Blauasbest)
  - Aktinolith
  - Anthophyllit
  - Tremolit

Eigenschaften von Asbestfasern

- beständig gegen Hitze
- beständig gegen Säuren
- Wasser abweisend (hydrophob)
- elastisch
- spinnbar
- biopersistent

Verwendung

Funktionen

- Brandschutz
- Hitzeschutz
- Schallschutz
- Feuchteschutz
- Bewehrung
- Verbesserung der Abriebfestigkeit
- Einstellung des Fließverhaltens (z. B. von Fliesenklebern)

Datenblatt Asbest

Stoffliche Eigenschaften

Verwendung

Chronologie der Verbote und Regelungen

Gesundheitsrisiken

Einstufung der Schadwirkung

Ermittlungspflicht

Risikobewertung und Feststellung der Sanierungsdringlichkeit

Quellenermittlung

Richtwerte/Grenzwerte – Nutzerschutz

Arbeitsplatzgrenzwerte – Schutz der Beschäftigten des Sanierungsunternehmens

Wichtige Regelwerke

Tätigkeiten mit Asbest/ Sanierung

Qualifikation des Sanierungsunternehmens und erforderliche Nachweise

Schutzmaßnahmen

Erfolgskontrolle

Entsorgung

Produkte

- Bauprodukte:
  Asbestzement-(AZ-)Produkte (Platten, Rohre, Formteile), Leichtbauplatten, Pappen, Bodenbeläge, Kleber, Spritzputz, sonstige Putze, Spachtelmassen, Mörtelmassen, Steinholz-/Magnesitestriche, Dämmstoffe, Schnüre, Dichtmassen, Kitte, Abdichtungsbahnen, Anstriche/Beschichtungen, Isoliermaterial, Stopfmassen, Schaumstoffe, Teer-/Bitumenmassen, Gewebematten, Dichtungen, Packungen u. a. m.
  Asbest wurde in der Regel bei der Herstellung der Bauprodukte im Werk eingesetzt. In Einzelfällen wurde Asbest dem Material jedoch auch erst auf der Baustelle zugemischt (z. B. zu Diatomeenerde als Dämmstoff für Heizungsrohre).
- Elektrospeicherheizgeräte:
  Geräte bis Baujahr 1984 können asbesthaltige Bauteile enthalten. Es werden 3 Gerätegruppen unterschieden:
  - Gerätegruppe 1: Geräte ohne asbesthaltige Materialien
  - Gerätegruppe 2: Geräte mit asbesthaltigen Materialien in Kleinteilen
    Bei einer Anordnung asbesthaltiger Bauteile außerhalb des Luftstroms ist bei ordnungsgemäßem Betrieb und intaktem Gerät nicht mit einer Freisetzung von Asbestfasern zu rechnen.
  - Gerätegruppe 3: Geräte mit asbesthaltigen Materialien größeren Umfangs
    Bei Geräten dieser Gerätegruppe befinden sich die asbesthaltigen Bauteile im Luftstrom des Geräteventilators (z. B. asbesthaltiger Kernsteinträger, Dichtungen an der Bypassklappe aus Asbestpappe oder Asbestschnur). Bei diesen Geräten ist mit einer Freisetzung von Asbestfasern zu rechnen.

Gehalt im Material

- $< 0,1$ bis 100 Masse-% (Schnüre, Gewebematten)

Nach TRGS 519, Abschnitt 2.11 bis 2.13, werden 3 Asbestproduktgruppen unterschieden:

- schwach gebundene Asbestprodukte:
  Dichte < 1.000 kg/m^3 (Ausnahmen mit Dichte > 1.000 kg/m^3 siehe Asbest-Richtlinie 1996)
- Asbestzementprodukte (fest gebundene Asbestprodukte):
  Dichte > 1.400 kg/m^3, Asbestgehalt < 15 Masse-%
  Zu den fest gebundenen Asbestprodukten zählen z. B. auch Estriche, Bodenbeläge, Kleber, Spachtelmassen, Anstriche und Beschichtungen.
- sonstige Asbestprodukte:
  Das Faserfreisetzungspotenzial der sonstigen Asbestprodukte ist vergleichend zu bewerten.

Verwendungszeitraum

- bis 1969: Spritzasbest in der DDR
- bis 1979: Spritzasbest in der Bundesrepublik
- bis 1984: schwach gebundene Asbestprodukte in der Bundesrepublik
- bis 1992: Asbestzementplatten im Hochbau
- bis 1995: Herstellung und Verwendung von Asbest und asbesthaltigen Materialien in der Bundesrepublik (mit wenigen Ausnahmen)
- bis 2005: Asbest in der EU

Chronologie der Verbote und Regelungen

- 1969: Verbot von Spritzasbest in der DDR, der dort nahezu ausschließlich im Schiffbau und nur in Ausnahmefällen in Gebäuden verwendet wurde (Asbest in den neuen Bundesländern, S. 3; Asbest. Informationen über Abbruch, Sanierungs- und Instandhaltungsarbeiten, 2015, S. 6)
- 1979: Verbot von Spritzasbest in der Bundesrepublik (VBG 119, 1979)
- 1983: EWG-Richtlinie über den Schutz der Arbeitnehmer gegen Gefährdung durch Asbest am Arbeitsplatz (Richtlinie 83/477/EWG)
- 1984: Verbot der Verwendung einer Vielzahl schwach gebundener Asbestprodukte (VBG 119, 1982)
- 1986:
  - Asbestverbote, Kennzeichnungspflicht (Gefahrstoffverordnung 1986)
  - Leitfaden „Spritzasbest und ähnliche Asbestprodukte in Innenräumen – erkennen, bewerten, sanieren“ (Vorläufer der Asbest-Richtlinien 1989 und 1996)
- 1988: TRGS 517 „Asbest“
- 1989: „Richtlinien für die Bewertung und Sanierung schwachgebundener Asbestprodukte in Gebäuden“ (Asbest-Richtlinie 1989)
- 1990:
  - Umstufung von Asbest aus der Gefährdungsgruppe II (stark gefährdend) in die Gruppe I (sehr stark gefährdend) (2. Gefahrstoff-Änderungsverordnung)
  - TRGS 519 „Asbest. Abbruch-, Sanierungs- oder Instandhaltungsarbeiten“
- 1992: Verbot der Verwendung von Asbestzementplatten im Hochbau (2. Gefahrstoff-Änderungsverordnung)
- 1995: Verbot der Herstellung und der Verwendung von Asbest und asbesthaltigen Materialien (Chemikalien-Verbotsverordnung, Gefahrstoffverordnung 1993)
- 1996: Asbest-Richtlinie 1996 (Überarbeitung der Asbest-Richtlinie 1989)
- 2000: BGI 664 „Verfahren mit geringer Exposition gegenüber Asbest bei Abbruch-, Sanierungs- und Instandhaltungsarbeiten“ (zuvor ZH 1/511)

Datenblatt Asbest

Stoffliche Eigenschaften

Verwendung

Chronologie der Verbote und Regelungen

Gesundheitsrisiken

Einstufung der Schadwirkung

Ermittlungspflicht

Risikobewertung und Feststellung der Sanierungsdringlichkeit

Quellenermittlung

Richtwerte/Grenzwerte – Nutzerschutz

Arbeitsplatzgrenzwerte – Schutz der Beschäftigten des Sanierungsunternehmens

Wichtige Regelwerke

Tätigkeiten mit Asbest/ Sanierung

Qualifikation des Sanierungsunternehmens und erforderliche Nachweise

Schutzmaßnahmen

Erfolgskontrolle

Entsorgung

- 2005: EU-weites Asbestverbot (Richtlinie 2003/18/EG). Trotz des Verbotes kommt es immer wieder zur Einfuhr von Asbestprodukten nach Deutschland.
- 2013:
  - Entschließung des Europäischen Parlaments: Von der Europäischen Union wird gefordert, gemäß Art. 11 Richtlinie 2009/148/EG ein Modell für das Screening und die Registrierung von Asbest auszuarbeiten und Eigentümern von öffentlichen und gewerblichen Gebäuden vorzuschreiben, ihre Gebäude auf das Vorhandensein von Asbest zu prüfen, sowie einen Aktionsplan für die bis 2028 durchzuführende sichere Beseitigung von Asbest aus öffentlichen Gebäuden und Gebäuden mit Dienstleistungsfunktion zu erarbeiten (Entschließung des Europäischen Parlaments vom 14. März 2013 zu asbestbedingten Gefährdungen der Gesundheit am Arbeitsplatz und Aussichten auf Beseitigung von sämtlichem noch vorhandenen Asbest).
  - TRGS 517 „Tätigkeiten mit potenziell asbesthaltigen mineralischen Rohstoffen und daraus hergestellten Gemischen und Erzeugnissen“
- 2014: Verbot der Sanierungsmethode 2 (Beschichten) der Asbest-Richtlinie 1996 bei schwach gebundenen Asbestprodukten (Muster-Liste der Technischen Baubestimmungen, März 2014)

Gesundheitsrisiken

- chronische Toxizität:
  - krebserzeugend
  - Asbestose verursachend
- enthält lungengängige Fasern
  Das krebserzeugende Agens ist die lungengängige, biopersistente Faser.
  Als lungengängig gelten gemäß WHO-Definition (Determination of airborne fibre number concentrations, 1997) Fasern mit folgenden Abmessungen:
  - Länge $L > 5$ µm
  - Faserdurchmesser $D < 3$ µm
  - Verhältnis Länge zu Durchmesser $L : D > 3 : 1$
- Unit Risk (100 F/m³):
  - $2 \cdot 10^{-5}$ (LAI-Bericht, 2004)
- anerkannte asbestverursachte Berufskrankheiten (BK):
  - BK 4103 Asbeststaublungenerkrankung (Asbestose)
  - BK 4104 Lungenkrebs oder Kehlkopfkrebs
  - BK 4105 Durch Asbest verursachtes Mesotheliom
  - BK 4114 Lungenkrebs durch das Zusammenwirken von Asbestfaserstaub und polycyclischen aromatischen Kohlenwasserstoffen (PAK)
    Durch das Zusammenwirken von Asbestfaserstaub und PAK besteht in der Regel eine mindestens additive Erhöhung des Lungenkrebsrisikos (Merkblatt zur Berufskrankheit Nummer 4114, 2009).

Einstufung der Schadwirkung

Verordnung (EG) Nr. 1272/2008 (CLP-Verordnung)

- Carc. Cat. 1A: krebserzeugend
  Eine Konzentrationsschwelle, unterhalb derer eine Gefährdung der Gesundheit nicht mehr gegeben ist, kann nicht festgelegt werden.

Ermittlungspflicht

- Bauherr – Schutz der Gebäudenutzer:
  - Baurecht
  - Abfallrecht
- Unternehmer – Schutz der Beschäftigten:
  - Gefahrstoffrecht
  - Arbeitsschutzrecht
  - Abfallrecht

Risikobewertung und Feststellung der Sanierungsdringlichkeit

- qualifizierter Sachverständiger bzw. Sachkundiger nach TRGS 519, Anlage 3
- Begutachtung der Situation vor Ort
- Materialanalysen
- ggf. Raumluftmessungen
- ggf. Kontaktproben

Schwach gebundene Asbestprodukte

Schwach gebundene Asbestprodukte fallen in den Geltungsbereich der Asbest-Richtlinie 1996. Dies betrifft folgende Produkte:

- alle Asbestprodukte mit einer Dichte < 1.000 kg/m^3
- unabhängig von ihrer Rohdichte die in Gebäuden in der DDR verbauten asbesthaltigen Plattenarten:
  - Baufatherm (anorganische Brandschutzplatte nach TGL 22 973)
  - Sokalit (Leichtbauplatte nach TGL 24 452/01 und TGL 24 452/02)
  - Neptunit (anorganische Feuerschutzplatte nach TGL 29 312 und TGL 37 478)

Feststellung der Sanierungsdringlichkeit durch **Risikobewertung mittels Formblatt** gemäß Asbest-Richtlinie 1996, Anhang 1, nach folgenden Kriterien:

- Art der Asbestverwendung
- Asbestart
- Struktur der Oberfläche des Asbestprodukts
- Oberflächenzustand des Asbestprodukts
- Beeinträchtigung des Asbestprodukts von außen
- Raumnutzung
- Lage des Produkts

Datenblatt Asbest

Stoffliche Eigenschaften
Verwendung
Chronologie der Verbote und Regelungen
Gesundheitsrisiken
Einstufung der Schadwirkung
Ermittlungspflicht
Risikobewertung und Feststellung der Sanierungsdringlichkeit
Quellenermittlung
Richtwerte/Grenzwerte – Nutzerschutz
Arbeitsplatzgrenzwerte – Schutz der Beschäftigten des Sanierungsunternehmens
Wichtige Regelwerke
Tätigkeiten mit Asbest/Sanierung
Qualifikation des Sanierungsunternehmens und erforderliche Nachweise
Schutzmaßnahmen
Erfolgskontrolle
Entsorgung

Den Kriterien sind Bewertungspunkte zugeordnet, aus deren Summe sich die Dringlichkeit der Sanierung ergibt:

- Dringlichkeitsstufe I (≥ 80 Punkte):
  Zur Gefahrenabwehr müssen unverzüglich vorläufige bauliche und/oder betriebliche Maßnahmen ergriffen werden, wenn der Raum weiter genutzt werden soll. Eine Sanierung ist zwingend erforderlich (spätestens nach 3 Jahren).
- Dringlichkeitsstufe II (70–79 Punkte):
  Eine Neubewertung ist mittelfristig erforderlich.
- Dringlichkeitsstufe III (< 79 Punkte):
  Eine Neubewertung ist langfristig erforderlich.
  Folgende Verwendungen sind nicht mittels Formblatt zu bewerten, sondern in Dringlichkeitsstufe III einzustufen:
  - asbesthaltige Brandschutzklappen
  - asbesthaltige Brandschutztüren, bei denen die Asbestprodukte vom Blechkörper – mit Ausnahme notwendiger Öffnungen zum Öffnen und Schließen – dicht eingeschlossen sind
  - asbesthaltige Dichtungen zwischen Flanschen in technischen Anlagen

Nicht schwach gebundene Asbestprodukte

Nicht schwach gebundene bzw. fest gebundene Asbestprodukte fallen nicht in den Geltungsbereich der Asbest-Richtlinie 1996 (daher keine Feststellung der Dringlichkeit der Sanierung nach Formblatt). Dies betrifft folgende Produkte:

- Asbestzementprodukte
- sonstige Asbestprodukte nach TRGS 519, Abschnitt 2.13

Eine Verpflichtung zum Ergreifen vorläufiger Maßnahmen bzw. eine Sanierungsverpflichtung für Asbestzementprodukte und sonstige Asbestprodukte kann sich im Einzelfall bei Vorliegen einer konkreten Gefahr nach § 3 Abs. 1 MBO ergeben.

Quellenermittlung

- Materialanalysen
- ggf. Analyse von Kontaktproben

Richtwerte/Grenzwerte – Nutzerschutz

Innenraumluft

Eine Konzentrationsschwelle, unterhalb derer eine Gefährdung der Gesundheit nicht mehr gegeben ist, kann nicht festgelegt werden; daher existieren keine Innenraumrichtwerte für Asbest.

Zielwerte gemäß **Asbest-Richtlinie 1996** für die Asbestfaserkonzentration in der Raumluft:

- Erfolgskontrolle nach Sanierung:
  - Messwert: $< 500\ F/m^3$
  - oberer Poissonwert: $< 1.000\ F/m^3$
- Erfolgskontrolle nach vorläufigen Maßnahmen:
  - Messwert: $\leq 1.000\ F/m^3$

Empfehlung gemäß VDI 3877 Blatt 2, Abschnitt 6.6:

„Wurden Raumluftmessungen nach VDI 3492 durchgeführt und war das Ergebnis einer oder mehrerer Messungen größer 1.000 Asbestfasern pro m³ Luft, ist der Raum aus der Nutzung zu nehmen. Die weitere Nutzung ist nur unter Schutzbedingungen und Beachtung der Vorgaben der TRGS 519 möglich (eingeschränkter Nutzerkreis) und sollte mit Angabe des Datums und der Nutzungsdauer dokumentiert werden."

Außenluft

Werte gemäß **LAI-Bericht, 2004**:

- gemessener Jahresmittelwert 2001:
  - $88\ F/m^3$
- Zielwert:
  - $220\ F/m^3$ (Risiko: $4{,}4 \cdot 10^{-5}$)
- langfristig angestrebt:
  - $5\ F/m^3$ (Risiko: 10^{-6})

Für die Allgemeinbevölkerung sieht die EU-Kommission hinsichtlich Kanzerogenen in der Außenluft ein Risiko von 10^{-6} (Konzentration von $5\ F/m^3$) als gesellschaftlich akzeptiertes Risiko an (LAI-Bericht, 2004, S. 8).

Arbeitsplatzgrenzwerte – Schutz der Beschäftigten des Sanierungsunternehmens

Materialien

Einstufung von Materialien als Gefahrstoff gemäß **Verordnung (EG) Nr. 1272/2008 (CLP-Verordnung), Gefahrstoffverordnung** und **TRGS 519**:

- Asbestgehalt:
  - $\geq 0{,}1$ Masse-%

Hinweis

Der Grenzwert gemäß TRGS 519 stellt keine allgemein verbindliche Abgrenzung „asbestfreier" und „asbesthaltiger" Materialien dar, sondern definiert krebserzeugende Stoffe im Sinne des Gefahrstoffrechts. Auch bei Unterschreitung eines Asbestgehalts von 0,1 Masse-% kann bei Bearbeitung entsprechender Produkte oder Bauteile eine erhebliche Exposition gegenüber Asbestfasern auftreten, die Schutzmaßnahmen erforderlich macht.

Erforderliche Schutzmaßnahmen gemäß **TRGS 517**:

- Asbestgehalt:
  - $< 0,1$ Masse-% (siehe auch „Entsorgung")

Luft am Arbeitsplatz (Tätigkeiten mit Asbest)

Eine Konzentrationsschwelle, unterhalb derer eine Gefährdung der Gesundheit nicht mehr gegeben ist, kann nicht festgelegt werden; daher existieren keine Arbeitsplatzgrenzwerte (AGW) für Asbest.

Anforderungen gemäß **TRGS 910**:

- Akzeptanzkonzentration, die bei Unterschreitung mit einem niedrigen, hinnehmbaren Krebsrisiko assoziiert ist:
  - 10.000 F/m^3 (Akzeptanzrisiko: $4 \cdot 10^{-4}$)
- Akzeptanzkonzentration spätestens ab 2018:
  - 1.000 F/m^3 (Akzeptanzrisiko: $4 \cdot 10^{-5}$)
- Toleranzkonzentration, die bei Überschreitung mit einem hohen, nicht hinnehmbaren Krebsrisiko assoziiert ist:
  - 100.000 F/m^3 (Toleranzrisiko: $4 \cdot 10^{-3}$)

Für die Allgemeinbevölkerung sieht die EU-Kommission hinsichtlich Kanzerogenen in der Außenluft ein Risiko von 10^{-6} (Konzentration von 5 F/m^3) als gesellschaftlich akzeptiertes Risiko an (LAI-Bericht, 2004, S. 8).

Anforderungen gemäß **TRGS 519**:

- Tätigkeiten mit geringer Exposition:
  - $<$ 10.000 F/m^3
- emissionsarmes Verfahren nach TRGS 519, Abschnitt 2.9:
  - $<$ 10.000 F/m^3
- Arbeiten geringen Umfangs:
  - $\leq$ 100.000 F/m^3

Anforderungen gemäß **Richtlinie 2009/148/EG**:

- Grenzwert:
  - 100.000 F/m^3

Wichtige Regelwerke

Verbot der Verwendung und des Inverkehrbringens

Das Verbot gilt für einen Asbestgehalt > 0,1 Masse-% an Asbestfasern (Amosit, Aktinolith, Anthophyllit, Chrysotil, Krokydolith, Tremolit):

- Art. 67 in Verbindung mit **Anhang XVII Nr. 6 Verordnung (EG) Nr. 1907/2006 (REACH-Verordnung)** (frühere Regelung: Richtlinie 76/769/EWG, Anhang 1):
  „1. Das Inverkehrbringen und die Verwendung dieser Fasern [Asbestfasern] und von Erzeugnissen, denen diese Fasern absichtlich zugesetzt werden, wird verboten.
  [...]
  2. Die Verwendung von Erzeugnissen, die Asbestfasern gemäß Absatz 1 enthalten und die schon vor dem 1. Januar 2005 installiert bzw. in Betrieb waren, ist weiterhin erlaubt, bis diese Erzeugnisse beseitigt sind oder bis ihre Nutzungsdauer abgelaufen ist. Jedoch können die Mitgliedstaaten aus Gründen des Schutzes der menschlichen Gesundheit die Verwendung solcher Erzeugnisse verbieten, bevor sie beseitigt sind oder ihre Nutzungsdauer abgelaufen ist.
  Die Mitgliedstaaten dürfen die Einführung neuer Anwendungen für Chrysotilasbest auf ihrem Territorium nicht mehr zulassen.“

Ausnahmen von Verboten:

- **Chemikalien-Verbotsverordnung**, Anhang (zu § 1), Abschnitt 2

Nutzerschutz

- **Asbest-Richtlinie 1996**

Arbeitsschutz

- **Gefahrstoffverordnung**, insbesondere Anhang I, Nr. 2, und Anhang II, Nr. 1
- **TRGS 519** (Materialien mit einem Asbestgehalt ≥ 0,1 Masse-%)
- **TRGS 517** (gilt auch für Materialien mit einem Asbestgehalt < 0,1 Masse-%; siehe auch „Entsorgung“)
- **Richtlinie 2009/148/EG** (frühere Regelung: Richtlinie 83/477/EWG)

Tätigkeiten mit Asbest/Sanierung

Grundsätze

Tätigkeiten mit Asbest sind „besonders gefährliche Arbeiten“ nach § 2 Abs. 3 **Baustellenverordnung**.

Arbeiten an asbesthaltigen Teilen von Gebäuden, Geräten, Maschinen, Anlagen, Fahrzeugen und sonstigen Erzeugnissen sind verboten (**Gefahrstoffverordnung**, Anhang II, Abs. 1). Eine Ausnahme bilden Abbruch-, Sanierungs- und Instandhaltungsarbeiten (ASI-Arbeiten) gemäß **TRGS 519**.

Datenblatt Asbest
Stoffliche Eigenschaften
Verwendung
Chronologie der Verbote und Regelungen
Gesundheitsrisiken
Einstufung der Schadwirkung
Ermittlungspflicht
Risikobewertung und Feststellung der Sanierungsdringlichkeit
Quellenermittlung
Richtwerte/Grenzwerte – Nutzerschutz
Arbeitsplatzgrenzwerte – Schutz der Beschäftigten des Sanierungsunternehmens
Wichtige Regelwerke
Tätigkeiten mit Asbest/Sanierung
Qualifikation des Sanierungsunternehmens und erforderliche Nachweise
Schutzmaßnahmen
Erfolgskontrolle
Entsorgung

Datenblatt Asbest
Stoffliche Eigenschaften
Verwendung
Chronologie der Verbote und Regelungen
Gesundheitsrisiken
Einstufung der Schadwirkung
Ermittlungspflicht
Risikobewertung und Feststellung der Sanierungsdringlichkeit
Quellenermittlung
Richtwerte/Grenzwerte – Nutzerschutz
Arbeitsplatzgrenzwerte – Schutz der Beschäftigten des Sanierungsunternehmens
Wichtige Regelwerke
Tätigkeiten mit Asbest/ Sanierung
Qualifikation des Sanierungsunternehmens und erforderliche Nachweise
Schutzmaßnahmen
Erfolgskontrolle
Entsorgung

Zu den verbotenen Arbeiten zählen auch Überdeckungs-, Überbauungs- und Aufständerungsarbeiten an Asbestzementdächern und -wandverkleidungen sowie Reinigungs- und Beschichtungsarbeiten an unbeschichteten Asbestzementdächern und -wandverkleidungen.

Das Überdeckungsverbot nach Gefahrstoffverordnung, Anhang II, Abs. 1, wird unterschiedlich ausgelegt. Nach einem Gerichtsurteil ist die Überdeckung von asbesthaltigen Gebäudeteilen grundsätzlich verboten und bezieht sich nicht nur auf Asbestzementflächen (Verwaltungsgericht Magdeburg, Beschluss vom 24.3.2015 – 1 A 149/13 MD). Begründet wird dies zum einen damit, dass der Verordnungsgeber ein Signal für den mittelfristigen Austausch asbesthaltiger Materialien setzen möchte (Bezugnahme auf Bundesrat, Drucksache 456/10, 22.7.2010), und zum anderen damit, dass die Überdeckung asbesthaltiger Gebäudeteile keine ASI-Arbeit im Sinne der TRGS 519, Abschnitt 2.1 bis 2.3, ist.

Abbruch- und Sanierungsarbeiten bei Vorhandensein von schwach gebundenem Asbest dürfen nur von Fachbetrieben ausgeführt werden, die hierfür von der zuständigen Behörde zugelassen worden sind (Gefahrstoffverordnung, Anhang I, Nr. 2.4.2).

Eine Verpflichtung zum Ausbau von Asbestprodukten kann sich nach Art. 67 in Verbindung mit **Anhang XVII Nr. 6 Abs. 2 Verordnung (EG) Nr. 1907/2006 (REACH-Verordnung)** ergeben. Danach gilt: *„Die Verwendung von Erzeugnissen, die Asbestfasern […] enthalten und die schon vor dem 1. Januar 2005 installiert bzw. in Betrieb waren, ist weiterhin erlaubt, bis diese Erzeugnisse beseitigt sind oder bis ihre Nutzungsdauer abgelaufen ist.“*

So ist z. B. die Nutzungsdauer für einen asbesthaltiger Kleber von Floor-Flex-Fliesen nach Ausbau der Fliesen abgelaufen und der Kleber daher zusammen mit den Fliesen auszubauen.

Sanierungsmethoden

- **schwach gebundene Asbestprodukte** (gemäß **Asbest-Richtlinie 1996**):
  - Entfernen (Methode 1)
  - Beschichten (Methode 2)
  - räumliche Trennung (Methode 3)

Asbestprodukte, die nach Methode 2 oder Methode 3 saniert wurden, müssen gekennzeichnet werden.

Hinweis

Methode 2 (Beschichten) der Asbest-Richtlinie 1996 ist gemäß Muster-Liste der Technischen Baubestimmungen, März 2014, Anlage 6.2/1, „nicht anzuwenden". Die Umsetzung der Änderungen der Muster-Liste der Technischen Baubestimmungen in Landesrecht (Liste der Technischen Baubestimmungen) obliegt den Bundesländern. Eine Änderung in der Muster-Liste der Technischen Baubestimmungen ist daher streng genommen nur dann in einem Bundesland wirksam, wenn dieses Bundesland sie umgesetzt hat. Dies ist hinsichtlich Methode 2 nicht in allen Bundesländern der Fall. Es ist dennoch zu empfehlen, diese Methode auch in diesen Bundesländern nicht mehr anzuwenden.

- **fest gebundene Asbestprodukte** (gemäß **TRGS 519**):
  - Entfernen
  - Beschichten
    Zulässig nur für die Instandhaltung von Asbestzementprodukten, also von Produkten, die bereits werkseitig beschichtet waren (z. B. beschichtete Asbestzementfassadenplatten)

Qualifikation des Sanierungsunternehmens und erforderliche Nachweise

Die geforderten Qualifikationen und die erforderlichen Nachweise sind abhängig von der Art der Tätigkeiten. Nachzuweisen bzw. zu erbringen sind je nach Fall:

- Zulassung der zuständigen Behörde (nur bei Abbruch- und Sanierungstätigkeiten mit schwach gebundenem Asbest)
- Betriebshaftpflichtversicherung für Tätigkeiten mit Gebäudeschadstoffen einschließlich Asbest
- Sachkunde gemäß TRGS 519
- Anzeige der Sanierungsmaßnahme bei Behörden und bei der Berufsgenossenschaft
- Gefährdungsbeurteilung gemäß Gefahrstoffverordnung, Abschnitt 3
- Betriebsanweisung und Unterweisung gemäß § 14 Gefahrstoffverordnung
- Benennung des Aufsichtführenden, des Gerätesachkundigen und des Ersthelfers
- Benennung der Fachkraft für Arbeitssicherheit und des zuständigen arbeitsmedizinischen Dienstes bzw. des Betriebsarztes
- Nachweise bzw. Prüfzeugnisse hinsichtlich Luftreinigungsanlagen, Saugern und Filtereinheiten
- arbeitsmedizinische Vorsorgeuntersuchungen:
  - G 1.2 Mineralischer Staub, Teil 2: Asbestfaserhaltiger Staub
  - G 26 Atemschutzgeräte
- Entsorgungskonzept

Datenblatt Asbest

Stoffliche Eigenschaften

Verwendung

Chronologie der Verbote und Regelungen

Gesundheitsrisiken

Einstufung der Schadwirkung

Ermittlungspflicht

Risikobewertung und Feststellung der Sanierungsdringlichkeit

Quellenermittlung

Richtwerte/Grenzwerte – Nutzerschutz

Arbeitsplatzgrenzwerte – Schutz der Beschäftigten des Sanierungsunternehmens

Wichtige Regelwerke

Tätigkeiten mit Asbest/ Sanierung

Qualifikation des Sanierungsunternehmens und erforderliche Nachweise

Schutzmaßnahmen

Erfolgskontrolle

Entsorgung

Schutzmaßnahmen

Umfangreiche Sanierungen

- Abschottung
- Zugang und Materialtransporte über Schleusen
- technischer Luftwechsel
- H-Sauger
- Persönliche Schutzausrüstung (Schutzanzug, Maske, Schutzhandschuhe)

Arbeiten mit geringer Exposition nach TRGS 519

Bei Arbeiten mit geringer Exposition gemäß TRGS 519, Abschnitt 2.8 (Asbestfaserkonzentration < 10.000 F/m³), sieht TRGS 519 die Möglichkeit des Verzichtes auf wesentliche Schutzmaßnahmen vor. Luftmessungen nach Abschluss der Arbeiten sind allerdings erforderlich.

Emissionsarme Verfahren

Bei Anwendung sogenannter emissionsarmer Verfahren kann gemäß TRGS 519, Abschnitt 2.9, auf wesentliche Schutzmaßnahmen und auf die abschließenden Luftmessungen verzichtet werden. Standardisierte emissionsarme Verfahren werden unter Federführung des Instituts für Arbeitsschutz der Deutschen Gesetzlichen Unfallversicherung (IFA) geprüft, anerkannt und in der DGUV Information 201-012 (bisher BGI 664, zuvor ZH 1/511) veröffentlicht.

Erfolgskontrolle

Aufhebung der Schutzmaßnahmen/Erfolgskontrolle nach Sanierung

Gemäß TRGS 519 (Aufhebung der Schutzmaßnahmen) bzw. Asbest-Richtlinie 1996 (Erfolgskontrolle nach Sanierung) gelten folgende Anforderungen:

- visuelle Kontrolle
- Raumluftmessungen:
  - Messwert: < 500 F/m³
  - oberer Poissonwert: < 1.000 F/m³

Erfolgskontrolle nach vorläufigen Maßnahmen

Gemäß Asbest-Richtlinie 1996 gelten folgende Anforderungen:

- visuelle Kontrolle
- Raumluftmessungen:
  - Messwert: ≤ 1.000 F/m³

  Die Zahl der Messpunkte ist nach VDI 3492, Abschnitt 5.3.3, festzulegen.

Entsorgung

- **Grenzwert des Asbestgehalts** für die **Einstufung als gefährlicher Abfall** gemäß **Abfallverzeichnis-Verordnung** und **TRGS 519**, Abschnitt 18, Abs. 2:
  – 0,1 Masse-%
- **Abfallschlüssel** nach **Abfallverzeichnis-Verordnung**:
  – 17 06 01* Dämmmaterial, das Asbest enthält
  – 17 06 05* asbesthaltige Baustoffe
  – 16 02 12* gebrauchte Geräte, die freies Asbest enthalten

Asbesthaltige Abfälle dürfen gemäß **LAGA-Mitteilung 23** Sortier- und Behandlungsanlagen auch dann nicht zugeführt werden, wenn der Asbestgehalt rechnerisch unter 0,1 Masse-% liegt. Der Anlagenbetreiber hat eine Sichtkontrolle beim Anliefern und beim Entladen durchzuführen. Werden bei der Kontrolle asbesthaltige Teile vorgefunden, so ist zu entscheiden, ob das angelieferte Material als asbesthaltiger Abfall entsorgt werden muss oder ob die asbesthaltigen Teile unter Beachtung der Auflagen des Arbeitsschutzes separiert werden können.

Das **Zerkleinern asbesthaltiger Abfälle** ist gemäß **TRGS 519**, Abschnitt 18, Abs. 4, nicht zulässig.

Asbesthaltige Geräte (z. B. Elektrospeicherheizgeräte) **und Bauteile** (z. B. Brandschutztüren) sind gemäß **LAGA-Mitteilung 23** in der Regel geeigneten Zerlegungsanlagen zuzuführen.

Asbesthaltige Abfälle sind gemäß **Deponieverordnung** in einem gesonderten Teil eines Deponieabschnitts oder in einem eigenen Deponieabschnitt einer Deponie der Klasse I oder II abzulagern. Ebenso ist die Ablagerung auf einer Deponie der Klasse III möglich.

Abbruchmaterialien des Hoch- und Tiefbaus (z. B. Beton- und Mauerwerksabbruch) mit einem Asbestgehalt ≥ 0,008 Masse-% dürfen gemäß **TRGS 517** nicht der Wiederaufbereitung (Recycling) zugeführt werden.

3.2 Datenblatt Künstliche Mineralfasern (KMF)

Stoffliche Eigenschaften

KMF werden aus Glas oder Gestein – früher auch aus Schlacke – im Düsenzieh-, Schleuder- oder Blasverfahren hergestellt.

Chemische Zusammensetzung von KMF (Glasfasern, Steinfasern)

- Siliciumdioxid (Netzwerkbildner)
- Oxide der Alkali- und Erdalkalielemente (Netzwerkwandler)
- Aluminiumoxid

Eigenschaften von KMF

- unbrennbar
- weitgehend hitzebeständig
- spinnbar (Endlosfasern)
- lungengängig (siehe „Gesundheitsrisiken")
- mehr oder weniger stark biopersistent (siehe „Gesundheitsrisiken").

Mittlerer Faserdurchmesser D

- Mineralwolle: 2 bis 9 μm
- Endlosfasern: 5 bis 24 μm
- Keramikfasern: 1 bis 3 μm

Einteilung der KMF

- Mineralwolle:
  - Glaswolle (weiß oder gelb)
  - Steinwolle (grünlich gelb)
  - Schlackenwolle (bräunlich)
- Endlosfasern (glasartig-weiß)
- Keramikfasern (schneeweiß)

Zusammensetzung von Mineralwolle

- ≥ 90 Masse-% KMF
- ≤ 7 Masse-% Kunstharz (Bindemittel)
- < 1 Masse-% Mineralöl (Schmelz- und Gleitmittel)
- < 1 Masse-% Polysiloxanole (Wasserabweisung)

Mineralwolletypen (Definitionen)

- **alte Mineralwolle**:
  - Mineralwolle aus biopersistenten künstlichen Mineralfasern, die die Freizeichnungskriterien gemäß Gefahrstoffverordnung, Anhang IV, Nr. 22, nicht erfüllt
- **Mineralwolle**:
  - künstlich hergestellte Stein- oder Glaswolle
  - künstliche Mineralfasern aus ungerichteten, glasigen (Silikat-)Fasern mit einem Gehalt der Oxide von Na, K, Ca, Mg und Ba > 18 Masse-%

- **neue Mineralwolle**:
  - Mineralwolle, die die Freizeichnungskriterien gemäß Gefahrstoffverordnung, Anhang IV, Nr. 22, erfüllt
    Kennzeichnung mit RAL Gütezeichen „Erzeugnisse aus Mineralwolle“ (RAL-GZ 388) der Gütegemeinschaft Mineralwolle e. V. (Freizeichnung nach EU-Recht und nach deutschem Recht)
- **Keramikfasern**:
  - glasige (Silikat-)Fasern mit einem Gehalt der Oxide von Na, K, Ca, Mg und Ba ≤ 18 Masse-%

Hinweis

Bei Mineralwolle, die vor 1996 eingebaut wurde, ist davon auszugehen, dass es sich um alte Mineralwolle gemäß TRGS 521 handelt.

Liegen keine Informationen zur Beurteilung eines Mineralwolleprodukts vor – dies ist in der Regel bei Arbeiten an oder mit eingebauten Produkten der Fall –, ist nach TRGS 521 bei der Beurteilung ebenfalls von alter Mineralwolle auszugehen.

Verwendung

Funktionen

- Mineralwolle:
  - Hitzeschutz
  - Schallschutz
- Endlosfasern:
  - Bewehrung
  - Wärmeschutz
- Keramikfasern:
  - Brandschutz

Produkte

- Mineralwolle:
  - Platten zum Wärme- und Schallschutz für Fassaden sowie für den Innen- und Dachausbau, Schnüre, Spritzisolierung, technische Isolierung
  - Kamilit (Stein- und Schlackenwolleerzeugnisse der DDR)
- Endlosfasern:
  - faserverstärkte Kunststoffe (z. B. Polyesterplatten), Wärmedämmung, Gipsplatten, Glasfasertapeten und -vliese, Hitzeschutztextilien, Zementprodukte
- Keramikfasern (auch als Aluminiumsilikatwolle [ASW] oder Refractory Ceramic Fiber [RCF] bezeichnet):
  - Isolierung von Öfen, Kesseln und Elektrogeräten
  - Material für Dehnfugen in feuerfestem Mauerwerk, Spritzisolierung
    Im Baubereich werden Keramikfasern allerdings nur in geringem Umfang eingesetzt.

Datenblatt KMF
Stoffliche Eigenschaften
Verwendung
Chronologie der Verbote und Regelungen
Gesundheitsrisiken
Einstufung der Schadwirkung
Ermittlungspflicht
Risikobewertung und Feststellung der Sanierungsdringlichkeit
Quellenermittlung
Richtwerte/Grenzwerte – Nutzerschutz
Arbeitsplatzgrenzwerte – Schutz der Beschäftigten des Sanierungsunternehmens
Wichtige Regelwerke
Tätigkeiten mit alter Mineralwolle/Sanierung
Qualifikation des Sanierungsunternehmens und erforderliche Nachweise
Schutzmaßnahmen
Erfolgskontrolle
Entsorgung

Verwendungszeitraum

- 1996: Beginn der Herstellung neuer Mineralwolle
- bis 31.5.2000: Verwendung alter Mineralwolle

Chronologie der Verbote und Regelungen

- ab 1.6.2000: Herstellungs- und Verwendungsverbot für alte Mineralwolle gemäß Gefahrstoffverordnung

Gesundheitsrisiken

Alte Mineralwolle

- chronische Toxizität:
  - krebserzeugend
- enthält lungengängige sowie nicht lungengängige Fasern
  Das krebserzeugende Agens ist die lungengängige, biopersistente Faser.
  Als lungengängig gelten gemäß WHO-Definition (Determination of airborne fibre number concentrations, 1997) Fasern mit folgenden Abmessungen:
  - Länge $L > 5$ µm
  - Faserdurchmesser $D < 3$ µm
  - Verhältnis Länge zu Durchmesser $L : D > 3 : 1$
- Biobeständigkeit von KMF (Abstufung von höherer zu geringerer Biobeständigkeit):
  Keramikfasern > Schlackefasern > Steinfasern > Glasfasern
- akute Toxizität:
  - Hautreizungen
  - Juckreiz (KMF mit $D >$ ca. 5 µm)
  - Reizung der Augen und Atemwege
- allergische Reaktionen:
  - in Einzelfällen aufgrund der Zusatzstoffe (formaldehydbasierte Bindemittel) möglich
- Unterschiede zwischen KMF und Asbestfasern:
  - KMF besitzen eine erheblich geringere Biobeständigkeit.
  - KMF zeigen im Unterschied zu Asbestfasern keine Längsspaltung.
  - Das Verstaubungsverhalten (Neigung zur Faserfreisetzung) von KMF ist außer bei KMF-Stopfmassen und thermisch beanspruchter Mineralwolle in der Regel günstiger als das von Asbestprodukten.
- KMF-Konzentrationen in der Innenraumluft:
  Nach einer Studie des Umweltbundesamtes (Untersuchungen zur Innenraumbelastung, 1994) sind die **Konzentrationen lungengängiger KMF**, die eindeutig dem eingebauten Produkt zugeordnet werden können (Produktfasern), in Gebäuden durch Faserfreisetzung in der normalen Nutzungsphase des Gebäudes
  - in der Regel **nicht erhöht**, wenn ordnungsgemäß durchgeführte Wärmedämmungen vorliegen (Dämmstoff an der Außenwand,

zweischaliges Mauerwerk mit innen liegender Dämmschicht, Anwendung im Innenraum- bzw. Dachbereich hinter einer dichten Verkleidung, z. B. aus Gipskarton, Holzpaneele mit dahinter liegender Dampfsperre [PE-Folie] und/oder vergleichbare Konstruktionen),
- in der Regel **mäßig erhöht**, wenn die Mineralwolleerzeugnisse so eingebaut sind, dass sie im Luftaustausch mit dem Innenraum stehen (vor allem bei abgehängten Decken ohne einen funktionsfähigen Rieselschutz),
- im Einzelfall **deutlich erhöht** (bis zu einigen 1.000 F/m^3), und zwar ständig bei bautechnischen Mängeln bzw. Konstruktionen, die nicht dem Stand der Technik entsprechen, oder vorübergehend bei baulichen Eingriffen an Bauteilen, die Mineralwolleerzeugnisse enthalten.

Neue Mineralwolle

- enthält lungengängige sowie nicht lungengängige Fasern
- akute Toxizität:
  - Hautreizungen
  - Juckreiz (KMF mit $D >$ ca. 5 µm)
  - Reizung der Augen und Atemwege
- allergische Reaktionen:
  - in Einzelfällen aufgrund der Zusatzstoffe (formaldehydbasierte Bindemittel) möglich
- Formaldehydemissionen:
  - erhebliche Raumluftluftbelastung mit Formaldehyd infolge der Bindemittel auf Basis von Formaldehyd insbesondere bei hoher Raumbeladung (z. B. raumumschließende Dämmung in Pavillonbauten) in den ersten Wochen nach dem Einbau möglich

Einstufung der Schadwirkung

TRGS 905

Gemäß TRGS 905 sind die aus alter Mineralwolle freigesetzten Faserstäube als krebserzeugend zu bewerten. Eine Konzentrationsschwelle, unterhalb derer eine Gefährdung der Gesundheit nicht mehr gegeben ist, kann nicht festgelegt werden.

Die Einstufung bzw. Freizeichnung lungengängiger anorganischer Faserstäube (Fasern aus Glas, Stein, Schlacke oder Keramik) erfolgt nach folgendem Vorgehen:

- Kanzerogenitätsindex KI (näherungsweise Korrelation zwischen der chemischen Zusammensetzung und der Biobeständigkeit):
  KI = Summe Na-, K-, B-, Ca-, Mg- und Ba-Oxid – 2 × Al-Oxid
  KI ≤ 30: K2 (krebserzeugend)
  KI > 30 und < 40: K3 (krebsverdächtig)
  KI ≥ 40: keine Einstufung als krebserzeugend (Freizeichnung von Krebsverdacht)

Datenblatt KMF

Stoffliche Eigenschaften

Verwendung

Chronologie der Verbote und Regelungen

Gesundheitsrisiken

Einstufung der Schadwirkung

Ermittlungspflicht

Risikobewertung und Feststellung der Sanierungsdringlichkeit

Quellenermittlung

Richtwerte/Grenzwerte – Nutzerschutz

Arbeitsplatzgrenzwerte – Schutz der Beschäftigten des Sanierungsunternehmens

Wichtige Regelwerke

Tätigkeiten mit alter Mineralwolle/Sanierung

Qualifikation des Sanierungsunternehmens und erforderliche Nachweise

Schutzmaßnahmen

Erfolgskontrolle

Entsorgung

Der KI erlaubt keine sichere Unterscheidung zwischen alter und neuer Mineralwolle im Sinne der TRGS 521. Für das Inverkehrbringen von Mineralwolle wird der KI als Nachweis der Biolöslichkeit nur selten verwendet.

- ○ Kanzerogenitätsversuch mit intraperitonealer Applikation beim Tier
- ○ Bestimmung der In-vivo-Beständigkeit beim Tier

Verordnung (EG) Nr. 1272/2008 (CLP-Verordnung)

- ○ Carc. Cat. 2: Verdacht auf krebserzeugende Wirkung
  Die Einstufung Carc. Cat 2 ist nicht zwingend, wenn nachgewiesen wird, dass der Stoff eine der nachstehenden Bedingungen gemäß CLP-Verordnung, Anhang VI, Abschnitt 1.1.3.1, Anmerkung Q, erfüllt:
  - Kurzzeit-Inhalationsbiopersistenztest beim Tier: Die Halbwertszeit der Fasern mit $L > 20$ µm beträgt < 10 Tage.
  - Kurzzeit-Intratrachealbiopersistenztest beim Tier: Die Halbwertszeit der Fasern mit $L > 20$ µm beträgt < 40 Tage.
  - Intraperitonealtest beim Tier: keine Belege für übermäßige Karzinogenität
  - Langzeit-Inhalationstest beim Tier: keine relevante Pathogenität oder neoplastische Veränderungen

  Für Tätigkeiten mit alter Mineralwolle ist die EU-Einstufung in Deutschland nicht anzuwenden.

Ermittlungspflicht

- ○ Bauherr – Schutz der Gebäudenutzer:
  - Baurecht
  - Abfallrecht
- ○ Unternehmer – Schutz der Beschäftigten:
  - Gefahrstoffrecht
  - Arbeitsschutzrecht
  - Abfallrecht

Risikobewertung und Feststellung der Sanierungsdringlichkeit

- ○ qualifizierter Sachverständiger
- ○ Begutachtung der Situation vor Ort und Prüfung, ob es sich um alte Mineralwolle im Sinne der TRGS 521 handelt
- ○ ggf. Raumluftmessungen

Quellenermittlung

- ○ Materialanalysen
- ○ ggf. Analyse von Kontaktproben

Richtwerte/Grenzwerte – Nutzerschutz

Innenraumluft

Eine Konzentrationsschwelle, unterhalb derer eine Gefährdung der Gesundheit nicht mehr gegeben ist, kann nicht festgelegt werden; daher existieren keine Innenraumrichtwerte für KMF.

Im Unterschied zu Asbestfasern gibt es keine Zielwerte für die zulässige KMF-Raumluftkonzentration nach einer Sanierung oder nach vorläufigen Maßnahmen. Zur Beurteilung von KMF-Raumluftkonzentrationen können hier hilfsweise die folgenden Einstufungen gemessener KMF-Konzentrationen durch das Umweltbundesamt oder die in der Asbest-Richtlinie 1996 festgelegten Werte für Asbestfaserkonzentrationen zugrunde gelegt werden.

Einstufung der Konzentration lungengängiger KMF in der Innenraumluft aus Raumluftmessungen des Umweltbundesamtes in Aufenthaltsräumen von 24 Objekten mit verbauten Mineralfaserprodukten (**Untersuchungen zur Innenraumbelastung, 1994**):

- nicht erhöht bis geringfügig erhöht: $< 500\ F/m^3$
- mäßig erhöht: ca. 500 bis 1.000 F/m^3
- deutlich erhöht: $> 1.000\ F/m^3$

Gemäß **Asbest-Richtlinie 1996** zulässige Asbestfaserkonzentrationen:

- Erfolgskontrolle nach Sanierung:
  - Messwert: $< 500\ F/m^3$
  - oberer Poissonwert: $< 1.000\ F/m^3$
- Erfolgskontrolle nach vorläufigen Maßnahmen:
  - Messwert: $\leq 1.000\ F/m^3$

Hinweis

- Die genannten Bewertungsansätze sind nicht toxikologisch begründet.

Außenluft

Bei Außenluftmessungen auf faserförmige Partikel erfolgt in der Regel keine separate Erfassung von Glas- und Steinfasern, wie sie in Mineralfaserprodukten verwendet werden (sogenannte Produktfasern). Ein Vergleich von KMF-Konzentrationen in der Innenraumluft und in der Außenluft ist dadurch nicht ohne Weiteres möglich.

Datenblatt KMF
Stoffliche Eigenschaften
Verwendung
Chronologie der Verbote und Regelungen
Gesundheitsrisiken
Einstufung der Schadwirkung
Ermittlungspflicht
Risikobewertung und Feststellung der Sanierungsdringlichkeit
Quellenermittlung
Richtwerte/Grenzwerte – Nutzerschutz
Arbeitsplatzgrenzwerte – Schutz der Beschäftigten des Sanierungsunternehmens
Wichtige Regelwerke
Tätigkeiten mit alter Mineralwolle/Sanierung
Qualifikation des Sanierungsunternehmens und erforderliche Nachweise
Schutzmaßnahmen
Erfolgskontrolle
Entsorgung

Arbeitsplatzgrenzwerte – Schutz der Beschäftigten des Sanierungsunternehmens

Materialien

Grenzwert für Einstufung von Materialien als Gefahrstoff gemäß **Verordnung (EG) Nr. 1272/2008 (CLP-Verordnung)**:

- KMF-Gehalt:
  - $\geq$ 0,1 Masse-%

Luft am Arbeitsplatz (Tätigkeiten mit KMF)

Eine Konzentrationsschwelle, unterhalb derer eine Gefährdung der Gesundheit nicht mehr gegeben ist, kann nicht festgelegt werden; daher existieren keine Arbeitsplatzgrenzwerte (AGW) und MAK-Werte für KMF.

Nach **TRGS 521** bestehen folgende Expositionskategorien:

- Zuordnung der Tätigkeiten zu einer der Expositionskategorien 1, 2 oder 3, die mit konkreten, dem Stand der Technik entsprechenden Schutzmaßnahmen verbunden sind:
  - Tätigkeiten – Bereich Hochbau (TRGS 521, Tabelle 1a)
  - Tätigkeiten – Bereich Technische Isolierung (TRGS 521, Tabelle 1b)
  - Zuordnung von Expositionskategorie und Arbeitsschutzmaßnahmen (TRGS 521, Tabelle 2)
- Bei Umsetzung der dem Stand der Technik entsprechenden Maßnahmen resultieren für die Expositionskategorien folgende **Faserstaubkonzentrationsbereiche**:
  - Expositionskategorie 1 – Tätigkeiten, die unter Berücksichtigung der in der TRGS 521 beschriebenen Schutzmaßnahmen erfahrungsgemäß zu keiner oder zu einer nur sehr geringen Faserexposition führen, d. h., bei denen die Faserstaubkonzentration unter 50.000 F/m^3 liegt
  - Expositionskategorie 2 – Tätigkeiten, die unter Berücksichtigung der in der TRGS 521 beschriebenen Schutzmaßnahmen und der Art der Tätigkeit eine geringe bis mittlere Faserexposition hervorrufen, d. h., bei denen die Faserstaubkonzentration zwischen 50.000 und 250.000 F/m^3 liegt
  - Expositionskategorie 3 – Tätigkeiten, die nicht in Tabelle 1a und 1b der TRGS 521 aufgeführt sind und damit nach dem Stand der Technik eine höhere Faserstaubexposition als 250.000 F/m^3 hervorrufen

Hinweis

Auch bei Einhaltung einer Faserstaubkonzentration am Arbeitsplatz von 50.000 F/m^3 kann ein Krebsrisiko nicht ausgeschlossen werden. Gemäß TRGS 521 sind daher weitergehende Maßnahmen zur Minimierung der Faserstaubkonzentration anzustreben.

Wichtige Regelwerke

Nutzerschutz

- Gemäß § 3 Abs. 1 **MBO** sind Anlagen *„so anzuordnen, zu errichten, zu ändern und instand zu halten, dass die öffentliche Sicherheit und Ordnung, insbesondere Leben, Gesundheit und die natürlichen Lebensgrundlagen, nicht gefährdet werden."*
  Es existiert keine der Asbest-Richtlinie oder der PCB-Richtlinie vergleichbare bauordnungsrechtlich eingeführte Richtlinie.

Arbeitsschutz

- Dämmstoffe aus alter Mineralwolle:
  - **Gefahrstoffverordnung**, insbesondere Anhang IV, Nr. 22
  - **TRGS 521**
  - **Merkblatt zum Rückbau von Plattenbauten, 2009**
- Keramikfasern:
  - **TRGS 558**
- Dämmstoffe aus neuer Mineralwolle:
  - **TRGS 500**, insbesondere Abschnitt 4 und 5

Tätigkeiten mit alter Mineralwolle/Sanierung

Grundsätze

Tätigkeiten mit alter Mineralwolle sind „besonders gefährliche Arbeiten" nach § 2 Abs. 3 **Baustellenverordnung**.

Arbeiten mit alter Mineralwolle sind verboten. Eine Ausnahme bilden Abbruch-, Sanierungs- und Instandhaltungsarbeiten (ASI-Arbeiten).

ASI-Arbeiten mit alter Mineralwolle werden gefahrstoffrechtlich durch die **TRGS 521** geregelt. Dabei ist es unerheblich, ob es sich um Mineralwolle der Kategorien K2 oder K3 gemäß TRGS 905 handelt.

Ausgebaute Dämmstoffe aus alter Mineralwolle dürfen wegen des Verwendungsverbots gemäß **Gefahrstoffverordnung**, Anhang IV, Nr. 22, nicht wieder eingebaut werden. Eine Ausnahme bildet im Rahmen von Instandhaltungsarbeiten demontierte alte Mineralwolle, wenn dabei keine oder eine nur geringe Faserstaubexposition zu erwarten ist (**TRGS 521**, Tabelle 1a und 1b).

Hinweis

> Das Verwendungsverbot der Gefahrstoffverordnung bedeutet kein Gebot, in einem Gebäude vorhandene Dämmungen aus alter Mineralwolle zu entfernen. Es ist vielmehr im Einzelfall zu prüfen, ob eine Gefährdung der Nutzer vorliegt.

Sanierungsmethoden

- Ausbau
- räumliche Trennung

Datenblatt KMF
Stoffliche Eigenschaften
Verwendung
Chronologie der Verbote und Regelungen
Gesundheitsrisiken
Einstufung der Schadwirkung
Ermittlungspflicht
Risikobewertung und Feststellung der Sanierungsdringlichkeit
Quellenermittlung
Richtwerte/Grenzwerte – Nutzerschutz
Arbeitsplatzgrenzwerte – Schutz der Beschäftigten des Sanierungsunternehmens
Wichtige Regelwerke
Tätigkeiten mit alter Mineralwolle/Sanierung
Qualifikation des Sanierungsunternehmens und erforderliche Nachweise
Schutzmaßnahmen
Erfolgskontrolle
Entsorgung

Qualifikation des Sanierungsunternehmens und erforderliche Nachweise

Die geforderten Qualifikationen und die erforderlichen Nachweise sind abhängig von der Art der Tätigkeiten. Nachzuweisen bzw. zu erbringen sind je nach Fall:

- Betriebshaftpflichtversicherung für Tätigkeiten mit Gebäudeschadstoffen einschließlich KMF
- Fachkunde gemäß TRGS 521
- Anzeige der Sanierungsmaßnahme bei Behörden und bei der Berufsgenossenschaft
- Gefährdungsbeurteilung gemäß Gefahrstoffverordnung, Abschnitt 3
- Betriebsanweisung und Unterweisung gemäß § 14 Gefahrstoffverordnung
- Benennung des Aufsichtführenden, des Gerätesachkundigen und des Ersthelfers
- Benennung der Fachkraft für Arbeitssicherheit und des zuständigen arbeitsmedizinischen Dienstes bzw. des Betriebsarztes
- Nachweise bzw. Prüfzeugnisse hinsichtlich Luftreinigungsanlagen, Saugern und Filtereinheiten
- arbeitsmedizinische Vorsorgeuntersuchungen:
  - G 26 Atemschutzgeräte
  - G 1.1 Mineralischer Staub, Teil 1: Quarzhaltiger Staub (zu empfehlen)
- Entsorgungskonzept

Schutzmaßnahmen

Umfangreiche Sanierungen

- Abschottung
- Zugang und Materialtransporte über Schleusen
- technischer Luftwechsel
- M-Sauger (zu empfehlen: H-Sauger)
- Persönliche Schutzausrüstung (Schutzanzug, Maske, Schutzhandschuhe)

Erfolgskontrolle

- ggf. Raumluftmessungen (siehe auch „Richtwerte/Grenzwerte – Nutzerschutz“)

Entsorgung

- **Abfallschlüssel für alte Mineralwolle** (gefährlicher Abfall) nach **Abfallverzeichnis-Verordnung**:
  - 17 06 03* anderes Dämmmaterial, das aus gefährlichen Stoffen besteht oder solche enthält
  - 17 01 06* Gemische aus oder getrennte Fraktionen von Beton, Ziegeln, Fliesen und Keramik, die gefährliche Stoffe enthalten
- **Abfallschlüssel für neue Mineralwolle** (kein gefährlicher Abfall) gemäß **Abfallverzeichnis-Verordnung**:
  - 17 06 04 Dämmmaterial mit Ausnahme desjenigen, das unter 17 06 01* [Dämmmaterial, das Asbest enthält] und 17 06 03* fällt

Datenblatt PCB

Stoffliche Eigenschaften

Verwendung

Chronologie der Verbote und Regelungen

Gesundheitsrisiken

Einstufung der Schadwirkung

Ermittlungspflicht

Risikobewertung und Feststellung der Sanierungsdringlichkeit

Quellenermittlung

Richtwerte/Grenzwerte – Nutzerschutz

Arbeitsplatzgrenzwerte – Schutz der Beschäftigten des Sanierungsunternehmens

Wichtige Regelwerke

Tätigkeiten mit PCB/Sanierung

Qualifikation des Sanierungsunternehmens und erforderliche Nachweise

Schutzmaßnahmen

Erfolgskontrolle

Entsorgung

3.3 Datenblatt Polychlorierte Biphenyle (PCB)

Stoffliche Eigenschaften

PCB sind synthetische Verbindungen aus der Gruppe der chlorierten aromatischen Kohlenwasserstoffe.

Ausgangsverbindung ist das Biphenyl, das aus 2 miteinander verbundenen Phenylringen besteht, an denen 1 bis 10 Chloratome gebunden sein können.

Durch Variation des Herstellungsverfahrens (Chlorierungsgrad) wurden technische PCB-Gemische mit unterschiedlichen Eigenschaften und unterschiedlicher Konsistenz produziert (von farblosen, öligen Flüssigkeiten bis zu hellgelben Weichharzen).

Der **Chlorierungsgrad** (Zahl der am Biphenylgrundgerüst gebundenen Chloratome) hat Einfluss auf die physikalischen und chemischen Eigenschaften und damit direkt Auswirkungen auf die Toxizität und das Umweltverhalten der PCB. Mit steigendem Chlorierungsgrad nehmen Dichte, Fettlöslichkeit (Lipophilie), Toxizität und Persistenz in der Umwelt zu. Gleichzeitig nehmen die Flüchtigkeit, die Wasserlöslichkeit und das Vermögen, chemische Reaktionen einzugehen, ab.

Handelsübliche technische Gemische bestanden aus ca. 50 bis 70 **PCB-Kongeneren**, von denen ca. 10 die Hauptmenge ausmachen.

Von den insgesamt 209 möglichen PCB-Kongeneren werden 12 Kongenere, die eine den polychlorierten Dibenzodioxinen (PCDD) bzw. den polychlorierten Dibenzofuranen (PCDF) ähnliche räumliche (coplanare) und elektronische Struktur und damit eine dioxinähnliche Toxizität aufweisen, als **dioxinähnliche PCB** (dioxin-like-PCB, dl-PCB) bezeichnet. Dies sind die Non-*ortho*-Kongerere 77, 81, 126, 169 (kein Chloratom in der *ortho*-Position) und die Mono-*ortho*-Kongenere 105, 114, 118, 123, 156, 157, 167, 189 (1 Chloratom in der *ortho*-Position).

Eigenschaften von PCB

- Dichte: 1,18 bis 1,57 g/cm^3
- geringe Wasserlöslichkeit
- hoher Flammpunkt (170 bis 380 °C)
- extreme Beständigkeit gegen thermischen und chemischen Abbau

Technische PCB-Gemische, insbesondere solche mit hoch chlorierten PCB, sind mit polychlorierten Dibenzofuranen (PCDF) verunreinigt.

Verwendung

Funktionen (Baubereich)

- Weichmacher
- Flammschutzmittel
- Dielektrikum

Es werden **geschlossene** und **offene Anwendungen** unterschieden:

- geschlossene Anwendungen:
  - Kühl- und Isoliermittel (Elektroindustrie)
  - Hydraulikflüssigkeit (Maschinenindustrie und Bergbau)
  - Wärmeübertragungsflüssigkeit
- offene Anwendungen:
  - Dichtstoffmassen
  - Farben und Lacke
  - Klebstoffe

Produkte

- Dichtstoff- bzw. Fugenmassen (Typ Thiokol, Basis Polysulfid)
- Farben und Lacke
- Kunstharze
- Vergussmassen
- Buntsteinputze
- Klebstoffe
- Kabelummantelungen
- Kondensatoren
- Transformatoren

PCB-haltige **Kondensatoren** (z. B. in Leuchtstofflampen) sind vielfach an folgenden Tränkmittelkennzeichnungen zu erkennen:

- Cp (für „Clophen")
- CD (für „Clophen-haltiges Dielektrikum")

Als **Weichmacher** für Dichtstoffmassen wurden Produkte verwendet, die einen Chloranteil von 30 bis 60 Masse-% enthielten. Diese Weichmacher wurden u. a. unter den Handelsnamen Clophen (Bayer AG), Aroclor, Kanechlor, Fenchlor in Verkehr gebracht.

Verwendungsbereiche (Schwerpunkte) der **Clophen-Typen**:

- Clophen A30: Dielektrikum für Kondensatoren, Dichtstoffmassen
- Clophen A40: Dielektrikum für Kondensatoren, Dichtstoffmassen
- Clophen A50: Dielektrikum für Kondensatoren, Dichtstoffmassen, Anstrichmittel, Buntsteinputz
- Clophen A60: Dielektrikum für Kondensatoren, Dichtstoffmassen, Anstrichmittel, Buntsteinputz

Datenblatt PCB
Stoffliche Eigenschaften
Verwendung
Chronologie der Verbote und Regelungen
Gesundheitsrisiken
Einstufung der Schadwirkung
Ermittlungspflicht
Risikobewertung und Feststellung der Sanierungsdringlichkeit
Quellenermittlung
Richtwerte/Grenzwerte – Nutzerschutz
Arbeitsplatzgrenzwerte – Schutz der Beschäftigten des Sanierungsunternehmens
Wichtige Regelwerke
Tätigkeiten mit PCB/Sanierung
Qualifikation des Sanierungsunternehmens und erforderliche Nachweise
Schutzmaßnahmen
Erfolgskontrolle
Entsorgung

Datenblatt PCB

Stoffliche Eigenschaften

Verwendung

Chronologie der Verbote und Regelungen

Gesundheitsrisiken

Einstufung der Schadwirkung

Ermittlungspflicht

Risikobewertung und Feststellung der Sanierungsdringlichkeit

Quellenermittlung

Richtwerte/Grenzwerte – Nutzerschutz

Arbeitsplatzgrenzwerte – Schutz der Beschäftigten des Sanierungsunternehmens

Wichtige Regelwerke

Tätigkeiten mit PCB/Sanierung

Qualifikation des Sanierungsunternehmens und erforderliche Nachweise

Schutzmaßnahmen

Erfolgskontrolle

Entsorgung

Folgende Mengen PCB wurden verwendet:

- weltweit: 1,3 bis 2 Mio. t
- Deutschland: ca. 84.000 t
  - in geschlossenen Anwendungen: ca. 60.000 t
  - in offenen Anwendungen: ca. 24.000 t (davon ca. 20.000 t für Dichtstoffmassen)

Gehalt im Material

- Dichtstoffmassen:
  - in der Regel bis ca. 30 Masse-% (in Einzelfällen bis > 50 Masse-%; solche extrem hohen PCB-Gehalte in Dichtstoffmassen lassen vermuten, dass PCB noch auf der Baustelle zugemischt wurde)
- Anstriche:
  - bis ca. 10 Masse-%

Von einem gezielten PCB-Zusatz (Primärquellen) ist ab ca. 0,1 Masse-% auszugehen; der Übergang zwischen Primärquellen und Sekundärquellen ist jedoch fließend.

Verwendungszeitraum

- 1955 bis ca. 1975: Dichtstoffmassen in den alten Bundesländern (in Einzelfällen auch deutlich danach; Verwendungsmaximum: 1964 bis 1972)
  In der DDR wurde PCB in Dichtstoffmassen nicht verwendet.
- bis 1971: PCB-haltige Anstriche (Brandschutz) für Akustik-Deckenplatten (Holzfaserplatten) der Firma Wilhelmi
- 1983: Einstellung der PCB-Produktion in Deutschland
- bis 1984: Kondensatoren und Transformatoren in den alten Bundesländern
- 1984: Einstellung der Verwendung von PCB im elektrotechnischen Bereich

Chronologie der Verbote und Regelungen

- 1973: Empfehlung der OECD zum Verzicht auf PCB in offenen Anwendungen (OECD Council, 1973)
- 1978: Verbot der offenen Anwendung (10. Bundes-Immissionsschutzverordnung)
- 1989: Verbot der Verwendung und des Inverkehrbringens von PCB-haltigen Erzeugnissen (PCB-, PCT-, VC-Verbotsverordnung; Grenzwert: 50 mg/kg)
- 1994: erste PCB-Richtlinie (PCB-Richtlinie ARGEBAU, 1994 [veröffentlicht 1995])
- 2004: Verwendungsverbot (Verordnung [EG] Nr. 850/2004 [POP-Verordnung], Anhang I [„Liste der verbotenen Stoffe"])
  Ausnahme: Artikel, die zum Zeitpunkt des Inkrafttretens der Verordnung bereits verwendet wurden

- 2010:
  - PCB aus ausgeschlossenen Anwendungen müssen bis auf wenige Ausnahmen entsorgt werden. Geräte (Kondensatoren) mit weniger als 100 ml PCB-haltigen Flüssigkeiten dürfen weiter bis zum Ende der Betriebszeit im Einsatz sein. Danach sind auch diese sicher zu entsorgen (Chemikalien-Verbotsverordnung).
  - Verschärfung der PCB-Richtlinie ARGEBAU, 1994 (Muster-Liste der Technischen Baubestimmungen, September 2010): Aufhebung der Öffnungsklausel für die Aufenthaltsdauer, separate Bewertung hoch chlorierter Quellen

Gesundheitsrisiken

PCB (allgemein)

- chronische Toxizität:
  - reproduktionstoxisch
  - krebserzeugend (Verdacht)
  - neuro-, immun- und lebertoxisch
  - Anreicherung im Fettgewebe
- Berufskrankheiten (BK):
  Seit 2011 ist die Zahl der zur BK 1302 Halogenkohlenwasserstoffe bei der Berufsgenossenschaft angezeigten Berufskrankheiten aufgrund der Meldungen wegen der berufsbedingten PCB-Belastung im Zusammenhang mit der Tätigkeit des Entsorgungsunternehmens Envio AG im Dortmunder Hafen stark angestiegen.

Dioxinähnliche PCB

Die giftigste Wirkung zeigt das PCB-Kongener 126 (siehe auch „Stoffliche Eigenschaften“).

Einstufung der Schadwirkung

TRGS 905 und Richtlinie 67/548/EWG (Stoff-Richtlinie)

- K3: Verdacht auf krebserzeugende Wirkung
- R_E2, R_F2: reproduktionstoxisch

MAK- und BAT-Werte-Liste 2015

- Kategorie 4 (Abschnitt III): krebserzeugend
- Kategorie 4 (Abschnitt IX): keimzellmutagen

IARC, 2015

- Gruppe 1: nachweislich krebserzeugend beim Menschen

Ermittlungspflicht

- Bauherr – Schutz der Gebäudenutzer:
  - Baurecht
  - Abfallrecht
- Unternehmer – Schutz der Beschäftigten:
  - Gefahrstoffrecht
  - Arbeitsschutzrecht
  - Abfallrecht

Risikobewertung und Feststellung der Sanierungsdringlichkeit

- qualifizierter Sachverständiger
- Begutachtung der Situation vor Ort
- Materialanalysen
- Raumluftmessungen
  Die starke Temperaturabhängigkeit der PCB-Emissionen ist zu beachten.

Quellenermittlung

Materialanalysen

Gemäß Konvention (DIN EN 12766-2) erfolgt stellvertretend für die Gesamtzahl der 209 möglichen PCB-Kongenere die Analyse von **6 Leitkongeneren** (vgl. Ballschmiter/Zell, 1980) mit folgenden Nummern:

- Kongener 28: 2,4,4′-Trichlorbiphenyl
- Kongener 52: 2,2′,5,5′-Tetrachlorbiphenyl
- Kongener 101: 2,2′,4,5,5′-Pentachlorbiphenyl
- Kongener 138: 2,2′,3,4,4′,5′-Hexachlorbiphenyl
- Kongener 153: 2,2′,4,4′,5,5′-Hexachlorbiphenyl
- Kongener 180: 2,2′,3,4,4′,5,5′-Heptachlorbiphenyl

Die näherungsweise Bestimmung der PCB-Gesamtkonzentration erfolgt gemäß DIN EN 12766-2 durch Addition der Konzentrationen der 6 Leitkongenere und Multiplikation der Summe mit 5 (Summe 6 PCB × 5).

Primär- und Sekundärquellen

- Primärquellen:
  Materialien, denen PCB gezielt zugesetzt wurde
- Sekundärquellen:
  Materialien, die PCB über längere Zeit aus der kontaminierten Raumluft oder durch direkten Kontakt (z. B. Fugenflanken) aufgenommen haben
  Großflächige Sekundärquellen können selbst nach vollständigem Entfernen der Primärquelle(n) erhöhte PCB-Raumluftkonzentrationen verursachen.

Hinweis

> Der gefahrstoffrechtliche Grenzwert nach Verordnung (EG) Nr. 1272/2008 (CLP-Verordnung) in Höhe von 50 mg/kg ist im Rahmen der Sanierungsplanung nicht geeignet zur Unterscheidung von belasteten und unbelasteten Sekundärquellen.

Luftmessungen

Die Höhe der PCB-Konzentration in der Raumluft ist von folgenden Faktoren abhängig:

- Clophen-Typ der Primärquellen
- PCB-Gehalt der Primär- und Sekundärquellen
- Temperatur der Raumluft und des Baukörpers
- Art und Umfang der Sekundärquellen
- Lüftungsstatus bzw. Luftaustausch im Gebäude

Bei Luftmessungen soll als **Leitkongener** für dioxinähnliche PCB zusätzlich zu den 6 Leitkongeneren das **Kongener 118** (2,3′,4,4′,5-Pentachlorbiphenyl) analysiert werden (Ad-hoc-Arbeitsgruppe, 2007).

Richtwerte/Grenzwerte – Nutzerschutz

Innenraumluft

Richtwerte für die Innenraumluft gemäß **PCB-Richtlinien der Bundesländer**:

- Vorsorgewert/Sanierungszielwert:
  - 300 ng/m³
- Interventionswert (Gefahrenwert):
  - 3.000 ng/m³

Hinweis

> Die Handlungsvorgaben der **PCB-Richtlinie Hessen** und der **PCB-Richtlinie Nordrhein-Westfalen** (PCB-Richtlinie Hessen, 1993; PCB-Richtlinie Nordrhein-Westfalen, 1996) weichen von denen der PCB-Richtlinien anderer Bundesländer ab. Nicht in allen Bundesländern wurden PCB-Richtlinien eingeführt.

Gesundheitliche Bewertung dioxinähnlicher polychlorierter Biphenyle in der Innenraumluft (**Ad-hoc-Arbeitsgruppe, 2007**) zur quellenorientierten Auftrennung der Bewertung:

- Quellen mit niedrig chlorierten PCB:
  - RW II (Gefahrenwert): 3.000 ng/m³ PCB-Gesamtgehalt
- Quellen mit höher chlorierten (dioxinähnlichen) PCB:
  - RW II (Gefahrenwert): TEQ-Wert von 5 pg/m³, daraus abgeleitet für PCB-Kongener 118: 10 ng/m³
    Das PCB-Kongener 118 (siehe auch „Quellenermittlung") wird als Leitkongener für die näherungsweise Bewertung der Innenraumluft bei Quellen mit höher chlorierten (dioxinähnlichen) PCB verwendet.

Datenblatt PCB

Stoffliche Eigenschaften

Verwendung

Chronologie der Verbote und Regelungen

Gesundheitsrisiken

Einstufung der Schadwirkung

Ermittlungspflicht

Risikobewertung und Feststellung der Sanierungsdringlichkeit

Quellenermittlung

Richtwerte/Grenzwerte – Nutzerschutz

Arbeitsplatzgrenzwerte – Schutz der Beschäftigten des Sanierungsunternehmens

Wichtige Regelwerke

Tätigkeiten mit PCB/Sanierung

Qualifikation des Sanierungsunternehmens und erforderliche Nachweise

Schutzmaßnahmen

Erfolgskontrolle

Entsorgung

Gemäß § 4 Abs. 1 **Mutterschutzgesetz** dürfen Schwangere und Stillende bei der Arbeit keinen schädlichen Auswirkungen durch PCB ausgesetzt werden (siehe auch § 5 Abs. 1 Satz 3 Mütterschutzverordnung). Hier ist von schädlichen Auswirkungen durch PCB auszugehen, wenn der Vorsorgewert von 300 ng/m³ überschritten wird.

Richtwerte in der Schweiz für die Innenraumluft gemäß **BUWAL-Richtlinie, 2003**:

- mittlere Aufenthaltsdauer 24 Stunden pro Tag:
  - 2 µg/m³
- mittlere Aufenthaltsdauer 8 Stunden pro Tag:
  - 6 µg/m³

Hinweis

Zum Vergleich: Für die Außenluft (Städte im Ruhrgebiet) ergaben Messungen einen PCB-Jahresmittelwert für 2014 von 0,46 bis 1,5 ng/m³ (Polychlorierte Dioxine und Furane [PCDD/PCDF] in der Außenluft, 2015.)

Arbeitsplatzgrenzwerte – Schutz der Beschäftigten des Sanierungsunternehmens

Materialien

- Einstufung von Materialien als Gefahrstoff gemäß **Verordnung (EG) Nr. 1272/2008 (CLP-Verordnung)**:
  - Grenzwert: ≥ 50 mg/kg

Luft am Arbeitsplatz (Tätigkeiten mit PCB)

- Arbeitsplatzgrenzwert (AGW) gemäß **TRGS 900**:
  - 2013 zurückgezogen (Bekanntmachung Bundesministerium für Arbeit und Soziales, 2013)
- MAK-Wert gemäß **MAK- und BAT-Werte-Liste 2015**:
  - höher chlorierte PCB (≥ 4 Chloratome): 0,003 mg/m³
  - niedrig chlorierte PCB (≤ 3 Chloratome): kein Wert festgelegt

Wichtige Regelwerke

Nutzerschutz

- **PCB-Richtlinie ARGEBAU, 1994**, einschließlich der Änderungen in der Muster-Liste der Technischen Baubestimmungen, September 2010:
  - Der letzte Satz in Abschnitt 3 der PCB-Richtlinie (Öffnungsklausel zur Aufenthaltsdauer) wird aufgehoben.
  - Sind bei den PCB-Primärquellen nur oder auch dioxinähnliche PCB-Quellen wie Deckenplatten oder Anstriche sowie nicht sicher einzuordnende PCB-Quellen zu berücksichtigen, so ist zusätzlich die Bestimmung der Raumluftkonzentration des PCB-Kongeners 118 erforderlich, wenn die PCB-Gesamtkonzentration

über 1.000 ng PCB pro m^3 Luft liegt. Bei einer Raumluftkonzentration > 10 ng PCB-Kongener 118 pro m^3 Luft sind umgehend expositionsmindernde Maßnahmen zu ergreifen. Bei Raumluftkonzentrationen ≤ 10 ng PCB-Kongener 118 pro m^3 Luft wird empfohlen, in Abhängigkeit von der Belastung zumindest das Lüftungsverhalten zu überprüfen und gegebenenfalls zu verbessern.

Hinweis

Die Umsetzung der Änderungen der Muster-Liste der Technischen Baubestimmungen in Landesrecht (Liste der Technischen Baubestimmungen) obliegt den Bundesländern. Eine Änderung in der Muster-Liste der Technischen Baubestimmungen ist daher streng genommen nur dann in einem Bundesland wirksam, wenn dieses Bundesland sie umgesetzt hat. Dies ist in diesem Fall nicht in allen Bundesländern erfolgt. Es ist dennoch zu empfehlen, die Änderungen in der Muster-Liste der Technischen Baubestimmungen auch in diesen Bundesländern zu berücksichtigen.

- **Ad-hoc-Arbeitsgruppe, 2007** (Gesundheitliche Bewertung dioxinähnlicher polychlorierter Biphenyle in der Innenraumluft)

Arbeitsschutz

- **Gefahrstoffverordnung**, insbesondere § 10
- **TRGS 524**
- **DGUV Regel 101-004** (bisher BGR 128)
- **DGUV Information 213-045** (bisher BGI/GUV-I 8665)

Entsorgung

- **Verordnung (EG) Nr. 850/2004 (POP-Verordnung)**
- **Richtlinie 96/59/EG**

Tätigkeiten mit PCB/Sanierung

Grundsatz

Tätigkeiten mit PCB sind „besonders gefährliche Arbeiten" nach § 2 Abs. 3 **Baustellenverordnung**.

Sanierungsmethoden

- Primärquellen:
  - Ausbau
  - Beschichtung (nur in Ausnahmefällen)
- Sekundärquellen:
  - Ausbau
  - Beschichtung
  - räumliche Trennung

Datenblatt PCB
Stoffliche Eigenschaften
Verwendung
Chronologie der Verbote und Regelungen
Gesundheitsrisiken
Einstufung der Schadwirkung
Ermittlungspflicht
Risikobewertung und Feststellung der Sanierungsdringlichkeit
Quellenermittlung
Richtwerte/Grenzwerte – Nutzerschutz
Arbeitsplatzgrenzwerte – Schutz der Beschäftigten des Sanierungsunternehmens
Wichtige Regelwerke
Tätigkeiten mit PCB/Sanierung
Qualifikation des Sanierungsunternehmens und erforderliche Nachweise
Schutzmaßnahmen
Erfolgskontrolle
Entsorgung

Qualifikation des Sanierungsunternehmens und erforderliche Nachweise

Folgende Qualifikationen und Nachweise sind erforderlich:

- Betriebshaftpflichtversicherung für Tätigkeiten mit Gebäudeschadstoffen einschließlich PCB
- Sachkunde gemäß TRGS 524 sowie DGUV Regel 101-004 (bisher BGR 128)
- Anzeige der Sanierungsmaßnahme bei Behörden und bei der Berufsgenossenschaft
- Gefährdungsbeurteilung gemäß Gefahrstoffverordnung, Abschnitt 3
- Betriebsanweisung und Unterweisung gemäß § 14 Gefahrstoffverordnung
- Benennung des Aufsichtführenden, des Gerätesachkundigen und des Ersthelfers
- Benennung der Fachkraft für Arbeitssicherheit und des zuständigen arbeitsmedizinischen Dienstes bzw. des Betriebsarztes
- Nachweise bzw. Prüfzeugnisse hinsichtlich Luftreinigungsanlagen, Saugern und Filtereinheiten
- arbeitsmedizinische Vorsorgeuntersuchungen:
  - G 26 Atemschutzgeräte
  - G 40 Krebserzeugende und erbgutverändernde Stoffe
- Entsorgungskonzept

Schutzmaßnahmen

Umfangreiche Sanierungen

- Abschottung
- Zugang und Materialtransporte über Schleusen
- technischer Luftwechsel
- H-Sauger
- Persönliche Schutzausrüstung (Schutzanzug, Maske, Schutzhandschuhe)

Brände

Bei Bränden werden bei Vorhandensein PCB-haltiger Erzeugnisse PCB und deren Pyrolyseprodukte (u. a. PCDD und PCDF) freigesetzt. Zu Schutzmaßnahmen siehe auch:

- **DGUV Information 203-018** (bisher BGI 766)
- **VdS 2357**

Erfolgskontrolle

- Raumluftmessungen
  - Sanierungszielwert (Orientierungswert) für Oberflächen gemäß **VdS 2357**: << 100 $\mu g/m^2$

Entsorgung

- **Grenzwert des PCB-Gehalts** für die **Einstufung als gefährlicher Abfall** gemäß **Verordnung (EG) Nr. 850/2004 (POP-Verordnung)** und **PCB/PCT-Abfallverordnung**:
  - 50 mg/kg (Summe 6 PCB × 5; siehe auch „Quellenermittlung“)
- **Abfallschlüssel** nach **Abfallverzeichnis-Verordnung**:
  - 17 09 02* Bau- und Abbruchabfälle, die PCB enthalten (z. B. PCB-haltige Dichtungsmassen, PCB-haltige Bodenbeläge auf Harzbasis, PCB-haltige Isolierverglasungen, PCB-haltige Kondensatoren)
  - 16 02 09* Transformatoren und Kondensatoren, die PCB enthalten
- Die **Beseitigung** von PCB muss gemäß **PCB/PCT-Abfallverordnung** in Verbindung mit dem Kreislaufwirtschaftsgesetz, Anlage 1, in geeigneten Verbrennungsanlagen erfolgen (Verfahren D10 oder D12, ggf. nach Vorschaltung der Verfahren D8, D9 oder D15).
- **Abfälle** dürfen gemäß Art. 7 Abs. 4a **Verordnung (EG) Nr. 850/2004 (POP-Verordnung)** auf andere Weise entsorgt werden, wenn sie folgende Konzentrationsgrenzen unterschreiten:
  - PCB: 50 mg/kg,
  - PCDD/PCDF: 15 µg/kg
- **Zuordnungswerte Bauschutt** gemäß **LAGA-Mitteilung 20**, Tabelle II.1.4-5 (Summe PCB-Kongenere; Deponieverordnung: Summe 7 PCB-Kongenere [einschließlich PCB-Kongener 118]):
  - Z0: 0,02 mg/kg
  - Z1.1: 0,1 mg/kg
  - Z1.2: 0,5 mg/kg
  - Z2: 1 mg/kg
- **Orientierungswert für das Einleiten** PCB-kontaminierten Wassers in oberirdische Gewässer und öffentliche Abwasseranlagen gemäß **Merkblatt Nr. 4.5/15. Einleitung kontaminierter Wässer, 2005** (Bayerisches Landesamt für Wasserwirtschaft):
  - 0,5 µg/l (Summe 6 PCB × 5)
- **Geringfügigkeitsschwelle** (GFS) zur Beurteilung lokal begrenzter Grundwasserverunreinigungen (**Ableitung von Geringfügigkeitsschwellenwerten für das Grundwasser, 2004** [Länderarbeitsgemeinschaft Wasser]):
  - 0,01 µg/l (Summe 6 PCB × 5)
- **Grenzwert für Holzhackschnitzel und Holzspäne** zur Herstellung von Holzwerkstoffen gemäß **Altholzverordnung**, Anhang II (zu § 3 Abs. 1):
  - 5 mg/kg

Datenblatt PAK

Stoffliche Eigenschaften

Verwendung

Chronologie der Verbote und Regelungen

Gesundheitsrisiken

Einstufung der Schadwirkung

Ermittlungspflicht

Risikobewertung und Feststellung der Sanierungsdringlichkeit

Quellenermittlung

Richtwerte/Grenzwerte – Nutzerschutz

Arbeitsplatzgrenzwerte – Schutz der Beschäftigten des Sanierungsunternehmens

Wichtige Regelwerke

Tätigkeiten mit PAK/Sanierung

Qualifikation des Sanierungsunternehmens und erforderliche Nachweise

Schutzmaßnahmen

Erfolgskontrolle

Entsorgung

3.4 Datenblatt Polycyclische aromatische Kohlenwasserstoffe (PAK)

Stoffliche Eigenschaften

Polycyclische aromatische Kohlenwasserstoffe (PAK) ist die Sammelbezeichnung für mehrere Hundert Einzelverbindungen, deren chemische Struktur gekennzeichnet ist durch 2 bis 7 miteinander verbundene aromatische Ringe aus Kohlenstoffatomen.

PAK entstehen bei einer Vielzahl von Verbrennungsprozessen (Verbrennung von Kohle, Heizöl, Kraftstoff, Holz oder Tabak, Räuchern, Grillen)

Als **Leitsubstanz** zur Bewertung PAK-haltiger Stoffe wird vielfach **Benzo[*a*]pyren** herangezogen (die Verbindung ist mit 52 bis 95 ng/m^3 auch im Nebenstromrauch von Zigaretten enthalten – dies ist mehr dreimal so viel wie im Hauptstromrauch).

Nur wenige PAK werden gezielt hergestellt (z. B. Naphthalin).

Niedermolekulare PAK (2 oder 3 Ringe) liegen hauptsächlich gasförmig vor, höhermolekulare PAK (4 und mehr Ringe) überwiegend partikelgebunden in Bindung an (Haus-)Staub.

Eigenschaften von PAK

- Siedepunkt: zwischen 218 °C (Naphthalin) und > 500 °C
- fettlöslich (lipophil)

Teere (Steinkohlenteer, Braunkohlenteer, Holzteer) entstehen als zähe Masse bei der Verkokung von Steinkohle, Braunkohle oder Holz. Bei der Verkokung werden die genannten Materialien unter Sauerstoffabschluss bei 700 bis 1.200 °C zersetzend thermisch behandelt (Pyrolyse). Die bei der Verkokung entstehenden Rückstände werden Peche genannt.

Teere und Peche werden unter dem Oberbegriff „Pyrolyseprodukte aus organischem Material“ zusammengefasst (TRGS 551, Abschnitt 1, Abs. 3).

Teerprodukte und Peche sind dunkelbraun bis tiefschwarz und haben einen unangenehmen, teerig-scharfen bzw. rauchartigen Geruch (Holzteer) mit reizender Wirkung.

Teerprodukte sind von den gleichfalls schwarzen Produkten auf Bitumenbasis mit nur geringem PAK-Gehalt und ölig-asphaltigem Geruch zu unterscheiden.

Die bei der Verkokung ebenfalls entstehenden Teeröle wurden zur Gewinnung bestimmter aromatischer Kohlenwasserstoffe wie Naphthalin, Anthracen und Phenanthren sowie zur Produktion von Imprägnierölen genutzt.

Verwendung

Funktionen

- Abdichtung gegen Feuchte (Dichtungsbahnen, Pappen, Anstriche)
- Klebstoff (Holzfußböden)
- Korrosionsschutz
- Schall- und Wärmedämmung (Teerkork)
- Verfugung
- Holzschutz (Teeröle)
- Antidröhnmassen

Produkte

- Abdichtungen für Dächer, Horizontalsperren, erdberührte Bauteile, Innenräume
- Gussasphaltestriche, Asphaltfußbodenplatten, Dichtungsbahnen für Fußböden
- Pappen, Klebstoffe, Verguss- und Spachtelmassen, Fugenmassen
- Korkschrot- und Backkorkplatten als Isolierung für Dächer, Türen, Rohre und Kühlräume sowie unter Estrich
- Fugenmassen, Fugenfüllungen
- Bautenschutz/Imprägnierung:
  - Holzschutz (Carbolineum, Kreosote), vorbeugend und bekämpfend gegen Holzschädlinge (außer Hausschwamm)
  - Imprägnierung (z. B. von Konstruktionshölzern, Bahnschwellen, Strom-/Telegrafenmasten und Trennpapier zwischen Dämmung und Estrich)

Gehalt im Material

- hohe PAK-Konzentrationen bis zu mehreren 10 Masse-% in teerstämmigen Produkten (Teer, Teeröle)
- geringe PAK-Konzentrationen als natürlicher Bestandteil von Kohle und Erdöl (und entsprechend im Erdölprodukt Bitumen)

Verwendungszeitraum

- bis ca. 1965:
  - Bauwerksabdichtungen (Dachbahnen, Anstriche)
  - teergebundene Korkdämmplatten
  - Klebstoff für Mosaikparkett
- bis Mitte der 1960er-Jahre: Teerasphaltestriche
- bis in die späten 1970er-Jahre: Klebstoff für Stabparkett (vereinzelt)
- bis ca. 1984: Straßenbau (Beläge, Fugenvergussmassen)
- bis ca. 1991: Holz- und Bautenschutz
- bis 1995: Klebstoff für Holzpflaster (vereinzelt)

  Bis ca. 1981 konnten auch in Bitumenklebern noch relevante Teerbestandteile enthalten sein. Danach spielte die Verwendung von Bitumenklebern in Deutschland technisch kaum noch eine Rolle, da vorwiegend Klebstoffe auf Polymerbasis verwendet wurden.

Datenblatt PAK

Stoffliche Eigenschaften

Verwendung

Chronologie der Verbote und Regelungen

Gesundheitsrisiken

Einstufung der Schadwirkung

Ermittlungspflicht

Risikobewertung und Feststellung der Sanierungsdringlichkeit

Quellenermittlung

Richtwerte/Grenzwerte – Nutzerschutz

Arbeitsplatzgrenzwerte – Schutz der Beschäftigten des Sanierungsunternehmens

Wichtige Regelwerke

Tätigkeiten mit PAK/Sanierung

Qualifikation des Sanierungsunternehmens und erforderliche Nachweise

Schutzmaßnahmen

Erfolgskontrolle

Entsorgung

- bis 2000: Korrosionsschutzanstriche (Stahlwasserbau, Druckrohrleitungen, Betonbeschichtungen)
- **bis heute bestehende Verunreinigungen von Bauteilen** mit PAK:
  - Versottungen durch Rauchgaskondensat in Rauchabzügen
  - PAK-Belastungen in Brandrückständen und Ablagerungen auf Oberflächen nach Bränden
- **bis heute bestehende Verunreinigungen von Produkten** mit PAK:
  - Produkte auf Bitumenbasis (Herstellung aus Erdöl)
  - Produkte mit Weichmacherölen auf Mineralölbasis (Verwendung z. B. für Kautschukerzeugnisse wie Bodenbeläge sowie für Gummigriffe von Werkzeugen)
  - Produkte mit PAK-kontaminiertem Ruß als Schwarzpigment (Gummi, Kunststoffe, Lacke)

Chronologie der Verbote und Regelungen

- 1991: Verbot der Abgabe teerölhaltiger Holzschutzmittel und mit solchen Mitteln behandelter Erzeugnisse aus Holz an private Endverbraucher (Teerölverordnung)
- 2002: Verbot des Inverkehrbringens (Änderung der Chemikalien-Verbotsverordnung, Anhang [zu § 1], Abschnitt 17, durch die 4. Chemikalienrechts-Änderungsverordnung):
  - Holzschutzmittel, die Teeröle oder Bestandteile aus Teerölen enthalten
  - Erzeugnisse, die ganz oder teilweise aus Holz oder Holzwerkstoffen bestehen und mit Holzschutzmitteln, die Teeröle oder Bestandteile aus Teerölen enthalten, behandelt worden sind

  Ausnahmen vom Verbot des Inverkehrbringens gelten u. a. in folgenden Fällen:
  - Holzschutzmittel zur Behandlung von Holz und Holzwerkstoffen in geschlossenen Anlagen, in industriellen Verfahren, zu gewerblichen Zwecken für die Wiederbehandlung vor Ort, sofern der Gehalt an Benzo[*a*]pyren im Holzschutzmittel unter 50 mg/kg und der Gehalt an wasserlöslichen Phenolen unter 3 Masse-% liegt
  - behandelte Erzeugnisse, die ausschließlich für industrielle Zwecke bestimmt sind (z. B. Bahnschwellen, Strom-/Telegrafenmasten, Zäune, Baumstützen für die Landwirtschaft, Rebpfähle, Spundwände für Häfen und Wasserwege)
  - gebrauchte Erzeugnisse, die vor Anwendung der 4. Chemikalienrechts-Änderungsverordnung mit teerölhaltigen Holzschutzmitteln behandelt wurden

  Die Ausnahmen vom Verbot gelten nicht für die Verwendung teerölhaltiger Erzeugnisse in Innenräumen, bei der Herstellung von Spielzeug, auf Spielplätzen, in Gärten, Parks und an anderen Orten mit Gefahr des häufigen Hautkontakts sowie für Gartenmobiliar.
- 2006: Verbote bzw. Einschränkungen zur Verwendung von Teerölen nach Art. 67 in Verbindung mit Anhang XVII Nr. 31 Verordnung (EG) Nr. 1907/2006 (REACH-Verordnung), umgesetzt in nationales Recht durch die Chemikalien-Verbotsverordnung

Gesundheitsrisiken

- chronische Toxizität:
  - zahlreiche Einzelverbindungen der PAK krebserzeugend und mutagen (erbgutschädigend)
- akute Toxizität:
  Neben den PAK tritt in teerstämmigen Produkten eine Vielzahl weiterer Verbindungen auf, von denen einige akute Wirkungen zeigen (z. B. Atemwegsreizungen durch Phenole und Kresole).
- Aufnahme: auch über die Haut
- Unit Risk (Benzo[*a*]pyren): 8,7 · 10^{-2} (LAI-Bericht, 2004)
- anerkannte PAK-verursachte Berufskrankheiten (BK):
  - BK 4113 Lungenkrebs durch polycyclische aromatische Kohlenwasserstoffe bei Nachweis der Einwirkung einer kumulativen Dosis von 100 Benzo[*a*]pyren-Jahren (µg/m^3 × Jahre)
  - BK 4114 Lungenkrebs durch das Zusammenwirken von Asbestfaserstaub und polycyclischen aromatischen Kohlenwasserstoffen (PAK)
    Durch das Zusammenwirken von Asbestfaserstaub und PAK besteht in der Regel eine mindestens additive Erhöhung des Lungenkrebsrisikos (Merkblatt zur Berufskrankheit Nummer 4114, 2009).

Einstufung der Schadwirkung

Verordnung (EG) Nr. 1272/2008 (CLP-Verordnung)

- Pyrolyseprodukte aus organischem Material (Teer, Teeröl u. a. m.):
  - Carc. Cat. 1B: wahrscheinlich krebserzeugend

TRGS 905

- Benzo[*a*]pyren:
  - krebserzeugend mit Verweis auf die CLP-Verordnung, jedoch mit niedrigerem Konzentrationsgrenzwert von 50 mg/kg (0,005 Masse-%)

TRGS 906

- Tätigkeiten oder Verfahren, bei denen Beschäftigte krebserzeugenden PAK ausgesetzt sind, die in Pyrolyseprodukten aus organischem Material (z. B. Steinkohlenruß, Steinkohlenteer oder Steinkohlenteerpech) vorhanden sein können:
  - krebserzeugende Tätigkeit
  Als Bezugssubstanz für Pyrolyseprodukte mit krebserzeugenden PAK kann Benzo[*a*]pyren gewählt werden.

MAK- und BAT-Werte-Liste 2015

- Pyrolyseprodukte aus organischem Material:
  - Kategorie 1 (Abschnitt III): krebserzeugend
- Benzo[*a*]pyren:
  - Kategorie 2 (Abschnitt III): krebserzeugend
  - Kategorie 2 (Abschnitt IX): keimzellmutagen

- Naphthalin:
  - Kategorie 2 (Abschnitt III): krebserzeugend
  - Kategorie 3B (Abschnitt IX): keimzellmutagen
- weitere PAK:
  - Kategorie 2 (Abschnitt III): krebserzeugend
  - Kategorie 3A bzw. 3B (Abschnitt IX): keimzellmutagen

Verordnung (EG) Nr. 1907/2006 (REACH-Verordnung)

- Anthracen:
  - PBT-Stoff (Anhang XIV „Verzeichnis der zulassungspflichtigen Stoffe")

Lisow et al., 2015

- Naphthalin:
  - Geruchsschwellenwert: 2,3 µg/m³

Ermittlungspflicht

- Bauherr – Schutz der Gebäudenutzer:
  - Baurecht
  - Abfallrecht
- Unternehmer – Schutz der Beschäftigten:
  - Gefahrstoffrecht
  - Arbeitsschutzrecht
  - Abfallrecht

Risikobewertung und Feststellung der Sanierungsdringlichkeit

- qualifizierter Sachverständiger
- Begutachtung der Situation vor Ort
- Materialanalysen
- Raumluftmessungen
- ggf. Oberflächenwischproben

Quellenermittlung

Materialanalysen

Es ist Standard, stellvertretend für die gesamte Stoffgruppe die Analyse der 16 EPA-PAK (vgl. Priority Pollutants, 2014; Toxic and Priority Pollutants, 2014) vorzunehmen: Acenaphthen, Acenaphthylen, Anthracen, Benzo[*a*]anthracen, Benzo[*a*]pyren, Benzo[*b*]fluoranthen, Benzo[*g,h,i*]perylen, Benzo[*k*]fluoranthen, Chrysen, Dibenzo[*a,h*]-anthracen, Fluoranthen, Fluoren, Indeno[1,2,3-*cd*]pyren, Naphthalin, Phenanthren, Pyren

Primär- und Sekundärquellen

- Primärquellen:
  Materialien, die gezielt mit teerstämmigen Produkten behandelt wurden

- Sekundärquellen:
  Materialien, die PAK über längere Zeit aus der kontaminierten Raumluft oder durch direkten Kontakt aufgenommen haben Großflächige Sekundärquellen können selbst nach vollständigem Entfernen der Primärquelle(n) erhöhte PAK-Raumluftkonzentrationen verursachen.

Hinweis

Schnelltests (z. B. „PAK-Marker", „PAK-Spray") sind nicht geeignet, PAK-belastete Materialien sicher zu erkennen oder belastete und unbelastete Materialien voneinander zu unterscheiden.

Luftmessungen auf flüchtige PAK

- Analyse der 16 EPA-PAK
- Leitsubstanz: Benzo[*a*]pyren

Siehe hierzu auch „Richtwerte/Grenzwerte – Nutzerschutz".

Richtwerte/Grenzwerte – Nutzerschutz

Innenraumluft

Ad-hoc-Arbeitsgruppe, 2013 (Richtwerte für Naphthalin und Naphthalin-ähnliche Verbindungen; als Naphthalin-ähnliche PAK gelten hierbei die bicyclischen Methyl- und Dimethylnaphthaline sowie die tricyclischen PAK Acenaphthen, Acenaphthylen, Anthracen, Fluoren und Phenanthren):

- Naphthalin:
  - RW I: 10 µg/m³
  - RW II: 30 µg/m³
- Summe bicyclische PAK:
  - RW I (vorläufig): 10 µg/m³
  - RW II (vorläufig): 30 µg/m³
- Summe bi- und tricyclische PAK:
  - RW I (vorläufig): 10 µg/m³
  - RW II (vorläufig): 30 µg/m³

Der Richtwert I für Naphthalin entspricht dem WHO-Richtwert (WHO Guidelines for Indoor Air Quality, 2010).

Hausstaub

Leitwerte für Hausstaub gemäß Hinweisen für die Bewertung und Maßnahmen zur Verminderung der PAK-Belastung durch Parkettböden mit Teerklebstoffen in Gebäuden (**PAK-Hinweise, 2000**):

- Benzo[*a*]pyren:
  - Aufenthaltsräume: 100 mg pro kg Frischstaub
  - Wohnungen und wohnungsähnliche Räume: 10 mg pro kg Frischstaub

Datenblatt PAK

Stoffliche Eigenschaften

Verwendung

Chronologie der Verbote und Regelungen

Gesundheitsrisiken

Einstufung der Schadwirkung

Ermittlungspflicht

Risikobewertung und Feststellung der Sanierungsdringlichkeit

Quellenermittlung

Richtwerte/Grenzwerte – Nutzerschutz

Arbeitsplatzgrenzwerte – Schutz der Beschäftigten des Sanierungsunternehmens

Wichtige Regelwerke

Tätigkeiten mit PAK/Sanierung

Qualifikation des Sanierungsunternehmens und erforderliche Nachweise

Schutzmaßnahmen

Erfolgskontrolle

Entsorgung

Hinweis

Die PAK-Hinweise sind bauaufsichtlich nicht verbindlich und haben lediglich empfehlenden Charakter.

Gemäß PAK-Hinweisen ist die Staubprobenahme zwingend nach VDI 4300 Blatt 8 (2001) durchzuführen. Aufgrund der zahlreichen Unwägbarkeiten bei der Entnahme von Hausstaubproben und der großen Varianz bei der Entnahme und Aufarbeitung des Probenmaterials ist die Methode jedoch untauglich für die Bewertung gesundheitlicher Risiken infolge einer Belastung mit PAK in Innenräumen. VDI 4300 Blatt 8 wurde daher 2012 zurückgezogen. Erfahrungen zeigen zudem, dass Richtwertüberschreitungen für die Innenraumluft auch dann möglich sind, wenn gemäß PAK-Hinweisen durchgeführte Staubanalysen keinen Handlungsbedarf anzeigen.

Daher ist eine Risikobewertung auf Grundlage der PAK-Hinweise nicht mehr sachgerecht.

Ergänzend ist darauf hinzuweisen, dass auch staubdicht verbaute Teerprodukte wie z. B. Anstriche unter Putz, Feuchtesperren im Mauerwerk oder Asphaltestrich zu einer Belastung der Raumluft mit flüchtigen PAK führen können.

Außenluft

Werte für Benzo[*a*]pyren gemäß **LAI-Bericht, 2004**:

- gemessener Jahresmittelwert 2001:
  - 0,5 ng/m³
- Zielwert:
  - 1 ng/m³ (Risiko: $8{,}7 \cdot 10^{-5}$)
- langfristig angestrebt:
  - 0,01 ng/m³ (Risiko: 10^{-6})

Für die Allgemeinbevölkerung sieht die EU-Kommission hinsichtlich Kanzerogenen in der Außenluft ein Risiko von 10^{-6} als gesellschaftlich akzeptiertes Risiko an (LAI-Bericht, 2004, S. 8).

Arbeitsplatzgrenzwerte – Schutz der Beschäftigten des Sanierungsunternehmens

Materialien

Einstufung von Materialen als Gefahrstoff gemäß **TRGS 905**:

- Benzo[*a*]pyren:
  - ≥ 50 mg/kg

Einstufung von Materialen als Gefahrstoff gemäß **Verordnung (EG) Nr. 1272/2008 (CLP-Verordnung)** und **TRGS 906**:

- Summe 16 EPA-PAK:
  - ≥ 1.000 mg/kg (0,1 Masse-%)

Luft am Arbeitsplatz (Tätigkeiten mit PAK)

Eine Konzentrationsschwelle, unterhalb derer eine Gefährdung der Gesundheit durch nachweislich krebserzeugende PAK nicht mehr gegeben ist, kann nicht festgelegt werden; daher existiert für diese PAK kein Arbeitsplatzgrenzwert (AGW) nach TRGS 900 und kein MAK-Wert.

Es bestehen folgende Anforderungen gemäß **TRGS 910**:

- Akzeptanzkonzentration für Benzo[*a*]pyren, die bei Unterschreitung mit einem niedrigen, hinnehmbaren Krebsrisiko assoziiert ist:
  - 70 ng/m³ (Akzeptanzrisiko: $4 \cdot 10^{-4}$)
- Akzeptanzkonzentration für Benzo[*a*]pyren spätestens ab 2018:
  - 7 ng/m³ (Akzeptanzrisiko: $4 \cdot 10^{-5}$)
- Toleranzkonzentration für Benzo[*a*]pyren, die bei Überschreitung mit einem hohen, nicht hinnehmbaren Krebsrisiko assoziiert ist:
  - 700 ng/m³ (Toleranzrisiko: $4 \cdot 10^{-3}$)

Grenzwerte für Produkte

Art. 67 in Verbindung mit **Anhang XVII Nr. 31 Verordnung (EG) Nr. 1907/2006 (REACH-Verordnung)**:

- Kohlenteerdestillate u. Ä.:
  Verwendungsverbot als Stoffe und in Zubereitungen; Ausnahmen:
  - zugelassen zur Holzbehandlung in industriellen Verfahren oder zu gewerblichen Zwecken, sofern der Gehalt von Benzo[*a*]pyren < 0,005 Masse-% und von wasserlöslichen Phenolen < 3 Masse-%
  - zugelassen für Holz, das vor dem 31. Dezember 2002 behandelt wurde, wenn das Holz zur Wiederverwendung auf dem Gebrauchtwarenmarkt angeboten wird
- behandeltes Holz:
  Verwendungsverbot innerhalb von Gebäuden und für Spielzeug
- Bitumenprodukte:
  - Benzo[*a*]pyren: 5 mg/kg
- Verbraucherprodukte:
  - Sport- und Haushaltsgeräte, Werkzeuge u. a.: 1 mg/kg (bezogen auf jede PAK-Einzelverbindung)
  - Spielzeug und Artikel für Kleinkinder oder Säuglinge: 0,5 mg/kg (bezogen auf jede PAK-Einzelverbindung)

Art. 67 in Verbindung mit **Anhang XVII Nr. 50 Verordnung (EG) Nr. 1907/2006 (REACH-Verordnung)**:

- Weichmacheröle für die Herstellung von Reifen oder Reifenteilen:
  - Benzo[*a*]pyren: 1 mg/kg
  - Summe 8 PAK: 10 mg/kg

Wichtige Regelwerke

Nutzerschutz

- **Ad-hoc-Arbeitsgruppe, 2013** (Richtwerte für Naphthalin und Naphthalin-ähnliche Verbindungen in der Innenraumluft)

Arbeitsschutz

- **Gefahrstoffverordnung**, insbesondere § 10
- **TRGS 524**
- **DGUV Regel 101-004** (bisher BGR 128)
- **PAK-Handlungsanleitung, 2007** (Landesamts für Arbeitsschutz, Gesundheitsschutz und technische Sicherheit Berlin [LAGetSi])

Tätigkeiten mit PAK/Sanierung

Grundsatz

Tätigkeiten mit PAK sind „besonders gefährliche Arbeiten“ nach § 2 Abs. 3 **Baustellenverordnung**.

Sanierungsmethoden

- Primärquellen:
  - Ausbau
- Sekundärquellen:
  - Ausbau
  - Beschichtung
  - räumliche Trennung

Qualifikation des Sanierungsunternehmens und erforderliche Nachweise

Folgende Qualifikationen und Nachweise sind erforderlich:

- Betriebshaftpflichtversicherung für Tätigkeiten mit Gebäudeschadstoffen einschließlich PAK
- Sachkunde gemäß TRGS 524 sowie DGUV Regel 101-004 (bisher BGR 128)
- Anzeige der Sanierungsmaßnahme bei Behörden und bei der Berufsgenossenschaft
- Gefährdungsbeurteilung gemäß Gefahrstoffverordnung, Abschnitt 3
- Betriebsanweisung und Unterweisung gemäß § 14 Gefahrstoffverordnung
- Benennung des Aufsichtführenden, des Gerätesachkundigen und des Ersthelfers
- Benennung der Fachkraft für Arbeitssicherheit und des zuständigen arbeitsmedizinischen Dienstes bzw. des Betriebsarztes
- Nachweise bzw. Prüfzeugnisse hinsichtlich Luftreinigungsanlagen, Saugern und Filtereinheiten

- arbeitsmedizinische Vorsorgeuntersuchungen:
  - G 26 Atemschutzgeräte
  - G 40 Krebserzeugende und erbgutverändernde Stoffe
- Entsorgungskonzept

Schutzmaßnahmen

Umfangreiche Sanierungen

- Abschottung
- Zugang und Materialtransporte über Schleusen
- technischer Luftwechsel
- H-Sauger
- Persönliche Schutzausrüstung (Schutzanzug, Maske, Schutzhandschuhe)

Erfolgskontrolle

- Raumluftmessungen (siehe auch „Richtwerte/Grenzwerte – Nutzerschutz“)
  - Orientierungswerte (typische/häufig anzutreffende Hintergrundwerte für die Summe der 16 EPA-PAK) für Oberflächenwischproben nach Brandschadensanierung gemäß **VdS 2357**: Industriebereich < 100 µg/m², Wohn- und Büroraume < 10 µg/m², Sanierungsziel ≤ Hintergrundwert

Entsorgung

- **Grenzwerte des PAK-Gehalts** für **die Einstufung als gefährlicher Abfall** (gemäß Bundesrecht; auf Länderebene ggf. abweichend geregelt):
  - Summe 16 EPA-PAK: 1.000 mg/kg (Grenzwert für Gefährlichkeitsmerkmal H7 gemäß **Abfallverzeichnis-Verordnung**): 0,1 Masse-%
  - Benzo[*a*]pyren: 50 mg/kg (**Hinweise zur Anwendung der Abfallverzeichnis-Verordnung, 2001** [Bundesministerium für Umwelt, Naturschutz und Reaktorsicherheit])
- **Abfallschlüssel** nach **Abfallverzeichnis-Verordnung**:
  - 17 03 03* Kohlenteer und teerhaltige Produkte
  - 17 01 06* Gemische aus oder getrennte Fraktionen von Beton, Ziegeln, Fliesen und Keramik, die gefährliche Stoffe enthalten
  - 17 02 04* Glas, Kunststoff und Holz, die gefährliche Stoffe enthalten oder durch gefährliche Stoffe verunreinigt sind
  - 17 03 01* kohlenteerhaltige Bitumengemische

  Bei einer gleichzeitigen Belastung mit Asbest (z. B. Dachabdichtungen) gibt die Asbestbelastung in der Regel den Entsorgungsweg (Deponie) vor.

- **Zuordnungswerte Bauschutt** gemäß **LAGA-Mitteilung 20**, Tabelle II.1.4-5 (Summe 16 EPA-PAK):
  - Z0: 1 mg/kg
  - Z1.1: 5 mg/kg (im Einzelfall: 20 mg/kg)
  - Z1.2: 15 mg/kg (im Einzelfall: 50 mg/kg)
  - Z2: 75 mg/kg (im Einzelfall: 100 mg/kg)
- **Orientierungswerte für das Einleiten** PAK-kontaminierten Wassers in oberirdische Gewässer und öffentliche Abwasseranlagen gemäß **Merkblatt Nr. 4.5/15. Einleitung kontaminierter Wässer, 2005** (Bayerisches Landesamt für Wasserwirtschaft):
  - 2 µg/l (Summe 15 EPA-PAK [ohne Naphthalin])
  - 20 µg/l (Summe Naphthalin und Methylnaphthaline)
  - 0,1 µg/l (Benzo[*a*]pyren)
- **Geringfügigkeitsschwellen** (GFS) zur Beurteilung lokal begrenzter Grundwasserverunreinigungen (**Ableitung von Geringfügigkeitsschwellenwerten für das Grundwasser, 2004** [Länderarbeitsgemeinschaft Wasser]):
  - 0,2 µg/l (Summe 15 EPA-PAK [ohne Naphthalin])
  - 0,01 µg/l (jeweils für Anthracen, Benzo[*a*]pyren und Dibenzo[*a,h*]anthracen)
  - 1 µg/l (Summe Naphthalin und Methylnaphthaline)

3.5 Datenblatt Pentachlorphenol (PCP)

Stoffliche Eigenschaften

PCP ist eine synthetische Verbindung aus der Gruppe der chlorierten aromatischen Kohlenwasserstoffe und wurde auch als Natrium-Pentachlorphenolat (PCP-Na) eingesetzt.

Technisches PCP enthält stets auch niedrig chlorierte Phenole (TriCP: Trichlorphenol, TCP: Tetrachlorphenol) und Verunreinigungen von Dioxinen und Furanen (PCDD/PCDF: polychlorierte Dibenzodioxine und polychlorierte Dibenzofurane).

Eigenschaften von PCP

- Dichte: 1,98 g/cm^3
- Siedepunkt: 310 °C (Zersetzung)
- Dampfdruck: 0,011 Pa (20 °C)
  Freies (nicht ionisiertes) PCP ist flüchtig, nicht jedoch PCP-Na.

Stoffanteile in technischem PCP

- PCP: 85 bis 89 Masse-%
- TriCP und TCP: 3 bis 9 Masse-%
- nicht phenolische chlorierte Substanzen wie polychlorierte Biphenyle, Chlorbenzole, polychlorierte Diphenylether: bis ca. 1 Masse-%
- PCDD/PCDF (vor allem Hexachlor-, Heptachlor- und Octachlordibenzodioxine): bis 0,3 Masse-%

Verwendung

Funktionen

- Holzschutz (fungizide Wirkung)
- Konservierung für Leder (z. B. Sitzmöbel) und Schwertextilien (z. B. Teppichböden)

In **baulichen Anlagen** wurden PCP-haltige Holzschutzmittel in **2 Funktionen** eingesetzt:

- **Vorbeugung**:
  - bei tragenden und aussteifenden Hölzern, insbesondere im Dachstuhlbereich, bei Holztreppen sowie bei Holzgeländern
  - bei Holzfenstern und Außentüren als Holz schützende Grundierungen und Lasuren
  - großflächig an Holzverkleidungen, Vertäfelungen und Schallschutzdecken sowie teils auch auf Holzfußböden in Innenräumen, insbesondere bei Verwendung durch Heimwerker, wobei hier die Holzschutzfunktion der eingesetzten Präparate häufig zugunsten einer dekorativen Funktion in den Hintergrund trat

- **Bekämpfung**:
  - in Holzschutzmitteln im Rahmen von Schwammsanierungen
  - in Bekämpfungsmitteln gegen Hausschwamm im Mauerwerk (z. T. durch Injektion, z. T. großflächig, z. T. im Verputz)
  - z. T. in Holzschutzmitteln zur Bekämpfung eines Insektenbefalls, insbesondere im Dachstuhlbereich
    In diesem Bereich wurde PCP nicht unmittelbar zur Insektenbekämpfung eingesetzt, sondern die Gelegenheit einer Schutzbehandlung genutzt, neben dem für die Insektenbekämpfung erforderlichen Insektizid zugleich zusätzlich PCP als vorbeugende Maßnahme gegen möglichen Pilzbefall einzubringen.

Produkte

Holzschutzmittel auf Lösemittelbasis des Marktführers Desowag:

- Xylamon-Echtbraun:
  5,4 Masse-% PCP
  0,5 Masse-% Lindan
  10,0 Masse-% Chlornaphthalin
- Xylamon-Braun:
  5,4 Masse-% PCP
  2,0 Masse-% Carbamat
  10,0 Masse-% Chlornaphthalin
- Xyladecor:
  5 Masse-% Tetrachlorphenol/Pentachlorphenol-Gemisch
  0,55 Masse-% Lindan
  0,4 Masse-% Dichlofluanid
- Xyladecor 200 (ab 1978):
  1 Masse-% Furmecyclox
  0,4 Masse-% Lindan (ab 1984 stattdessen 0,1 Masse-% Permethrin)
  0,6 Masse-% Dichlofluanid

Bis 1978 war PCP über mehrere Jahrzehnte das im Holzschutz am meisten verwendete Fungizid, insbesondere wegen des nach den Normen der Reihe DIN 68800 in den Ausgaben von 1974 teilweise verbindlich vorgeschriebenen Holzschutzes bei tragenden Holzkonstruktionen.

Die Verwendung erfolgte überwiegend gelöst in organischen Lösemitteln sowie vereinzelt in Form organisch löslicher PCP-Verbindungen und auch als wasserlösliches Natrium-Pentachlorphenolat (PCP-Na).

Der übliche PCP-Gehalt von Holzschutzmitteln betrug 5 Masse-%.

PCP wurde in Holzschutzmitteln meist zusammen mit dem Insektizid Lindan in einem Mengenverhältnis PCP : Lindan von ca. 10 : 1 eingesetzt.

Große Mengen wurden insbesondere bei Häusern mit hohem Holzanteil wie Baracken, Hallen, Silos, Scheunen, Pavillons und in Holzleichtbauweise erstellten Kindergärten verwendet. Beispiele für Aufwandsmengen:

- fungizide Ausrüstung eines Fertighauses:
  - 3 bis 4 kg PCP pro 100 m^2 Wohnfläche
- Holzschutzmitteleinsatz im Heimwerkerbereich (Privatpersonen) für ein Fachwerkhaus:
  - bis zu 200 l mit 10 kg PCP

Gehalt im Material

PCP ist im Holz sehr ungleichmäßig verteilt. Es liegt nur im Oberflächenbereich bis maximal ca. 1 cm Tiefe vor (Kiefernsplintholz), z. T. nur im Millimeterbereich (Fichte/Tanne, Kiefernkernholz). Mehr als 90 % des Pentachlorphenols liegen in 3 bis 5 mm Tiefe vor.

In einer oberflächennahen Probe von Holz, das mit einem PCP-haltigen Holzschutzmittel behandelt wurde (PCP-Gehalt: 372 mg/kg), ist darüber hinaus ein Gesamtgehalt an Tetra- bis Octachlordibenzodioxinen und -furanen von 11.624 µg/kg festgestellt worden; der Anteil von 8 2,3,7,8-substituierten Dioxinen und Furanen betrug dabei 134,4 µg/kg (Blessing/Derra, 1992, S. 269).

Zur Einordnung der Werte kann die Chemikalien-Verbotsverordnung herangezogen werden. Danach gilt für die Summe der Tetra- bis Octachlordibenzodioxine und -furane ein Grenzwert von 100 µg/kg (das Verbot gilt allerdings nicht für Stoffe, Zubereitungen und Erzeugnisse, die vor dem 16. Juli 1994 hergestellt wurden).

Bei massiven Bauteilen, z. B. in Konstruktionsbalken von denkmalgeschützten Gebäuden, wurden auch Bohrlochimprägnierungen vorgenommen. Die gefüllten Bohrlöcher wurden mit Holzdübeln unauffällig wieder verschlossen.

Verwendungszeitraum

- nach 1945: Beginn der industriellen Herstellung von PCP und Verwendung in großem Umfang als Fungizid
- 1978: Xyladecor 200 (PCP-frei) löst das PCP-haltige Xyladecor ab. Als zusätzliches Programm (neben PCP-haltigen Produkten) werden die Produkte Xylamon-Braun, Xylamon Imprägniergrund und Xylamon farblos ohne PCP angeboten.
  Die Firma Desowag führt bis Ende 1978 eine Umetikettierung ihrer Lagerbestände durch:
  - Aufkleber für Gebinde des PCP-haltigen Holzschutzmittels Xyladecor: „Für die dekorative Holzbehandlung – nur für außen“
  - Aufkleber für Gebinde des PCP-haltigen Holzschutzmittels Xylamon: „Nicht für bewohnte Innenräume“

  Bestände in Kaufhäusern, Fachmärkten und Holzhandlungen werden von der Aktion nicht erfasst. Die Verbraucher werden hinsichtlich ihrer Altbestände über die geänderte Verwendungsempfehlung nicht informiert.

Datenblatt PCP
Stoffliche Eigenschaften
Verwendung
Chronologie der Verbote und Regelungen
Gesundheitsrisiken
Einstufung der Schadwirkung
Ermittlungspflicht
Risikobewertung und Feststellung der Sanierungsdringlichkeit
Quellenermittlung
Richtwerte/Grenzwerte – Nutzerschutz
Arbeitsplatzgrenzwerte – Schutz der Beschäftigten des Sanierungsunternehmens
Wichtige Regelwerke
Tätigkeiten mit PCP/Sanierung
Qualifikation des Sanierungsunternehmens und erforderliche Nachweise
Schutzmaßnahmen
Erfolgskontrolle
Entsorgung

- 1984: Ende der Verwendung von PCP in Holzschutzmitteln der Firma Desowag (ab 1.4.1984), Ende der Verwendung von Lindan in Holzschutzmitteln der Firma Desowag
- 1989: Der einzige westdeutsche Hersteller stellt die Produktion von PCP ein.
- bis heute: Produktion von PCP im Ausland (China, Taiwan, Frankreich, Indien, USA) und Export aus diesen Ländern. Durch den Import von behandeltem Holz gelangt PCP vermutlich auch nach Deutschland.

Chronologie der Verbote und Regelungen

- 1978:
  - Einführung einer Kennzeichnungspflicht für PCP-haltige Zubereitungen in den alten Bundesländern (PCP-Richtlinie ARGEBAU, 1996, S. 8)
  - Verbot der Anwendung PCP-haltiger Holzschutzmittel mit Prüfzeichen in Aufenthaltsräumen durch das Deutsche Institut für Bautechnik (DIBt) (PCP-Richtlinie ARGEBAU, 1996, S. 8)
  - In der DDR Ende der Zulassung PCP-haltiger Holzschutzmittel für Aufenthaltsräume (PCP-Richtlinie ARGEBAU, 1996, S. 8)
- 1984: Selbstverpflichtung der Mitgliedsunternehmen des Industrieverbands Bauchemie und Holzschutzmittel e. V. (ibh), kein PCP mehr zu verwenden (Selbstverpflichtungen der chemischen Industrie, 2013). Einzelne Hersteller verwenden PCP in Holzschutzmitteln jedoch bis zum Verbot 1989.
- 1986: Verbot der Anwendung PCP-haltiger Holzschutzmittel in Innenräumen (Gefahrstoffverordnung 1986; PCP für Außenanwendungen noch bis 1989 erlaubt)
- 1988: Ende der Zulassung für PCP-haltige Grundierungen im Bereich Fenster und Außentüren in der DDR (PCP-Richtlinie ARGEBAU, 1996, S. 8)
- 1989: Pentachlorphenolverbotsverordnung: Verbot des Inverkehrbringens und der Verwendung von PCP und von PCP-haltigen Produkten mit einem PCP-Gehalt > 0,01 Masse-% und von Holzteilen mit einem PCP-Gehalt > 5 mg/kg
- 1996: PCP-Richtlinie (PCP-Richtlinie ARGEBAU, 1996 [veröffentlicht 1997])
- 2006: Art. 67 in Verbindung mit Anhang XVII Nr. 22 Verordnung (EG) Nr. 1907/2006 (REACH-Verordnung): PCP darf nicht in Verkehr gebracht oder verwendet werden als Stoff, als Bestandteil anderer Stoffe oder in Gemischen in Konzentrationen von ≥ 0,1 Masse-% (die Richtlinie nimmt keinen Bezug auf Erzeugnisse).
  Gefahrstoffverordnung, Anhang II (zu § 16 Absatz 2), Nr. 3:
  „(1) Über das Verwendungsverbot nach Art. 67 in Verbindung mit Anhang XVII Nummer 22 der Verordnung (EG) Nr. 1907/2006 [REACH-Verordnung] hinaus dürfen solche Erzeugnisse nicht verwendet werden, die mit einer Zubereitung behandelt worden sind, die Pentachlorphenol, Pentachlorphenolnatrium oder eine der übrigen PCP-Verbindungen enthält und deren von der Behandlung

erfasste Teile mehr als 5 Milligramm pro Kilogramm dieser Stoffe enthalten.
(2) Absatz 1 gilt nicht für Holzbestandteile von Gebäuden und Möbeln sowie für Textilien, die vor dem 23. Dezember 1989 mit Zubereitungen behandelt wurden, die Pentachlorphenol, Pentachlorphenolnatrium oder eine der übrigen PCP-Verbindungen enthalten. Für das in Artikel 3 des Einigungsvertrags genannte Gebiet tritt an die Stelle des 23. Dezember 1989 der 3. Oktober 1990.
(3) Absatz 1 gilt nicht für Altholz, welches nach der Altholzverordnung vom 15. August 2002 (BGBl. I S. 3302), die zuletzt durch Artikel 2a der Verordnung vom 20. Oktober 2006 (BGBl. I S. 2298) geändert worden ist, verwertet wird.
(4) Die Absätze 1 bis 3 gelten auch für private Haushalte."

Gesundheitsrisiken

- chronische Toxizität:
  - krebserzeugend
  - mutagen (erbgutschädigend)
  - reproduktionstoxisch (Verdacht)

  Einfluss auf die Toxizität haben insbesondere auch die Verunreinigungen, darunter PCDD/PCDF (siehe „Stoffliche Eigenschaften").
- Holzschutzmittelsyndrom:
  Das sogenannte Holzschutzmittelsyndrom als Folgeerkrankung einer jahrelangen Exposition gegenüber PCP in Wohnräumen – im Wesentlichen ein chronisches Ermüdungs- und Erschöpfungssyndrom – ist nicht wissenschaftlich definiert und nicht allgemein akzeptiert.
- Geruchsbelästigung durch Chloranisole

Einstufung der Schadwirkung

Verordnung (EG) Nr. 1272/2008 (CLP-Verordnung)

- Carc. Cat. 2: Verdacht auf krebserzeugende Wirkung

TRGS 905

- K2: krebserzeugend
- M3: mutagen
- R_E2: reproduktionstoxisch

MAK- und BAT-Werte-Liste 2015

- Kategorie 2 (Abschnitt III): krebserzeugend

IARC, 1991

- Gruppe 2B: vermutlich krebserzeugend beim Menschen

Ermittlungspflicht

- Bauherr – Schutz der Gebäudenutzer:
  - Baurecht
  - Abfallrecht
- Unternehmer – Schutz der Beschäftigten:
  - Gefahrstoffrecht
  - Arbeitsschutzrecht
  - Abfallrecht

Risikobewertung und Feststellung der Sanierungsdringlichkeit

- qualifizierter Sachverständiger
- Materialanalysen
- Raumluftmessungen

Quellenermittlung

Analysen

- Materialanalysen
- Staubanalysen

Primär- und Sekundärquellen

- Primärquellen:
  Materialien, die mit einem PCP-haltigen Holzschutzmittel behandelt wurden
- Sekundärquellen:
  Materialien, die PCP über längere Zeit aus der kontaminierten Raumluft oder durch direkten Kontakt aufgenommen haben
  Großflächige Sekundärquellen können selbst nach vollständigem Entfernen der Primärquelle(n) erhöhte PCP-Raumluftkonzentrationen verursachen.

Richtwerte/Grenzwerte – Nutzerschutz

Innenraumluft

Ad-hoc-Arbeitsgruppe 1997 (Richtwerte für Pentachlorphenol):

- Eingriffswert (entspricht RW II, Gefahrenwert):
  - Nichtwohnbereich: 1 µg/m³
  - Wohnbereich und Räume mit wohnähnlicher Nutzung (z. B. Kindertagesstätten): bei großflächiger PCP-Anwendung Durchführung von Blut- und Urinanalysen auf PCP
- Sanierungszielwert (entspricht RW I, Vorsorgewert):
  - 0,1 µg/m³

Hausstaub

Das „Ablaufschema zur Ermittlung der Sanierungsnotwendigkeit" der PCP-Richtlinie (**PCP-Richtlinie ARGEBAU, 1996**) wurde in die PCP-Richtlinien der Bundesländer, die selbst eine solche Richtlinie erlassen haben, übernommen. Gemäß dem Ablaufschema erfolgt zunächst die Analyse von **Hausstaubproben**. Erfüllen die Ergebnisse die folgende Bedingung, so kann die Verwendung PCP-haltiger Holzschutzmittel sicher ausgeschlossen werden:

- Frischstaub (1 Woche alter Staub, Aufnahme mittels Staubsauger):
  – PCP-Gehalt: < 1 mg/kg
- Altstaub (abgelagerter Staub, z. B. hinter Verkleidungen):
  – PCP-Gehalt: < 5 mg/kg

Hinweis

VDI 4300 Blatt 8 (2001) zur Probenahme von Hausstaub wurde 2012 zurückgezogen.

Werden höhere Werte ermittelt, sollen dem Holz gemäß Ablaufschema **Materialproben** entnommen werden, und zwar aus bis zu 2 mm Tiefe. Bei einer PCP-Konzentrationen > 50 mg/kg ist zu prüfen, ob folgende Bedingung erfüllt ist:

- Verhältnis behandelte Holzfläche (im Kontakt mit der Innenraumluft) zum Raumvolumen:
  – > 0,2 m^2/m^3

Ist dies der Fall, sollen gemäß Ablaufschema **Raumluftmessungen** durchgeführt werden. Es gelten folgende Bewertungen:

- In Aufenthaltsräumen ist von einer möglichen gesundheitlichen Gefährdung auszugehen, wenn die im Jahresmittel zu erwartende PCP-Raumluftkonzentration über 1 $\mu g/m^3$ liegt.
- In Wohnungen und in anderen Räumen, in denen sich Personen über einen längeren Zeitraum regelmäßig mehr als 8 Stunden am Tag aufhalten und in denen nutzungsbedingt auch Expositionen z. B. über Staub und Lebensmittel zu erwarten sind, wie in Kindertagesstätten oder Heimen, ist eine gesundheitliche Gefährdung dagegen auch dann möglich, wenn die im Jahresmittel zu erwartende PCP-Raumluftkonzentration unter 1 $\mu g/m^3$, aber über 0,1 $\mu g/m^3$ liegt und gleichzeitig im Blut (Serum) eine PCP-Belastung von mehr als 70 µg/l oder im Urin eine PCP-Belastung von mehr als 40 µg/l vorliegt.

Datenblatt PCP

Stoffliche Eigenschaften

Verwendung

Chronologie der Verbote und Regelungen

Gesundheitsrisiken

Einstufung der Schadwirkung

Ermittlungspflicht

Risikobewertung und Feststellung der Sanierungsdringlichkeit

Quellenermittlung

Richtwerte/Grenzwerte – Nutzerschutz

Arbeitsplatzgrenzwerte – Schutz der Beschäftigten des Sanierungsunternehmens

Wichtige Regelwerke

Tätigkeiten mit PCP/Sanierung

Qualifikation des Sanierungsunternehmens und erforderliche Nachweise

Schutzmaßnahmen

Erfolgskontrolle

Entsorgung

Arbeitsplatzgrenzwerte – Schutz der Beschäftigten des Sanierungsunternehmens

Materialien

TRGS 524, Abschnitt 4.9.3, verweist auf die HSM-Handlungsanleitung des Landesamtes für Arbeitsschutz, Gesundheitsschutz und technische Sicherheit Berlin (LAGetSi) (**HSM-Handlungsanleitung, 2007**). Danach liegt eine Belastung mit PCP in folgenden Fällen vor:

- bei gezielt mit PCP (bzw. Holzschutzmitteln) behandelten Bauteilen
- bei Materialien und Gegenständen wie Liegestaub, Schüttungen, Dachziegeln, Gerümpel oder Mauerwerk, die infolge der gezielten Holzschutzmittelbehandlung verunreinigt wurden

Die HSM-Handlungsanleitung enthält jedoch keine Angaben, ab welcher PCP-Konzentration von einer „Behandlung“ bzw. „Verunreinigung“ auszugehen ist. Zur Beurteilung könnte hier hilfsweise der Grenzwert nach Gefahrstoffverordnung, Anhang II, von 5 mg/kg in den von der Behandlung erfassten Teilen herangezogen werden.

Luft am Arbeitsplatz (Tätigkeiten mit PCP)

Eine Konzentrationsschwelle, unterhalb derer eine Gefährdung der Gesundheit durch PCP nicht mehr gegeben ist, kann nicht festgelegt werden; daher existiert für PCP kein Arbeitsplatzgrenzwert (AGW) nach TRGS 900 und kein MAK-Wert.

Wichtige Regelwerke

Nutzerschutz

- **PCP-Richtlinie ARGEBAU, 1996**

Arbeitsschutz

- **Gefahrstoffverordnung**, insbesondere § 10
- **TRGS 524**
- **DGUV Regel 101-004** (bisher BGR 128)
- **HSM-Handlungsanleitung, 2007** (Landesamt für Arbeitsschutz, Gesundheitsschutz und technische Sicherheit Berlin [LAGetSi])

Tätigkeiten mit PCP/Sanierung

Grundsatz

Tätigkeiten mit PCP sind „besonders gefährliche Arbeiten" nach § 2 Abs. 3 **Baustellenverordnung**.

Sanierungsmethoden

- Primärquellen:
  - Entfernen des Bauteils
  - Entfernen PCP-behandelter Bereiche des Bauteils
  - Beschichtung
  - räumliche Trennung
- Sekundärquellen:
  - Ausbau
  - Beschichtung
  - räumliche Trennung

Die Einstufungen und Grenzwerte für Holzstaub gemäß MAK- und BAT-Werte-Liste 2015 sowie TRGS 905 und TRGS 906 sind gegebenenfalls zu beachten.

Qualifikation des Sanierungsunternehmens und erforderliche Nachweise

Folgende Qualifikationen und Nachweise sind erforderlich:

- Betriebshaftpflichtversicherung für Tätigkeiten mit Gebäudeschadstoffen einschließlich PCP
- Sachkunde gemäß TRGS 524 sowie DGUV Regel 101-004 (bisher BGR 128)
- Anzeige der Sanierungsmaßnahme bei Behörden und bei der Berufsgenossenschaft
- Gefährdungsbeurteilung gemäß Gefahrstoffverordnung, Abschnitt 3
- Betriebsanweisung und Unterweisung gemäß § 14 Gefahrstoffverordnung
- Benennung des Aufsichtführenden, des Gerätesachkundigen und des Ersthelfers
- Benennung der Fachkraft für Arbeitssicherheit und des zuständigen arbeitsmedizinischen Dienstes bzw. des Betriebsarztes
- Nachweise bzw. Prüfzeugnisse hinsichtlich Luftreinigungsanlagen, Saugern und Filtereinheiten
- arbeitsmedizinische Vorsorgeuntersuchungen:
  - G 26 Atemschutzgeräte
  - G 40 Krebserzeugende und erbgutverändernde Stoffe
- Entsorgungskonzept

Datenblatt PCP

Stoffliche Eigenschaften

Verwendung

Chronologie der Verbote und Regelungen

Gesundheitsrisiken

Einstufung der Schadwirkung

Ermittlungspflicht

Risikobewertung und Feststellung der Sanierungsdringlichkeit

Quellenermittlung

Richtwerte/Grenzwerte – Nutzerschutz

Arbeitsplatzgrenzwerte – Schutz der Beschäftigten des Sanierungsunternehmens

Wichtige Regelwerke

Tätigkeiten mit PCP/Sanierung

Qualifikation des Sanierungsunternehmens und erforderliche Nachweise

Schutzmaßnahmen

Erfolgskontrolle

Entsorgung

Schutzmaßnahmen

Umfangreiche Sanierungen

- Abschottung
- Zugang und Materialtransporte über Schleusen
- technischer Luftwechsel
- H-Sauger
- Persönliche Schutzausrüstung (Schutzanzug, Maske, Schutzhandschuhe)

Erfolgskontrolle

- Raumluftmessungen

Entsorgung

- **Abfallschlüssel** nach **Abfallverzeichnis-Verordnung**:
  - 17 02 04* Glas, Kunststoff und Holz, die gefährliche Stoffe enthalten oder durch gefährliche Stoffe verunreinigt sind
- **Altholzkategorie** gemäß § 2 Nr. 4 **Altholzverordnung**:
  - Altholzkategorie A IV: „*mit Holzschutzmitteln behandeltes Altholz, wie Bahnschwellen, Leitungsmasten, Hopfenstangen, Rebpfähle, sowie sonstiges Altholz, das aufgrund seiner Schadstoffbelastung nicht den Altholzkategorien A I, A II oder A III zugeordnet werden kann […]*“
- **Grenzwert für Holzhackschnitzel und Holzspäne** zur Herstellung von Holzwerkstoffen gemäß **Altholzverordnung**, Anhang II (zu § 3 Abs. 1):
  - 3 mg/kg

3.6 Datenblatt Blei

Stoffliche Eigenschaften

Blei (Pb) ist ein Schwermetall, das in der Erdkruste in Form von Bleiverbindungen und nur selten in gediegener Form vorkommt.

In Deutschland ist das Recycling alter Bleiprodukte die wesentliche Bleiquelle.

Blei ist ein vergleichsweise weiches Metall (Bleiwasserleitungen und Bleibleche lassen sich mit einer Münze einritzen). Bleiwasserleitungen klingen im Vergleich zu Kupfer- oder Eisenleitungen dumpf.

Eigenschaften von Blei

- Dichte: 11,34 g/cm^3
- Aussehen:
  - metallisches Blei: an der Oberfläche dunkelgrau (oxidiert), an Schnittstellen metallisch glänzend
  - Blei(II,IV)-oxid (Bleimennige): orangerot
  - Blei(II)-carbonat (Bleiweiß): weiß
  - Blei(II)-sulfat: weiß
  - Blei(II)-chromat: gelb

Verwendung

Funktionen

- metallisches Blei:
  - Baumaterial (Bleche, Rohre)
  - Legierungsbestandteil
  - Kathoden- und Anodenmaterial für Akkumulatoren
  - Scheibeneinfassungen in Fenstern
- Bleiverbindungen:
  - Farbpigmente: Blei(II)-carbonat (Bleiweiß), Blei(II)-sulfat
  - Rostschutzpigment in Lacken für Eisen- und Stahlflächen: Blei(II,IV)-oxid (Bleimennige)
  - Stabilisatoren für Weich- und Hart-PVC
  - Anodenmaterial für Akkumulatoren: Bleioxid

Produkte

- Bleche (Dachabdichtungen, Strahlenschutz)
- Wasserrohre
- Kabelummantelungen (Starkstrom- und Nachrichtenkabel)
- Anstriche für Holz (Dielenbretter, Türen, Fenster, Möbel) und Eisen
- Scheibeneinfassungen in Fenstern
- PVC
- Akkumulatoren (Blei-Säure-Batterien)
- Lötmaterial

Gehalt im Material

- Farben und Lacke (höherer Bleigehalt):
  – in der Regel > 10 Masse-%
- PVC-Stabilisatoren (geringerer Bleigehalt; in der Regel Kombination aus bleifreien und bleihaltigen Stabilisatoren)

Verwendungszeitraum

- bis 1973: Bleileitungen für die Hausinstallation
- bis in die 1980er-Jahre:
  – Einsatz von Bleicarbonaten (Bleiweiß) und Bleisulfaten in Farben für Holz und Metalle
  – Einsatz von Blei(II)-chromat in Europa
- ab 2015: Verzicht der europäischen PVC-Industrie auf den Einsatz von Bleistabilisatoren in PVC (Vinyl 2010. Freiwillige Selbstverpflichtung der PVC-Industrie zur nachhaltigen Entwicklung, 2001)
- bis heute: kein Verbot der Herstellung und Verwendung von Bleimennige

Chronologie der Verbote und Regelungen

- 1988: Nach TRGS 602, Abschnitt 4.1.24, soll *„auf den Einsatz von bleihaltigen Korrosionsschutzpigmenten […] wegen möglicher Umweltbelastungen weitestgehend verzichtet werden. Ausnahme: Bleimennige für den schweren Korrosionsschutz bei Sanierung langlebiger Stahlbauten und wenn eine vollständige rostfreie Oberfläche während der Vorbehandlung nicht erzielt werden kann.“*
- 2006: Verwendungsverbot von Bleicarbonaten nach Art. 67 in Verbindung mit Anhang XVII Nr. 16 Verordnung (EG) Nr. 1907/2006 (REACH-Verordnung) sowie Gefahrstoffverordnung und Chemikalien-Verbotsverordnung; Ausnahme: Verwendung in Farben, die für die originalgetreue Wiederherstellung von Kunstwerken und historischen Bestandteilen oder von Einrichtungen denkmalgeschützter Gebäude bestimmt sind, wenn die Verwendung von Ersatzstoffen nicht möglich ist
- 2008: Das Etikett auf der Verpackung bleihaltiger Anstrichmittel und Lacke mit einem Gesamtbleigehalt > 0,15 Masse-% muss gemäß Verordnung (EG) Nr. 1272/2008 (CLP-Verordnung), Anhang II, Nr. 2.1, folgenden Hinweis tragen: „Achtung! Enthält Blei. Nicht für den Anstrich von Gegenständen verwenden, die von Kindern gekaut oder gelutscht werden könnten.“

Gesundheitsrisiken

- Blei und Bleiverbindungen:
  - krebserzeugend
  - reproduktionstoxisch
  - bioakkumulierend
  - umweltgefährdend
- Einstufung:
  - T: giftig
  - Xn: gesundheitsschädlich
  - N: umweltgefährlich
- als chemisches Element im menschlichen Körper nicht abbaubar
- Aufnahme: oral und inhalativ (bleihaltiger Staub)
- anerkannte bleiverursachte Berufskrankheit (BK):
  - BK 1101 Erkrankungen durch Blei oder seine Verbindungen

Einstufung der Schadwirkung

Verordnung (EG) Nr. 1272/2008 (CLP-Verordnung)

- Bleiverbindungen:
  - Repr. Cat. 1A: reproduktionstoxisch

TRGS 905

- Blei-Metall (bioverfügbar):
  - R_F1, R_F3: reproduktionstoxisch

MAK- und BAT-Werte-Liste 2015

- Blei und anorganische Bleiverbindungen (einatembare Fraktion) außer Bleiarsenat und Bleichromat:
  - Kategorie 2 (Abschnitt III): krebserzeugend
  - Kategorie 3A (Abschnitt IX): keimzellmutagen

- Bleichromat:
  - Kategorie 1 (Abschnitt III): krebserzeugend
  - Kategorie 2 (Abschnitt IX): keimzellmutagen

Ausschuss für Risikobewertung (RAC) der Europäischen Chemikalienagentur ECHA

Einstufung auf Antrag von Schweden (Committee for Risk Assessment [RAC], 2013):

- Blei:
  - R_E1: reproduktionstoxisch entsprechend Repr. Cat. 1A nach Verordnung (EG) Nr. 1272/2008 (CLP-Verordnung), Anhang VI

Datenblatt Blei

Ermittlungspflicht

- Bauherr – Schutz der Gebäudenutzer:
  - Baurecht
  - Abfallrecht
- Unternehmer – Schutz der Beschäftigten:
  - Gefahrstoffrecht
  - Arbeitsschutzrecht
  - Abfallrecht

Risikobewertung und Feststellung der Sanierungsdringlichkeit

- qualifizierter Sachverständiger

Quellenermittlung

- Materialanalysen
- ggf. Staubanalysen

Richtwerte/Grenzwerte – Nutzerschutz

Innenraumluft

Blei und Bleiverbindungen sind Feststoffe. Eine Belastung der Innenraumluft mit bleihaltigen Stäuben kann bei unsachgemäßer Bearbeitung wie z. B. Schleifen von bleihaltigen Anstrichen auftreten.

Es sind keine Innenraumrichtwerte für Blei und Bleiverbindungen festgelegt.

Trinkwasser

- Grenzwert für Blei gemäß **Trinkwasserverordnung**:
  - 10 µg/l
    Damit sind Bleirohre als Trinkwasserleitung praktisch nicht mehr verwendbar.

Hausstaub

- Orientierungswerte der AGÖF (**AGÖF-Orientierungswerte, 2004**):
  - Hintergrundwert: 0,5 mg/kg
  - Normalwert: 20 mg/kg
  - Auffälligkeitswert: 150 mg/kg

  Es handelt sich um statistische, nicht um toxikologisch abgeleitete Werte.

Hinweis

- Die AGÖF-Orientierungswerte werden derzeit überarbeitet.

Arbeitsplatzgrenzwerte – Schutz der Beschäftigten des Sanierungsunternehmens

Materialien

Einstufung von Materialien als Gefahrstoff gemäß **Verordnung (EG) Nr. 1272/2008 (CLP-Verordnung)**:

- Grenzwert:
  - ≥ 0,3 Masse-%

Luft am Arbeitsplatz (Tätigkeiten mit Blei und Bleiverbindungen)

- Grenzwert gemäß **Richtlinie 98/24/EG**:
  - 0,15 mg/m³
- Empfehlung gemäß **TRGS 505**:
  - 0,1 mg/m³
- Arbeitsplatzgrenzwert (AGW) gemäß **TRGS 900**:
  Es ist kein Arbeitsplatzgrenzwert festgelegt. Es wird daran gearbeitet, einen Arbeitsplatzgrenzwert vorzuschlagen oder eine Exposition-Risiko-Beziehung (ERB) nach TRGS 910 abzuleiten.
- MAK-Wert gemäß **MAK- und BAT-Werte Liste 2015**:
  Es ist kein MAK-Wert festgelegt.

Wichtige Regelwerke

Nutzerschutz

Art. 67 in Verbindung mit **Anhang XVII Nr. 16 und 17 Verordnung (EG) Nr. 1907/2006 (REACH-Verordnung)**:

- Verwendungsverbot für Bleicarbonate (Bleiweiß), Bleihydroxidcarbonat und Bleisulfate als Stoffe oder als Komponenten von Zubereitungen, die zur Verwendung als Farben bestimmt sind

Davon ausgenommen nach § 17 **Gefahrstoffverordnung** sowie nach **Chemikalien-Verbotsverordnung**, Anhang (zu § 1), Abschnitt 8:

- Restaurierung und Unterhaltung von Kunstwerken sowie von historischen Gebäuden und ihren Inneneinrichtungen, wenn die Verwendung von Ersatzstoffen nicht möglich ist

Arbeitsschutz

- **Gefahrstoffverordnung**, insbesondere § 10
- **TRGS 505**:
  Als Tätigkeiten mit bleihaltigen Gefahrstoffen im Baubereich gelten:
  - Ausbau und Transportieren von Bleiblechen und -rohren
  - Bearbeiten von Blei, Bleilegierungen oder bleihaltigen Deckschichten, Entfernen bleihaltiger Beschichtungen z. B. durch Abbrennen, mittels abrasiver Verfahren (z. B. Bürsten, Schleifen, Strahlen) oder Abbeizen
  - Schweißen oder Brennschneiden von bleihaltigen oder bleifarbenbedeckten Metallteilen

Datenblatt Blei

Stoffliche Eigenschaften

Verwendung

Chronologie der Verbote und Regelungen

Gesundheitsrisiken

Einstufung der Schadwirkung

Ermittlungspflicht

Risikobewertung und Feststellung der Sanierungsdringlichkeit

Quellenermittlung

Richtwerte/Grenzwerte – Nutzerschutz

Arbeitsplatzgrenzwerte – Schutz der Beschäftigten des Sanierungsunternehmens

Wichtige Regelwerke

Tätigkeiten mit Blei und bleihaltigen Verbindungen/ Sanierung

Qualifikation des Sanierungsunternehmens und erforderliche Nachweise

Schutzmaßnahmen

Erfolgskontrolle

Entsorgung

Tätigkeiten mit Blei und bleihaltigen Verbindungen/Sanierung

Grundsatz

Tätigkeiten mit Blei und Bleiverbindungen sind „besonders gefährliche Arbeiten“ nach § 2 Abs. 3 **Baustellenverordnung**.

Sanierungsmethoden

- Materialien aus metallischem Blei:
  - Ausbau
- Materialien mit bleihaltigen Anstrichen:
  - Ausbau
  - Abbeizen
  - ggf. Beschichtung

Qualifikation des Sanierungsunternehmens und erforderliche Nachweise

Folgende Qualifikationen und Nachweise sind erforderlich:

- Betriebshaftpflichtversicherung für Tätigkeiten mit Gebäudeschadstoffen einschließlich Blei und Bleiverbindungen
- Fachkunde gemäß Gefahrstoffverordnung
- Anzeige der Sanierungsmaßnahme bei Behörden und bei der Berufsgenossenschaft
- Gefährdungsbeurteilung gemäß Gefahrstoffverordnung, Abschnitt 3
- Betriebsanweisung und Unterweisung gemäß § 14 Gefahrstoffverordnung
- Benennung des Aufsichtführenden, des Gerätesachkundigen und des Ersthelfers
- Benennung der Fachkraft für Arbeitssicherheit und des zuständigen arbeitsmedizinischen Dienstes bzw. des Betriebsarztes
- Nachweise bzw. Prüfzeugnisse hinsichtlich Luftreinigungsanlagen, Saugern und Filtereinheiten
- arbeitsmedizinische Vorsorgeuntersuchungen:
  - G 26 Atemschutzgeräte
  - G 40 Krebserzeugende und erbgutverändernde Stoffe
- Entsorgungskonzept

Schutzmaßnahmen

Umfangreiche Sanierungen

- Abschottung
- Zugang und Materialtransporte über Schleusen
- technischer Luftwechsel
- H-Sauger
- Persönliche Schutzausrüstung (Schutzanzug, Maske, Schutzhandschuhe)

Erfolgskontrolle

- Materialproben
- ggf. Wischproben

Entsorgung

- **Abfallschlüssel** nach **Abfallverzeichnis-Verordnung**:
  - 17 04 03 Blei [für metallisches Blei]
    Metallisches Blei ist kein gefährlicher Abfall, sondern dem Recycling zuzuführen.
  - 17 02 04* Glas, Kunststoff und Holz, die gefährliche Stoffe enthalten oder durch gefährliche Stoffe verunreinigt sind [für Baumaterialien die mit Blei oder mit Bleiverbindungen kontaminiert sind]
    PVC mit Bleistabilisatoren ist kein gefährlicher Abfall.
- **Zuordnungswert Feststoff für Bauschutt** gemäß **LAGA-Mitteilung 20**, Tabelle II.1.4-5:
  - Z0: 100 mg/kg
- **Zuordnungswerte Eluat für Bauschutt** gemäß **LAGA-Mitteilung 20**, Tabelle II.1.4-6:
  - Z0: 20 µg/l
  - Z1.1: 40 µg/l
  - Z1.2: 100 µg/l
  - Z2: 100 µg/l
- **Grenzwert für Holzhackschnitzel und Holzspäne** zur Herstellung von Holzwerkstoffen gemäß **Altholzverordnung**, Anhang II (zu § 3 Abs. 1):
  - 30 mg/kg

3.7 Regelwerke, Kategorien und Begriffe

3.7.1 Regelwerke

3.7.1.1 Chemikalienverordnungen der EU

Das deutsche Chemikalienrecht basiert überwiegend auf EU-Verordnungen. Verbote bzw. Einschränkungen für die in diesem Buch behandelten Gebäudeschadstoffe werden im Wesentlichen durch 3 EU-Verordnungen geregelt:

- POP-Verordnung: Verordnung (EG) Nr. 850/2004
- REACH-Verordnung: Verordnung (EG) Nr. 1907/2006
- CLP-Verordnung: Verordnung (EG) Nr. 1272/2008

POP-Verordnung

Inhalt

Als POP-Verordnung wird die europäische Verordnung über persistente organische Schadstoffe zur Umsetzung globaler Abkommen zur Beendigung oder Einschränkung der Produktion, Verwendung und Freisetzung von Stoffen, die als besonders giftig gelten, in der Umwelt weiträumig transportiert werden, sich in der Nahrungskette anreichern und nur sehr langsam abgebaut werden können, bezeichnet (POP: persistent organic pollutants).

Bedeutung für Gebäudeschadstoffe

Anhang I „Liste der verbotenen Stoffe“ der POP-Verordnung enthält das Verbot u. a. von PCB, DDT und Lindan.

REACH-Verordnung

Inhalt

Als REACH-Verordnung wird die europäische Verordnung zur Registrierung, Bewertung, Zulassung und Beschränkung chemischer Stoffe bezeichnet (REACH: Regulation Concerning the Registration, Evaluation, Authorisation and Restriction of Chemicals). Hersteller und Importeure von Chemikalien müssen mit der obligatorischen Registrierung ihrer Chemikalien Daten vorlegen und die von den Stoffen ausgehenden Risiken selbst bewerten. Aufgabe der Behörden ist u. a. die Prüfung der Registrierungen und die Regulierung von Stoffen mit besonders besorgniserregenden Eigenschaften oder von Stoffen, die zu Risiken für Mensch oder Umwelt führen.

Bedeutung für Gebäudeschadstoffe

Anhang XVII „Beschränkungen der Herstellung, des Inverkehrbringens und der Verwendung bestimmter gefährlicher Stoffe, Gemische und Erzeugnisse“ der REACH-Verordnung enthält Verbote bzw. Beschränkungen u. a. für Asbest, Teeröle, PCP und Bleisalze.

CLP-Verordnung

Inhalt

Als CLP-Verordnung wird die europäische Verordnung zur Einstufung, Kennzeichnung und Verpackung von gefährlichen Stoffen und Gemischen bezeichnet (CLP: Classification, Labelling and Packaging of Substances and Mixtures). Die Verordnung bringt die EU-Rechtsvorschriften in Übereinstimmung mit dem GHS (Globally Harmonized System of Classification and Labelling of Chemicals: Global harmonisiertes System zur Einstufung und Kennzeichnung von Chemikalien), einem im Rahmen der Vereinten Nationen vereinbarten System zur Ermittlung gefährlicher Chemikalien und zur Unterrichtung der Nutzer über das Gefahrenpotenzial (vgl. Globally Harmonized System of Classification and Labelling of Chemicals [GHS], 2003).

Bedeutung für Gebäudeschadstoffe

In Anhang VI „Harmonisierte Einstufung und Kennzeichnung für bestimmte gefährliche Stoffe" sind die Gefährlichkeitsmerkmale gemäß Richtlinie 67/548/EWG (Stoff-Richtlinie) wie z. B. karzinogen (Carc. Cat. 1, 2 oder 3), keimzellmutagen (Muta. Cat. 1, 2 oder 3), reproduktionstoxisch (Repr. Cat. 1, 2 oder 3) und umweltgefährlich (N oder R52 und/oder R53) festgelegt. In Anhang VI, Tabelle 3.1, werden die Stoffe aufgelistet und u. a. den Gefahrenkategorien zugeordnet, z. B. Asbest: Carc. Cat. 1, Pentachlorphenol: Carc. Cat. 3, Bleiverbindungen: Repr. Cat. 1 bzw. Repr. Cat. 3.

3.7.1.2 Technische Regeln für Gefahrstoffe (TRGS)

Allgemeines

Die TRGS geben den Stand der Technik, Arbeitsmedizin und Arbeitshygiene sowie andere gesicherte wissenschaftliche Erkenntnisse zu Tätigkeiten mit Gefahrstoffen einschließlich deren Einstufung und Kennzeichnung wieder. Sie werden vom Ausschuss für Gefahrstoffe (AGS) aufgestellt und vom Bundesministerium für Arbeit und Soziales im Gemeinsamen Ministerialblatt (zuvor bis Dezember 2006 im Bundesarbeitsblatt) bekannt gegeben. Bei Tätigkeiten mit Gebäudeschadstoffen hat der Arbeitgeber die erforderlichen technischen Schutzmaßnahmen sowie Maßnahmen des organisatorischen Arbeitsschutzes, der Hygiene oder der Arbeitsmedizin entsprechend der jeweiligen TRGS festzulegen.

TRGS mit Bezug zu Gebäudeschadstoffen:

TRGS 500	Schutzmaßnahmen
TRGS 505	Blei
TRGS 517	Tätigkeiten mit potenziell asbesthaltigen mineralischen Rohstoffen und daraus hergestellten Gemischen und Erzeugnissen
TRGS 519	Asbest. Abbruch-, Sanierungs- oder Instandhaltungsarbeiten
TRGS 521	Abbruch-, Sanierungs- und Instandhaltungsarbeiten mit alter Mineralwolle
TRGS 524	Schutzmaßnahmen bei Tätigkeiten in kontaminierten Bereichen
TRGS 551	Teer und andere Pyrolyseprodukte aus organischem Material
TRGS 558	Tätigkeiten mit Hochtemperaturwolle

TRGS 602	Ersatzstoffe und Verwendungsbeschränkungen – Zinkchromate und Strontiumchromat als Pigmente für Korrosionsschutz-Beschichtungsstoffe
TRGS 900	Arbeitsplatzgrenzwerte
TRGS 905	Verzeichnis krebserzeugender, erbgutverändernder oder fortpflanzungsgefährdender Stoffe
TRGS 906	Verzeichnis krebserzeugender Tätigkeiten oder Verfahren nach § 3 Abs. 2 Nr. 3 GefStoffV
TRGS 910	Risikobezogenes Maßnahmenkonzept für Tätigkeiten mit krebserzeugenden Gefahrstoffen

TRGS 905

Die TRGS 905 ist eine nationale Ergänzung zur Verordnung (EG) Nr. 1272/2008 (CLP-Verordnung), Anhang VI, Teil 3, Tabelle 3.2. Sowohl die CLP-Verordnung als auch die TRGS 905 sind zu beachten.

Die TRGS 905 enthält Einstufungen von Stoffen,

- die auf der Grundlage gesicherter wissenschaftlicher Erkenntnisse als krebserzeugend, erbgutverändernd oder fortpflanzungsgefährdend der Kategorien 1, 2 oder 3 entsprechend den Kriterien der Richtlinie 67/548/EWG (Stoff-Richtlinie), Anhang VI, eingestuft wurden und die in der CLP-Verordnung, Anhang VI, Teil 3, Tabelle 3.2, noch nicht aufgeführt sind,
- die auf der Grundlage gesicherter wissenschaftlicher Erkenntnisse als krebserzeugend, erbgutverändernd oder fortpflanzungsgefährdend der Kategorien 1, 2 oder 3 entsprechend den Kriterien der Richtlinie 67/548/EWG (Stoff-Richtlinie), Anhang VI, eingestuft wurden, für die in der CLP-Verordnung, Anhang VI, Teil 3, Tabelle 3.2, jedoch abweichende Einstufungen aufgeführt sind.

Die Kategorien der TRGS 905 entsprechen den Kategorien der Richtlinie 67/548/EWG (Stoff-Richtlinie), Anhang VI.

3.7.1.3 Handlungsanleitungen des LAGetSi

Das Landesamt für Arbeitsschutz, Gesundheitsschutz und technische Sicherheit Berlin (LAGetSi) hat in den folgenden 2 Handlungsanleitungen Anforderungen des Gefahrstoffrechts für Stoffe, die nicht direkt durch eine TRGS geregelt sind, konkretisiert:

- Umgang mit holzschutzmittelbelasteten Bauteilen, Gegenständen und Materialien. HSM-Handlungsanleitung. Umbau – Instandhaltung – Rückbau, 2007
- Umgang mit teerhaltigen Materialien im Hochbau. PAK-Handlungsanleitung. Umbau – Instandhaltung – Rückbau, 2007

Die Handlungsanleitungen richten sich an Bauherren und Unternehmen, die Tätigkeiten mit den genannten Gefahrstoffen ausführen. Gemäß TRGS 524 sind diese Handlungsanleitungen des LAGetSi für alle Tätigkeiten mit entsprechend belasteten Materialien im Hochbau anwendbar.

3.7.2 Kategorien karzinogener, mutagener und reproduktionstoxischer Stoffe (KMR-Stoffe)

3.7.2.1 Verordnung (EG) Nr. 1272/2008 (CLP-Verordnung)

Karzinogene (krebserzeugende) Stoffe

- Carc. Cat. 1A: Stoffe, die bekanntermaßen beim Menschen krebserzeugend sind
  Die Einstufung erfolgt überwiegend aufgrund von Nachweisen beim Menschen.
- Carc. Cat. 1B: Stoffe, die wahrscheinlich beim Menschen krebserzeugend sind
  Die Einstufung erfolgt überwiegend aufgrund von Nachweisen bei Tieren.
- Carc. Cat. 2: Verdacht auf krebserzeugende Wirkung beim Menschen

Mutagene (erbgutverändernde) Stoffe

- Muta. Cat. 1A: Stoffe, die bekanntermaßen vererbbare Mutationen verursachen
  Die Einstufung beruht auf positiven Befunden aus epidemiologischen Studien an Menschen.
- Muta. Cat. 1B: Stoffe, die so angesehen werden sollten, als würden sie vererbbare Mutationen an menschlichen Keimzellen auslösen
- Muta. Cat. 2: Stoffe, die für Menschen bedenklich sind, weil sie möglicherweise vererbbare Mutationen in Keimzellen von Menschen auslösen können

Reproduktionstoxische (fortpflanzungsgefährdende) Stoffe

- R_E: fruchtschädigend (entwicklungsschädigend)
- R_F: fruchtbarkeitsgefährdend (die Fortpflanzungsfähigkeit beeinträchtigend)
- Repr. Cat. 1A: bekanntermaßen reproduktionstoxischer Stoff
  Die Einstufung beruht weitgehend auf Befunden vom Menschen.
- Repr. Cat. 1B: wahrscheinlich reproduktionstoxischer Stoff
  Die Einstufung beruht weitgehend auf Daten aus Tierstudien.
- Repr. Cat. 2: vermutlich reproduktionstoxischer Stoff

3.7.2.2 TRGS 905

Krebserzeugende Stoffe

- Kategorie 1: Stoffe, die auf den Menschen bekanntermaßen krebserzeugend wirken
  Der Kausalzusammenhang zwischen der Exposition eines Menschen gegenüber dem Stoff und der Entstehung von Krebs ist ausreichend nachgewiesen.
- Kategorie 2: Stoffe, die als krebserzeugend für den Menschen angesehen werden sollten
  Es bestehen hinreichende Anhaltspunkte zu der Annahme, dass die Exposition eines Menschen gegenüber dem Stoff Krebs erzeugen kann.

- Kategorie 3: Stoffe, die wegen möglicher krebserzeugender Wirkung beim Menschen Anlass zu Besorgnis geben, über die jedoch keine hinreichenden Informationen für eine befriedigende Beurteilung vorliegen
  - Kategorie 3a: Stoffe, die gut untersucht sind, für die jedoch der Nachweis einer tumorauslösenden Wirkung nicht ausreicht, um sie in Kategorie 2 einzustufen
    Von zusätzlichen Versuchen werden keine weiteren für die Einstufung relevanten Informationen erwartet.
  - Kategorie 3b: Stoffe, die unzureichend untersucht sind, die jedoch Anlass zu Besorgnis für den Menschen geben
    Diese Einstufung ist vorläufig. Zur endgültigen Entscheidung sind weitere Untersuchungen erforderlich.

Erbgutverändernde Stoffe

- Kategorie 1: Stoffe, die auf den Menschen bekanntermaßen erbgutverändernd wirken
  Es sind hinreichende Anhaltspunkte für einen Kausalzusammenhang zwischen der Exposition eines Menschen gegenüber dem Stoff und vererbbaren Schäden vorhanden.
- Kategorie 2: Stoffe, die als erbgutverändernd für den Menschen angesehen werden sollten
  Es bestehen hinreichende Anhaltspunkte zu der begründeten Annahme, dass die Exposition eines Menschen gegenüber dem Stoff zu vererbbaren Schäden führen kann.
- Kategorie 3: Stoffe, die wegen möglicher erbgutverändernder Wirkung auf den Menschen zu Besorgnis Anlass geben
  Aus geeigneten Mutagenitätsversuchen liegen einige Anhaltspunkte vor, die jedoch nicht ausreichen, um den Stoff in Kategorie 2 einzustufen.

Fortpflanzungsgefährdende Stoffe

- Kategorie R_F1: Stoffe, die beim Menschen die Fortpflanzungsfähigkeit (Fruchtbarkeit) bekanntermaßen beeinträchtigen
- Kategorie R_F2: Stoffe, die als beeinträchtigend für die Fortpflanzungsfähigkeit (Fruchtbarkeit) des Menschen angesehen werden sollten
- Kategorie R_F3: Stoffe, die wegen möglicher Beeinträchtigung der Fortpflanzungsfähigkeit (Fruchtbarkeit) des Menschen zu Besorgnis Anlass geben
- Kategorie R_E1: Stoffe, die beim Menschen bekanntermaßen fruchtschädigend (entwicklungsschädigend) wirken
- Kategorie R_E2: Stoffe, die als fruchtschädigend (entwicklungsschädigend) für den Menschen angesehen werden sollten
- Kategorie R_E3: Stoffe, die wegen möglicher fruchtschädigender (entwicklungsschädigender) Wirkungen beim Menschen zu Besorgnis Anlass geben

3.7.2.3 MAK- und BAT-Werte-Liste

Krebserzeugende Stoffe

- Kategorie 1: Stoffe, die beim Menschen Krebs erzeugen und bei denen davon auszugehen ist, dass sie einen Beitrag zum Krebsrisiko leisten
- Kategorie 2: Stoffe, die als krebserzeugend für den Menschen anzusehen sind, weil durch hinreichende Ergebnisse aus Langzeittierversuchen oder Hinweise aus Tierversuchen und epidemiologischen Untersuchungen davon auszugehen ist, dass sie einen Beitrag zum Krebsrisiko leisten
- Kategorie 3: Stoffe, die wegen erwiesener oder möglicher krebserzeugender Wirkung Anlass zur Besorgnis geben, aber aufgrund nicht hinreichender Informationen nicht endgültig beurteilt werden können
  Die Einstufung ist vorläufig.
  - Kategorie 3A: Stoffe, die bei Tier oder Mensch Krebs erzeugen oder als krebserzeugend für den Menschen anzusehen sind und bei denen die Voraussetzungen erfüllt wären, sie der Kategorie 4 oder 5 zuzuordnen Für die Stoffe liegen jedoch keine hinreichenden Informationen vor, um einen MAK- oder BAT-Wert abzuleiten.
  - Kategorie 3B: Stoffe, für die aus In-vitro- oder aus Tierversuchen Anhaltspunkte für eine krebserzeugende Wirkung vorliegen, die jedoch zur Einordnung in eine andere Kategorie nicht ausreichen
    Zur endgültigen Entscheidung sind weitere Untersuchungen erforderlich. Sofern der Stoff oder seine Metaboliten keine genotoxischen Wirkungen aufweisen, kann ein MAK- oder BAT-Wert festgelegt werden.
- Kategorie 4: Stoffe, die bei Tier oder Mensch Krebs erzeugen oder als krebserzeugend für den Menschen anzusehen sind und für die ein MAK-Wert abgeleitet werden kann
  Im Vordergrund steht hier ein **nicht genotoxischer Wirkungsmechanismus** und genotoxische Effekte spielen bei Einhaltung des MAK- und BAT-Wertes keine oder nur eine untergeordnete Rolle. Unter diesen Bedingungen ist kein Beitrag zum Krebsrisiko für den Menschen zu erwarten.
- Kategorie 5: Stoffe, die bei Tier oder Mensch Krebs erzeugen oder als krebserzeugend für den Menschen anzusehen sind und für die ein MAK-Wert abgeleitet werden kann
  Im Vordergrund steht hier ein **genotoxischer Wirkungsmechanismus**, für den aber bei Einhaltung des MAK- und BAT-Wertes nur ein sehr geringer Beitrag zum Krebsrisiko für den Menschen zu erwarten ist.

3.7.3 Begriffe

Abfallschlüssel

Sechsstellige Nummer, mit der Abfälle den im *Abfallverzeichnis* der *Abfallverzeichnis-Verordnung* aufgeführten Abfallarten zugeordnet werden. Mit einem Sternchen (*) versehene Nummern kennzeichnen Abfallarten als „gefährlich" im Sinne des § 48 Kreislaufwirtschaftsgesetz.

Siehe auch *Abfallverzeichnis* und *Abfallverzeichnis-Verordnung.*

Abfallverzeichnis

Das Abfallverzeichnis bildet die Anlage (zu § 2 Abs. 1) der *Abfallverzeichnis-Verordnung.*

Siehe auch *Abfallschlüssel* und *Abfallverzeichnis-Verordnung.*

Abfallverzeichnis-Verordnung

Verordnung über das Europäische Abfallverzeichnis (Abfallverzeichnis-Verordnung – AVV) vom 10. Dezember 2001

Die Verordnung legt in Umsetzung von EU-Recht die Abfallbezeichnung und die Einstufung von Abfällen nach ihrer Gefährlichkeit fest. Die Abfälle werden den im *Abfallverzeichnis* aufgeführten Abfallarten mit einem sechsstelligen *Abfallschlüssel* zugeordnet.

Siehe auch *Abfallschlüssel* und *Abfallverzeichnis.*

AGW

Arbeitsplatzgrenzwert

Die AGW nach § 2 Abs. 8 Gefahrstoffverordnung und TRGS 900 geben an, bei welcher Konzentration eines Stoffes akute oder chronische schädliche Auswirkungen auf die Gesundheit bei beruflich Exponierten im Allgemeinen **nicht** zu erwarten sind. AGW werden vom Bundesministerium für Arbeit und Soziales in der TRGS 900 veröffentlicht.

Im Unterschied zu den (nicht verbindlichen) *MAK-Werten* und *BAT-Werten* der Senatskommission zur Prüfung gesundheitsschädlicher Arbeitsstoffe (*MAK-Kommission*) der Deutschen Forschungsgemeinschaft (DFG) können bei der Festlegung von AGW auch sozialpolitische, ökonomische, technologische und weitere nicht wissenschaftliche Gesichtspunkte berücksichtigt werden.

Siehe auch *BAT-Wert, MAK-Kommission* und *MAK-Wert.*

Akzeptanzrisiko/Akzeptanzkonzentration

Gemäß TRGS 910 ist das **Akzeptanzrisiko** eine **stoffübergreifende Größe**, die die statistische Wahrscheinlichkeit des Auftretens einer Krebserkrankung übergangsweise in Höhe von $4 \cdot 10^{-4}$ (4 : 10.000) angibt; spätestens ab 2018 wird eine Wahrscheinlichkeit von $4 \cdot 10^{-5}$ (4 : 100.000) zugrunde gelegt.

Die **Akzeptanzkonzentration** ist dagegen eine **stoffspezifische Größe**. Sie bezeichnet die Konzentration eines Stoffes in der Luft am Arbeitsplatz, die über seine Exposition-Risiko-Beziehung (ERB) dem Akzeptanzrisiko entspricht und bei Unterschreitung mit einem niedrigen, hinnehmbaren Risiko assoziiert wird.

Siehe auch *Toleranzrisiko/Toleranzkonzentration*.

ARGEBAU

Arbeitsgemeinschaft der für Städtebau, Bau- und Wohnungswesen zuständigen Minister und Senatoren der 16 Bundesländer (Bauministerkonferenz)

Eine der wichtigsten Aufgaben der ARGEBAU ist es, für einheitliche Rechts- und Verwaltungsvorschriften der Bundesländer im Bereich des Wohnungswesens, des Bauwesens und des Städtebaus sowie für deren einheitlichen Vollzug zu sorgen. Die ARGEBAU stimmt sich u. a. über die Musterbauordnung (MBO) ab, die die Grundlage für die in der Gesetzgebungskompetenz der einzelnen Bundesländer liegenden Landesbauordnungen darstellt.

aromatisch

Eigenschaft eines bestimmten Typs ringförmiger (cyclischer) Kohlenwasserstoffe

ASI-Arbeiten

Abbruch-, Sanierungs- und Instandhaltungsarbeiten

BAT-Wert

BAT: biologischer Arbeitsstofftoleranzwert

Der BAT-Wert ist ein Grenzwert für die Konzentration eines Arbeitsstoffs z. B. im Blut oder im Urin eines Beschäftigten.

Siehe auch *MAK-Kommission* und *MAK-Wert*.

BGR

Berufsgenossenschaftliche Regeln für Sicherheit und Gesundheit bei der Arbeit

Die BGR waren Teil der von den Berufsgenossenschaften erlassenen Unfallverhütungsvorschriften. Am 1. Mai 2014 wurden die BGR in *DGUV Regeln* mit neuer Nummerierung überführt (z. B. BGR 128 zu DGUV Regel 101-004).

Siehe auch *DGUV Regeln*.

biopersistent

biobeständig

Eigenschaft von Stoffen, im Körper von Lebewesen nicht oder nur schwer abbaubar zu sein

Chloranisol

Unter bestimmten Bedingungen wandeln Schimmelpilze (insbesondere der Gattungen *Penicillium* und *Trichoderma*) und Bakterien PCP in Chloranisole um. Diese Stoffe sind vielfach für den schimmelig-muffigen Geruch in älteren Fertighäusern und Pavillonbauten mit PCP-behandelten Holzbauteilen verantwortlich.

Die Stoffgruppe der Chloranisole umfasst 2,4,6-Trichloranisol (TCA), 2,3,6-Trichloranisol (2,3,6-TCA), 2,3,4-Trichloranisol (2,3,4-TCA), 2,3,4,6-Tetrachloranisol (TeCA) und Pentachloranisol (PCA). Die Geruchsschwellen der Chloranisole sind z. T. extrem niedrig (TCA: 2 ng/m^3 [vgl. Binder/Obenland/Maraun, 2003, S. 10]).

Auch wenn unter toxikologischen Gesichtspunkten eine Gesundheitsgefährdung nicht gegeben ist, wird der muffige Geruch in älteren Fertighäusern teilweise als erhebliche Belastung empfunden. Er kann so penetrant sein, dass er nicht nur dem Inventar des Hauses, sondern auch der Kleidung der Bewohner anhaftet und auch von Personen außerhalb des Hauses wahrgenommen wird.

Clophen

Handelsname der Bayer AG für technische Gemische polychlorierter Biphenyle (PCB)

DGUV Regeln

Regelwerk der Deutschen Gesetzlichen Unfallversicherung e. V.

Das Regelwerk (vormals *BGR*) umfasst Regeln für Sicherheit und Gesundheit bei der Arbeit. Dabei handelt es sich um Zusammenstellungen bzw. Konkretisierungen von Inhalten aus staatlichen Arbeitsschutzvorschriften (Gesetze, Verordnungen), Unfallverhütungsvorschriften und technischen Spezifikationen sowie den Erfahrungen der Präventionsarbeit der Unfallversicherungsträger. Das Regelwerk richtet sich in erster Linie an Unternehmer, um ihnen eine Hilfestellung bei der Erfüllung ihrer Pflichten aus staatlichen Arbeitsschutzvorschriften und Unfallverhütungsvorschriften zu geben und um Wege aufzuzeigen, wie Arbeitsunfälle, Berufskrankheiten und arbeitsbedingte Gesundheitsgefahren vermieden werden können.

Siehe auch *BGR*.

EPA

United States Environmental Protection Agency (Umweltschutzbehörde der USA)

EPA PAK

Zur Analyse von polycyclischen aromatischen Kohlenwasserstoffen (PAK) erstellte die Umweltschutzbehörde der USA (*EPA*) wegen der großen Zahl der Einzelverbindungen, die in der Routineanalytik nicht alle analysiert werden können, Ende der 1970er-Jahre eine Liste mit den 16 am häufigsten in

Umweltproben vorkommenden PAK. Die Analyse auf diese 16 als EPA-PAK bezeichneten Verbindungen gilt als Standard für Untersuchungen. Es handelt sich um die Verbindungen Acenaphthen, Acenaphthylen, Anthracen, Benzo[*a*]anthracen, Benzo[*a*]pyren, Benzo[*b*]fluoranthen, Benzo[*g,h,i*]perylen, Benzo[*k*]fluoranthen, Chrysen, Dibenzo[*a,h*]anthracen, Fluoranthen, Fluoren, Indeno[1,2,3-*cd*]pyren, Naphthalin, Phenanthren und Pyren.

F

Kürzel für „Faser" in Einheiten zur Konzentrationsangabe von Schadstoffen in der Luft (z. B. F/m^3)

genotoxisch

Fähigkeit giftiger Stoffe, das Erbmaterial in der Zelle zu schädigen

IARC

International Agency for Research on Cancer (Internationale Agentur für Krebsforschung)

Die IARC ist Teil der Weltgesundheitsorganisation der Vereinten Nationen (*WHO*).

Kamilit

Gruppenbezeichnung für Stein- und Schlackenwolleerzeugnisse der DDR

karzinogen

krebserzeugend

keimzellmutagen

keimzellenerbgutverändernd

Keimzellmutagen wirkende Stoffe erzeugen in Keimzellen Genmutationen oder Chromosomenveränderungen, die vererbt werden.

KMF

künstliche Mineralfasern

Siehe Kapitel 3.2.

KMR-Stoffe

karzinogene (krebserzeugende) und/oder mutagene (erbgutschädigende) und/oder reproduktionstoxische (fortpflanzungsgefährdende) Stoffe

Kongener

Kongenere sind Moleküle einer Verbindung, die dasselbe Molekülgrundgerüst haben, sich aber in der Zahl und/oder der räumlichen Anordnung der am Grundgerüst gebundenen Atome (Substituenten) unterscheiden. So ist das Molekülgrundgerüst der polychlorierten Biphenyle (PCB) das Biphenyl.

Die insgesamt 209 möglichen PCB-Kongenere unterscheiden sich durch die Zahl und/oder die Anordnung der Chloratome am Biphenylgrundgerüst. Von den polychlorierten Dibenzodioxinen (PCDD) existieren 75, von den polychlorierten Dibenzofuranen (PCDF) 135 Kongenere.

MAK-Kommission

Senatskommission zur Prüfung gesundheitsschädlicher Arbeitsstoffe der Deutschen Forschungsgemeinschaft (DFG)

Die Aufgabe der MAK-Kommission besteht in der wissenschaftlichen Politikberatung. Hierfür erarbeitet die MAK-Kommission Vorschläge u. a. für maximale Arbeitsplatzkonzentrationen (*MAK-Werte*) und biologische Arbeitsstofftoleranzwerte (*BAT-Werte*) sowie Einstufungen u. a. für krebserzeugende, *keimzellmutagene* und die Schwangerschaft beeinträchtigende Stoffe. Die MAK-Kommission arbeitet nach rein wissenschaftlichen Grundsätzen. Sozialpolitische, ökonomische, technologische und weitere nicht wissenschaftliche Gesichtspunkte bleiben gemäß Satzung unberücksichtigt.

Die Arbeitsergebnisse der MAK-Kommission werden jährlich überarbeitet und von der DFG als MAK- und BAT-Werte-Liste (vgl. MAK- und BAT-Werte-Liste 2015) veröffentlicht. Zugleich werden sie als Empfehlung dem Bundesministerium für Arbeit und Soziales übergeben. Dieses prüft die Empfehlungen unter Berücksichtigung auch nicht wissenschaftlicher Gesichtspunkte und kann ihnen – unverändert oder verändert – in geeigneter Form Rechtsverbindlichkeit als Grundlage des Arbeitsschutzes verleihen, insbesondere in Form von Arbeitsplatzgrenzwerten (*AGW*), die vom Bundesministerium für Arbeit und Soziales in der TRGS 900 veröffentlicht werden.

Siehe auch *BAT-Wert* und *MAK-Wert*.

MAK-Wert

MAK: maximale Arbeitsplatzkonzentration

Der MAK-Wert ist die höchstzulässige Konzentration eines Arbeitsstoffs als Gas, Dampf oder Schwebstoff in der Luft am Arbeitsplatz, die nach dem gegenwärtigen Stand der Kenntnis auch bei wiederholter und langfristiger, in der Regel täglich 8-stündiger Exposition, jedoch bei Einhaltung einer durchschnittlichen Wochenarbeitszeit von 40 Stunden, im Allgemeinen die Gesundheit der Beschäftigten **nicht** beeinträchtigt und diese nicht unangemessen belästigt (z. B. durch ekelerregenden Geruch).

Arbeitsstoffe, die sich beim Menschen oder im Tierversuch als krebserzeugend erwiesen haben, werden in die Kategorien 1 oder 2 eingestuft und erhalten **keinen** MAK-Wert oder *BAT-Wert*. Arbeitsstoffe mit **Verdacht** auf krebserzeugende Wirkung werden in Kategorie 3 eingestuft; sie erhalten nur dann einen MAK-Wert oder BAT-Wert, wenn der Stoff oder seine *Metaboliten* nicht *genotoxisch* wirken. Stoffe mit krebserzeugenden Eigenschaften, deren Wirkungsstärke aufgrund der verfügbaren Informationen bewertet werden kann, werden in die Kategorien 4 und 5 eingestuft. Hierfür wird eine Exposition am Arbeitsplatz definiert (MAK-Wert oder BAT-Wert), bei der kein bzw. ein sehr geringer Beitrag zum Krebsrisiko für den Menschen zu erwarten ist. In die Kategorie 4 werden Stoffe eingestuft, bei denen ein nicht genotoxischer Wirkungsmechanismus im Vordergrund steht. In die Kategorie 5 werden genotoxische Kanzerogene mit geringer Wirkungsstärke eingestuft.

Siehe auch *BAT-Wert* und *MAK-Kommission*.

Masseeinheiten

mg (Milligramm): 10^{-3} g
µg (Mikrogramm): 10^{-6} g
ng (Nanogramm): 10^{-9} g
pg (Pikogramm): 10^{-12} g
fg (Femtogramm): 10^{-15} g

Metabolit

Zwischenprodukt bei der Umsetzung eines chemischen Stoffes im (menschlichen) Stoffwechsel

mutagen

erbgutverändernd

Mutagen wirkende Stoffe erzeugen Genmutationen oder Chromosomenveränderungen, die vererbt werden.

PAK

polycyclische aromatische Kohlenwasserstoffe (engl. PAH: polycyclic aromatic compounds)

Siehe Kapitel 3.4.

PBT-Stoffe/vPvB-Stoffe

persistente, bioakkumulierende und toxische Stoffe (PBT: persistent, bioaccumulative and toxic) bzw. sehr persistente und sehr bioakkumulierende Stoffe (vPvB: very persistent and very bioaccumulative)

PBT- und vPvB-Stoffe stellen ein nicht vorhersehbares langfristiges Risiko für die menschliche Gesundheit und die Umwelt dar. Nach Freisetzung in die Umwelt können die schädlichen Wirkungen dieser Stoffe nicht beseitigt werden, da sie sehr lange in der Umwelt verbleiben, sich in der Nahrungskette anreichern und giftig sind. Es bedarf daher konsequenter Vorsorgemaßnahmen, um die Freisetzung von PBT- und vPvB-Stoffen zu verhindern und das Schutzniveau für die menschliche Gesundheit und die Umwelt sicherzustellen, das in Art. 1 Abs. 1 Verordnung (EG) Nr. 1907/2006 (REACH-Verordnung) als Ziel festgelegt ist. Die Kriterien für PBT- und vPvB-Stoffe finden sich in der REACH-Verordnung, Anhang XIII. Mit der Verordnung (EU) Nr. 253/2011 erfolgte eine Aktualisierung der Kriterien.

PCB

polychlorierte Biphenyle (engl. polychlorinated biphenyls)

Siehe Kapitel 3.3.

PCDD

polychlorierte Dibenzodioxine (engl. polychlorinated dibenzodioxins)

PCDF

polychlorierte Dibenzofurane (engl. polychlorinated dibenzofurans)

PCP

Pentachlorphenol (engl. pentachlorphenol)

Siehe Kapitel 3.5.

persistent

beständig

Eigenschaft von Stoffen, in der Umwelt nicht oder nur schwer abbaubar zu sein

Poissonwert

nach der Poissonverteilung, einer Wahrscheinlichkeitsberechnung, ermittelter Wert

reproduktionstoxisch

fortpflanzungsgefährdend

Unterschieden wird nach den Kategorien R_E (fruchtschädigend [entwicklungsschädigend]) und R_F (fruchtbarkeitsgefährdend [die Fortpflanzungsfähigkeit beeinträchtigend]).

Richtwert

Den wesentlichen rechtlichen Rahmen für die Festsetzung von Richtwerten (RW) für Luftverunreinigungen in der Innenraumluft zum Schutz der Gebäudenutzer bildet das Baurecht. Gemäß den Landesbauordnungen ist ein Gebäude so zu errichten und zu unterhalten, dass die Nutzer keinen Gesundheitsgefahren oder erheblichen Belästigungen ausgesetzt sind.

Nach einem Beschluss der Gesundheitsministerkonferenz obliegt die Festlegung toxikologisch begründeter Richtwerte für die Innenraumluft dem Ausschuss für Innenraumrichtwerte (AIR; vormals Ad-hoc-Arbeitsgruppe Innenraumrichtwerte der Innenraumlufthygiene-Kommission des Umweltbundesamtes und der Arbeitsgemeinschaft der Obersten Landesgesundheitsbehörden [Ad-hoc-Arbeitsgruppe]). Mit der Veröffentlichung des sogenannten Basisschemas (Ad-hoc-Arbeitsgruppe, 1996) hat die Ad-hoc-Arbeitsgruppe eine Leitlinie für die Abschätzung von Risiken durch Verunreinigungen der Innenraumluft vorgegeben. Auf dieser Grundlage werden Richtwerte für Substanzen in der Raumluft abgeleitet.

Es gibt **2 Richtwertkategorien**: Richtwert I (RW I, Vorsorgewert) und Richtwert II (RW II, Gefahrenwert).

Der **Richtwert I** (RW I, Vorsorgewert) gibt die Konzentration eines Stoffes in der Innenraumluft an, bei der im Rahmen einer Einzelstoffbetrachtung nach gegenwärtigem Erkenntnisstand auch bei lebenslanger Exposition keine gesundheitlichen Beeinträchtigungen zu erwarten sind. Eine Überschreitung des Vorsorgewerts RW I ist mit einer über das übliche Maß hinausgehenden, hygienisch unerwünschten Belastung verbunden. Mit der Überschreitung des RW I wird der sogenannte Besorgnisbereich erreicht. Er ist dadurch gekennzeichnet, dass zwar einerseits keine (unmittelbare) Gesundheitsgefährdung anzunehmen ist, gleichwohl aber in diesem Konzentrationsbereich bei besonders empfindlichen Personen gesundheitliche Effekte nicht mehr mit der erwünschten Sicherheit auszuschließen sind. Da zudem bei einer Überschreitung des RW I aus toxikologischer Sicht nicht mehr ein als ausreichend anzusehender Abstand bis zum Gefahrenwert (RW II) und damit zu einer konkreten Gesundheitsgefährdung besteht, sind vorsorglich Maßnahmen zu ergreifen.

Bei Überschreitung des RW I (im Bereich zwischen RW I und RW II) sind zunächst keine baulichen oder sonstigen quellenbezogenen Veränderungen vorzunehmen, sondern es ist vor allem verstärkt zu lüften. Wenn jedoch trotz nachweisbar intensiveren Lüftens eine Kontrollmessung nach einer gewissen Zeit (in der Regel nach 1 Monat) keine erkennbare Verbesserung der Luftqualität anzeigt und der RW I nach wie vor überschritten wird, sind in einem zweiten Schritt auch für Konzentrationen im Bereich zwischen RW I und RW II weitergehende, gegebenenfalls auch bauliche Maßnahmen zu empfehlen, da eine über einen längeren Zeitraum (> 12 Monate) erhöhte Belastung aus Gründen der Vorsorge nicht akzeptabel ist.

Der **Richtwert II** (RW II, Gefahrenwert) ist ein wirkungsbezogener, begründeter Wert, der sich auf die gegenwärtigen toxikologischen und epidemiologischen Kenntnisse zur Wirkungsschwelle eines Stoffes unter Einführung von Unsicherheitsfaktoren stützt. Er stellt die Konzentration eines Stoffes dar, bei deren Erreichen bzw. Überschreiten unverzüglich Handlungsbedarf besteht, da diese Konzentration geeignet ist, insbesondere für empfindliche Personen bei Daueraufenthalt in den Räumen eine gesundheitliche Gefährdung darzustellen.

Der rechtliche Bezug des RW II sind die Landesbauordnungen, insbesondere § 3 und § 16. Bei Überschreitung des Gefahrenwerts RW II sind zur Abwendung möglicher Gesundheitsgefahren Nutzungsempfehlungen auszusprechen und unverzüglich expositionsmindernde Maßnahmen einzuleiten. Eine Schließung der Räume kann notwendig sein.

Die Überschreitung des RW II soll mit einer Kontrollmessung unter üblichen Nutzungs- bzw. Lüftungsbedingungen und – soweit möglich und sinnvoll – einer Bestimmung der inneren Belastung der Raumnutzer verbunden werden.

Wenn die Quelle der Belastung identifiziert ist, ist sie in der Regel zu entfernen; bei bauseitigen Quellen erfolgt dies durch entsprechende bauliche Maßnahmen. Falls die Quelle nicht kurzzeitig entfernt werden kann, sind in Abhängigkeit von den örtlichen Gegebenheiten gegebenenfalls vorläufige oder alternative Maßnahmen (Versiegelung, Abschottung, Anstriche und/oder Einschränkung oder Aufgabe der Raumnutzung) mögliche Optionen.

RW

Richtwert

TEQ

toxic equivalency (Toxizitätsäquivalent)

TEQ dienen der Abschätzung der Giftigkeit einer Stoffgruppe, indem die Einzelwirkungen summiert und auf die Wirkung eines Einzelstoffs bezogen werden. Anwendung finden TEQ insbesondere bei den polychlorierten Dioxinen. Es wird davon ausgegangen, dass die verschiedenen Dioxine die gleichen toxischen Wirkungsmechanismen haben und sich nur in der Stärke ihrer Wirkung unterscheiden. Diese unterschiedliche Wirkungsstärke wird mit einem Faktor, dem Toxizitätsäquivalentfaktor (TEF), berücksichtigt. Dabei wird die relative Giftwirkung der einzelnen Verbindungen im Vergleich zu dem hochgiftigen 2,3,7,8-TCDD (2,3,7,8-Tetrachlordibenzo-1,4-dioxin) bewertet. Dieses hat den Faktor 1. Die toxische Wirkung wird dann über die Gehalte der Einzelverbindungen und den zugehörigen Faktor als Toxizitätsäquivalent errechnet und addiert. Der TEQ-Wert entspricht dann der toxischen Wirkung einer vergleichbaren Menge 2,3,7,8-TCDD.

TGL

Kürzel für die staatlichen Standards der DDR (ursprünglich: Technische Normen, Gütevorschriften und Lieferbedingungen)

Toleranzrisiko/Toleranzkonzentration

Gemäß TRGS 910 ist das **Toleranzrisiko** eine **stoffübergreifende Größe**, die die statistische Wahrscheinlichkeit des Auftretens einer Krebserkrankung in Höhe von $4 \cdot 10^{-3}$ (4 : 1.000) angibt.

Die **Toleranzkonzentration** ist dagegen eine **stoffspezifische Größe**. Sie bezeichnet die Konzentration eines Stoffes in der Luft am Arbeitsplatz, die über seine Exposition-Risiko-Beziehung (ERB) dem Toleranzrisiko entspricht und bei Überschreitung mit einem hohen, nicht hinnehmbaren Risiko assoziiert wird.

Siehe auch *Akzeptanzrisiko/Akzeptanzkonzentration*.

Unit Risk

Für einige krebserzeugende Stoffe wie z. B. Asbest oder Benzo[*a*]pyren liegen Dosis-Wirkungs-Beziehungen in Form von Unit Risks vor, aus denen das Risiko einer Krebserkrankung abgeschätzt werden kann. Unit-Risk-Werte sind definiert als zusätzliches Risiko für das Eintreten einer Krebserkrankung, wenn eine dauerhafte inhalative Exposition gegenüber dem Stoff über eine Lebenszeit von 70 Jahren in Höhe von 1 $\mu g/m^3$ (gasförmige Stoffe) bzw. von 100 F/m^3 (Asbest) besteht. Unit-Risk-Werte eignen sich insbesondere für die vergleichende Darstellung von Risiken und für die Prioritätensetzung bei Maßnahmen zur Risikoverminderung. Die Festlegung von Unit-Risk-Werten erfolgt durch verschiedene internationale und nationale Organisationen (z. B. WHO, Deutsches Krebsforschungszentrum, Länderausschuss Immissionsschutz).

WHO

World Health Organization (Weltgesundheitsorganisation)

Die WHO ist Teil der Vereinten Nationen.

4 Schadstoffe in Bauteilen, Konstruktionsabschnitten und technischen Anlagen

4.1 Erdberührte Bauteile und Schadstoffe im Boden

Mögliche Schadstoffvorkommen

Asbest

- Blumenkästen
- Standaschenbecher
- Asbestzement-Bruchstücke in Bauschuttrecyclingmaterial
- Straßenbeläge
- Fugenfüllungen von Bodenplatten
- Formteile für Mauerkronen
- Horizontalsperren
- Erdtankisolierungen

KMF

- Rohrisolierungen

PAK

- Außenbeschichtungen im Fundamentbereich
- Rohrisolierungen
- Horizontalsperren
- Straßenbeläge
- Fugenfüllungen von Bodenplatten
- Holzbauteile im Außenbereich
- Erdtankisolierungen

PCP

- Zäune und Palisaden

Asbest

Abb. 4.1.1: Blumenkästen

Aus Asbestzement gefertigte Blumenkästen

Abb. 4.1.2: Standaschenbecher

Ein aus Asbestzement gefertigter Standaschenbecher

Asbest

Abb. 4.1.3: Asbestzement-Bruchstücke in Bauschuttrecyclingmaterial

In Bauschuttrecyclingmaterial finden sich häufig Asbestzement-Bruchstücke aus unsachgemäßer Aufbereitung. Sehr häufig wurden und werden diese Materialen als Tragschicht zum Wegebau, zur Arbeitsraumverfüllung oder für temporäre Baustraßen eingesetzt.

Das Bild zeigt aussortierte Asbestzement-Bruchstücke.

Abb. 4.1.4: Straßenbeläge

Asbest diente als Zusatz zur Verbesserung der Standfestigkeit von Asphaltbelägen und in Füllern oder war in der Gesteinskörnung des Asphaltbelags bereits aus natürlichen Vorkommen enthalten.

Asbest

Abb. 4.1.5: Fugenfüllungen von Bodenplatten

Fugen zwischen Betonplatten von Wegen und Hofbefestigungen wurden häufig mit teer- oder bitumenbasierten Abdichtungen versehen. Das Abdichtungsmaterial kann ebenfalls Asbest enthalten.

Abb. 4.1.6: Formteile für Mauerkronen

Diese Formteile für Mauerkronen bestehen aus Asbestzement.

Asbest

Abb. 4.1.7: Horizontalsperren

Die Horizontalsperre der erdberührten Bauteile besteht hier aus einer sichtbar hervortretenden Pappe. Sie kann insbesondere bei alten Gebäuden aus Teerpech bestehen und in einzelnen Fällen auch Asbest enthalten. In der Regel wurde sie in der Grundmauer unter oder knapp über der Sohldecke eingesetzt, ebenso aber auch unter oder über der Kellerdecke.

Abb. 4.1.8: Erdtankisolierungen

Beschichtungen älterer Erdtanks enthalten häufig PAK, in einzelnen Fällen auch Spritzasbest oder KMF (Zwischenschichten).

KMF

Abb. 4.1.9: Rohrisolierungen

Erdverlegte Leitungen können Isolierungen aus KMF aufweisen.

PAK

Abb. 4.1.10: Außenbeschichtungen im Fundamentbereich

Das Bild zeigt Anstriche von Mauerschutzplatten bzw. Dränageplatten auf Teerbasis.

Abb. 4.1.11: Rohrisolierungen

Erdverlegte Leitungen können Isolierungen aus PAK aufweisen.

Abb. 4.1.12: Horizontalsperren

Die Horizontalsperre der erdberührten Bauteile besteht hier aus einer sichtbar hervortretenden Pappe. Sie kann insbesondere bei alten Gebäuden aus Teerpech bestehen und in einzelnen Fällen auch Asbest enthalten. In der Regel wurde sie in der Grundmauer unter oder knapp über der Sohldecke eingesetzt, ebenso aber auch unter oder über der Kellerdecke.

PAK

Abb. 4.1.13: Straßenbeläge

Oberflächenbefestigungen im Außenbereich sind früher mit teerhaltigem Asphalt ausgeführt worden. Unter neueren Deckschichten können daher noch PAK-haltige Lagen vorhanden sein.

Abb. 4.1.14: Fugenfüllungen von Bodenplatten

Fugen zwischen Betonplatten von Wegen und Hofbefestigungen wurden häufig mit teer- oder bitumenbasierten Abdichtungen versehen. Das Abdichtungsmaterial kann ebenfalls Asbest enthalten.

PAK

Abb. 4.1.15: Holzbauteile im Außenbereich

PAK und andere als Schadstoffe anzusehende Bestandteile von Teerölen wurden als Imprägnierungen für Holzbauteile wie Bahnschwellen oder Telegrafenmasten eingesetzt, die später eine zweite Verwendung im Außenbereich von Gebäuden fanden.

Auch die Anstriche von Holzbauteilen im Außenbereich enthielten häufig Teeröle (z. B. Carbolineum oder Kreosot).

Abb. 4.1.16: Erdtankisolierungen

Beschichtungen älterer Erdtanks enthalten häufig PAK, in einzelnen Fällen auch Spritzasbest oder KMF (Zwischenschichten).

PCP

Abb. 4.1.17: Zäune und Palisaden

Holzbauteile wurden häufig mit PCP-haltigen Anstrichen zum vorbeugenden Holzschutz (z. B. Xylamon oder Xyladecor) versehen.

Ergänzende Hinweise

Asbest

Grundtragplatten von Pavillonbauten können Asbestzement-Anteile enthalten.

Im **Oberboden** werden heute als ungeregelte Verfüllungen aus früheren Bautätigkeiten oder aus Abbruch **Asbestzement-Bruchstücke** gefunden.

Asbestzement-Rohre wurden in Deutschland von 1930 bis ca. 1993 verbaut. Druckrohre konnten bis zum 31. Dezember 1994 verbaut werden; unter Umständen wurden jedoch noch nach diesem Datum Lagerbestände verwendet. Asbestfrei sind Rohre mit der Kennzeichnung „NT" sowie vor 1930 und nach 1993 hergestellte Rohre.

In **Anstrichen mit Brandschutzfarben** kann generell Asbest enthalten sein.

PCB

Stahlrohre und Eisenbauteile können PCB-haltige Beschichtungen aufweisen.

Auch **wasserdichte Beschichtungen** können mit PCB-haltigen Materialien ausgeführt sein.

PAK

Abdichtungen im Sockelbereich wurden häufig mit Teer- oder Teer-Epoxidharz-Anstrichen ausgeführt. Solche alten Teeranstriche enthalten immer PAK.

4.2 Fassaden

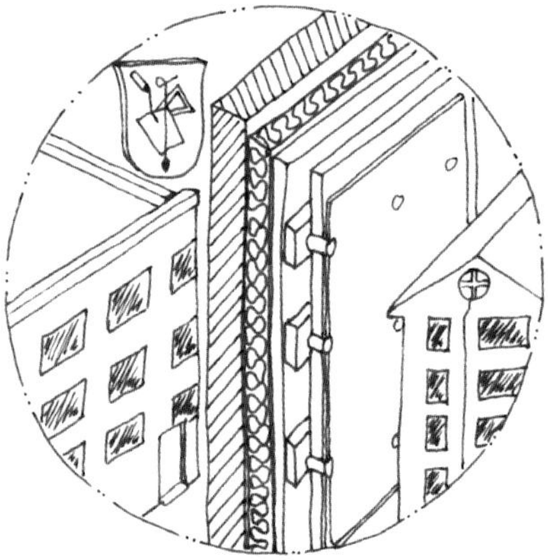

Mögliche Schadstoffvorkommen

Asbest

- großformatige Fassadenbekleidungen
- kleinformatige Fassadenbekleidungen
- Asbestzement-Träger von Fassadenelementen
- Distanzstreifen in Betonfertigteilfassaden
- Attikaverkleidungen
- Dachüberstände
- Sockelverkleidungen
- Pfeilersockelverblendungen
- Untersichten von Stahlbetonbauteilen
- Geschossübergänge
- Brüstungen
- Durchbruchslaibungen in Blechfassaden
- Putze und Spachtel
- Haftbrücken von Trapezblechfassaden
- Dünnbettmörtel von Natursteinfassaden
- Klebemörtel für KMF-Dämmstoffe
- geschossübergreifender Brandschutz an Glasfassaden
- Wärmedämm-Verbundsysteme
- Stahlstützen in Stahlbetonskelettbauten
- Fugen

KMF

- Barackenbauten in Leichtbauweise
- Asbestzement-Sandwichplatten
- Wärmedämm-Verbundsysteme
- Dämmungen unter Fassadenbekleidungen
- Betonfertigteile

PCB

- Dichtstoffmassen in Klinkerfassaden
- Fugen in Waschbetonfassaden
- Betonfertigteile

Asbest

Abb. 4.2.1: Großformatige Fassadenbekleidungen: Asbestzement-Platten

Auf einer gegebenenfalls ebenso asbesthaltigen Unterkonstruktion wurden Asbestzement-Platten (Pfeil) ohne Fugendichtung montiert. Diese Konstruktionsart kam vorwiegend im Industriebau zur Anwendung.

Abb. 4.2.2: Großformatige Fassadenbekleidungen: Wellplatten

Asbestzement-Dachplatten (Berliner Welle) wurden hier als Fassadenplatten eingesetzt.

Abb. 4.2.3: Großformatige Fassadenbekleidungen: Trapezprofilplatten

Asbestzement-Platten wurden auch in Trapezprofiloptik hergestellt.

Asbest

Abb. 4.2.4: Großformatige Fassadenbekleidungen: Baracken und Pavillons

Diese werkseitig beschichteten Asbestzement-Platten (Glasal-Platten) wurden häufig im Baracken- und Pavillonbau, aber auch im Fassadenbau eingesetzt.

Abb. 4.2.5: Kleinformatige Fassadenbekleidungen: Kunstschiefer

Werkseitig beschichtete kleinformatige Asbestzement-Platten wurden zumeist im Schuppenmuster auf Holztraggerüste genagelt. Vielfach wurden einzelne Platten gegen asbestfreie Platten ausgetauscht.

Asbest

Abb. 4.2.6: Kleinformatige Fassadenbekleidungen: offene Kanten

Diese asbesthaltigen Platten weisen trotz werkseitig vorhandener Beschichtung offene Kanten auf.

Abb. 4.2.7: Asbestzement-Träger von Fassadenelementen

Vorgefertigte (hier verklinkerte) Fassadentafeln wurden als Vorsatz direkt über verdübelte Asbestzement-Streifen (Pfeil sowie Detailausschnitt im unteren Bild) auf das Mauerwerk montiert.

Asbest

Abb. 4.2.8: Distanzstreifen in Betonfertigteilfassaden

Zur Ausrichtung von Fassadenelementen wurden Distanzstreifen aus Asbestzement (Pfeil) verwendet.

Abb. 4.2.9: Attikaverkleidungen: Asbestzement-Formteile

Die Attikaverkleidung bei Asbestzement-Fassadenplatten bestand ebenfalls aus Asbestzement-Formstücken (Pfeil).

Abb. 4.2.10: Attikaverkleidungen: beschichtete Asbestzement-Platten

Beschichtete Asbestzement-Platten unterhalb einer Attikaabdeckung

Abb. 4.2.11: Dachüberstände

Nachträglich angesetzte Asbestzement-Formteile dienen hier als Verkleidung des Dachüberstands.

Asbest

Abb. 4.2.12: Sockelverkleidungen

Barackenbauten sind vielfach aufgestelzt. Der Sockel wurde dann oft mit farbigen Asbestzement-Platten (Pfeil) verkleidet.

Abb. 4.2.13: Pfeilersockelverblendungen

Der Sockel dieses Pfeilers wurde mit einem Asbestzement-Formteil verkleidet.

Abb. 4.2.14: Untersichten von Stahlbetonbauteilen

Untersichten von Stahlbetonkragplatten (Pfeil) oder Treppenzugängen sind häufig mit Asbestzement-Platten (bzw. im Innenbereich mit leichten asbesthaltigen Platten) verkleidet.

Abb. 4.2.15: Geschossübergänge

Im Bereich von Geschossübergängen wurden hier Sandwichelemente eingesetzt. Diese können Asbestzement-Platten oder leichte asbesthaltige Platten enthalten. Die Außenseite, hier im Bereich von Stützen (Pfeile), besteht aus farblich beschichteten Platten, Metallplatten oder Glasscheiben.

Asbest

Abb. 4.2.16: Brüstungen: Asbestzement-Sandwichplatten

Im Brüstungsbereich (oberes Bild) wurden Sandwichelemente eingesetzt, die aus Asbestzement (außen oder innen), Glas (außen), Styropor, PUR-Schaum oder KMF und Span- oder Holzfaserplatten (innen) bestehen können. Das untere Bild zeigt eine Innenansicht solcher Brüstungselemente.

Abb. 4.2.17: Brüstungen: Füllungen innen

Das Bild zeigt eine Sandwichplatte aus Holzfaserplatte und Asbestzement als Brüstungsfüllung innen.

Asbest

Abb. 4.2.18: Brüstungen: Geländer

Diese Geländerbrüstung besteht aus Asbestzement-Platten.

Abb. 4.2.19: Brüstungen: Balkone

Das Bild zeigt Balkonbrüstungen aus Asbestzement-Teilen und kleinformatige Asbestzement-Platten als Fassadenverkleidung.

Abb. 4.2.20: Durchbruchslaibungen in Blechfassaden

Die Durchbruchslaibung dieser Blechfassade ist mit einer leichten asbesthaltigen Platte ausgestattet. Die Anschlussfuge zum Stahlbetonskelett wurde mit Spritzasbest versiegelt.

Asbest

Abb. 4.2.21: Putze und Spachtel: Putzfassaden

Außenputze außer Kratzputz und Edelkratzputz können asbesthaltig sein.

Der farbige Feinputz oder Spachtel der Fassade auf dem unteren Bild ist asbesthaltig. Er wurde später mit einem Wärmedämm-Verbundsystem überdeckt.

Abb. 4.2.22: Putze und Spachtel: Buntsteinputze

Buntsteinputze (Pfeil) bestehen aus einem Gemisch aus Kunstharz und einer gefärbten oder naturfarbenen Gesteinskörnung, dem verschiedentlich als Thixotropiermittel oder zur Herabsetzung der Brennbarkeit Asbest beigemischt wurde.

Abb. 4.2.23: Putze und Spachtel: Fassadenspachtel

Diese Fassade ist mit einer glatten Spachtelung und einem elastischen Farbanstrich versehen. Der Spachtel kann Asbestfasern enthalten.

Asbest

Abb. 4.2.24: Putze und Spachtel: Fugenspachtel

Die im oberen Bild zu sehende Plattenfuge einer Mauerkrone wurde mit einer zähelastischen Spachtelmasse verschlossen. Nach 50 Jahren Bewitterung sind die Asbestfasern deutlich sichtbar freigelegt.

Dasselbe Material wurde zum Verschluss von Mauerwerksfugen eingesetzt. Das untere Bild zeigt eine überstrichene Fugenmasse (Pfeil) unter einer nach rechts aufgebogenen Blechverkleidung.

Abb. 4.2.25: Haftbrücken von Trapezblechfassaden

Unter dem äußeren Anstrich von Trapezblechfassaden kann sich eine 1 bis 3 mm dicke Haftbrücke aus Spritzasbest befinden.

Asbest

Abb. 4.2.26: Dünnbettmörtel von Natursteinfassaden

Natursteinfassaden sind vor allem im Sockelbereich häufig in einen Dünnbettmörtel eingeklebt. Sowohl der Dünnbettmörtel als auch der Naturstein (z. B. Diorit, Granodiorit, Gabbro oder Basalt) kann asbesthaltig sein.

Abb. 4.2.27: Klebemörtel für KMF-Dämmstoffe

Hinter den vorgehängten Tafeln von Waschbetonfassaden befindet sich zumeist eine Mineralfaserdämmung, die mit Mörtelbatzen (Pfeil) angeklebt wurde. Der verwendete Mörtel ist häufig asbesthaltig.

Abb. 4.2.28: Geschossübergreifender Brandschutz an Glasfassaden

Bei Stahlkonstruktionen oder Stahlbetonskelettkonstruktionen mit einer vorgesetzten Glasfassade wurden gegen geschossübergreifenden Brandüberschlag auf der Rauminnenseite häufig leichte asbesthaltige Platten wie hier Promabest-Platten montiert.

Abb. 4.2.29: Wärmedämm-Verbundsysteme

Bei diesem Wärmedämm-Verbundsystem hinter einer vorgehängten Natursteinfassade sind die Dämmelemente aus Schaum mit einem Nut-Feder-System verbunden. Die Feder (Pfeil) besteht aus Asbestzement.

Asbest

Abb. 4.2.30: Stahlstützen in Stahlbetonskelettbauten

Die Stahlstützen zwischen den Fenstern (oberes Bild, Pfeil) können unter der äußeren Verkleidung Promabest-Platten enthalten.

In einer Reihe von Stahlbetonpfeilern der Fensterfassaden befindet sich bei Gebäudetrennfugen oft ein Stahlpfeiler (unteres Bild). In dem hier abgebildeten Beispiel wurde der notwendige Brandschutz mit Spritzasbest (Pfeil) hergestellt und die Verkleidung anschließend den anderen Pfeilern angepasst.

Abb. 4.2.31: Fugen: Asbestschaumplatten in Fassadenfugen

Hier wurden Asbestschaumplatten (Pfeil), teilweise einseitig mit einer Aluminiumfolie kaschiert, zusammengelegt in die Fassadenfugen eingeschoben.

Asbest

Abb. 4.2.32: Fugen: Dichtstoffmassen im Plattenbau

Bei Plattenbauten in der DDR wurde als Fugendichtstoff Morinol, ein Kunststoff auf der Basis von Polyvinylacetat mit Asbest, eingesetzt.

Abb. 4.2.33: Fugen: Rundschnüre in Dehnfugen

Im Außenbereich sind in Dehnfugen auch Chrysotilasbestrundschnüre anzutreffen.

KMF

Abb. 4.2.34: Barackenbauten in Leichtbauweise

Barackenbauten weisen in den Außenwänden Sandwichkonstruktionen mit KMF als Dämmstoff auf.

Abb. 4.2.35: Asbestzement-Sandwichplatten

Im Brüstungsbereich (oberes Bild) wurden Sandwichelemente eingesetzt, die aus Asbestzement (außen oder innen), Glas (außen), Styropor, PUR-Schaum oder KMF und Span- oder Holzfaserplatten (innen) bestehen können. Das untere Bild zeigt eine Innenansicht solcher Brüstungselemente.

KMF

Abb. 4.2.36: Wärmedämm-Verbundsysteme

Bei Wärmedämm-Verbundsystemen befindet sich hinter der Putz- und Bewehrungsschicht häufig KMF-Dämmstoff, der auf das Mauerwerk geklebt oder gedübelt wurde.

Abb. 4.2.37: Dämmungen unter Fassadenbekleidungen

Unter Fassadenbekleidungen befinden sich oft Dämmungen, die aus KMF bestehen. Vielfach wurden diese Dämmungen direkt auf die Rohbaukonstruktion geklebt (unteres Bild).

KMF

Abb. 4.2.38: Betonfertigteile

Im Kern von Betonfertigteilen von Fassaden können als Dämmung KMF (Pfeil) enthalten sein.

PCB

Abb. 4.2.39: Dichtstoffmassen in Klinkerfassaden

An Klinkerfassaden wurden Feldfugen oft mit PCB-haltigen Dichtstoffmassen verfüllt.

PCB

Abb. 4.2.40: Fugen in Waschbetonfassaden

Typisch für Waschbetonfassadenelemente und andere Betonelemente ist die PCB-haltige Polysulfiddichtstoffmasse (Thiokol) zwischen den Elementen.

PCB

Abb. 4.2.41: Betonfertigteile

Bei Betonfertigteilen findet sich in älteren Polysulfiddichtstoffmassen (Thiokol) vielfach PCB.

Ergänzende Hinweise

Asbest

Spachtel- und Reparaturmassen, die zwischen 1978 und 1994 zur „Betonsanierung" an Fassaden verwendet wurden, sind zumeist asbesthaltig. Der Asbest wurde vor Ort beigemischt, sein Gehalt kann bis 3 Masse-% betragen.

Auch **Abdichtungen** auf Teer- oder Bitumenbasis, vor allem **im Perimeterbereich**, können Asbest enthalten.

Promabest-Platten, die in der Regel Chrysotil- und Amositasbest enthalten, besitzen auch im Ruhezustand ein hohes Faserfreisetzungspotenzial.

In **Anstrichen mit Brandschutzfarben** kann generell Asbest enthalten sein.

PAK

Unter **Balkonbelägen** wurden oft Schweißbahnen auf Teerbasis, die PAK enthalten, verbaut. Ebenso können die Schwarzanstriche und Klebstoffe PAK enthalten.

Abdichtungen im Sockelbereich wurden häufig mit Teer- oder Teer-Epoxidharz-Anstrichen ausgeführt. Solche alten Teeranstriche enthalten immer PAK.

PCP

Fassadenbekleidungen aus Holz wurden werkseitig oder nachträglich mit PCP-haltigen Holzschutzmitteln behandelt.

4.3 Dächer

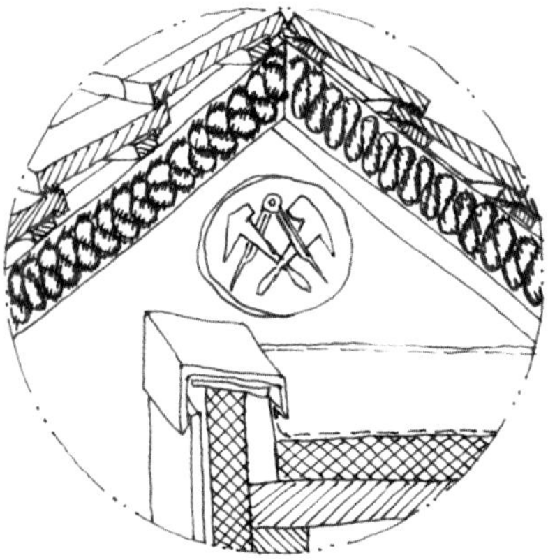

Mögliche Schadstoffvorkommen

Asbest

- Dacheindeckungen
- Dachdeckermörtel
- Dachbahnen
- Teeranstriche
- Attikaverkleidungen
- Warmdachkonstruktionen
- Spritzbrandschutz
- Brandschutzverkleidungen
- Kölner Lüftung
- Dachaufbauten
- Lüftungsgitter
- Kamine
- Asbestzement-Dächer bei Brandeinwirkung

KMF

- Dämmungen im Dachbereich
- Dämmstoffe um Rohrleitungen und Ausdehnungsgefäße
- Spritzbrandschutz

PAK

- Dachbahnen
- Dachdämmungen
- Teeranstriche
- Bauteilentkopplungen

PCP

- Holztragwerke

Asbest

Abb. 4.3.1: Dacheindeckungen: Wellplatten

Asbestzement-Wellplatten (Berliner Welle) wurden nicht nur bei Industriebauten verwendet, sondern auch bei privaten Wohnhäusern oft als Dacheindeckung eingesetzt.

Oft liegt diese Dacheindeckung aus Asbestzement-Wellplatten zum Dachboden hin offen (mittleres Bild).

Die Abwitterung von Asbestzement-Dächern führt nach 20 bis 30 Jahren zu Ersatzbedarf. Aus Kostengründen wurde oft ein Ersatzprodukt über das alte Dach verlegt (unteres Bild).

Asbest

Abb. 4.3.2: Dacheindeckungen: Kunstschiefer

Kleinformatige asbesthaltige Platten (Kunstschiefer) sind häufig verwendet worden. Da insbesondere an Dachöffnungen leicht Schäden entstehen, die unter Umständen mit asbestfreiem Ersatzmaterial repariert wurden, ist ein Abgleich mit der übrigen Fläche erforderlich.

Abb. 4.3.3: Dacheindeckungen: Bitumenschindeln

Bitumenschindeln können Asbest enthalten.

Abb. 4.3.4: Dachdeckermörtel

Ältere Dachdeckermörtel können asbesthaltig sein.

Asbest

Abb. 4.3.5: Dachbahnen

Die Dachbahnen alter Flachdachkonstruktionen enthalten häufig Asbest. Oft sind neue Dachbahnen über altes Material verlegt. Gelegentlich finden sich auch Dachbahnen unter Dachziegeleindeckungen.

Abb. 4.3.6: Teeranstriche

Teeranstriche können Asbest und hohe Anteile an PAK enthalten.

Abb. 4.3.7: Attikaverkleidungen

Im Bereich der Attika besteht die innere oder äußere Verkleidung häufig aus Asbestzement-Platten. Die Platten können ohne Beschichtung (oberes Bild) und mit Beschichtung (unteres Bild) vorliegen.

Asbest

Abb. 4.3.8: Warmdachkonstruktionen

Dieses Dämmpaket besteht aus einer asbesthaltigen Korkmasse. Es kann auch aus KMF bestehen.

Abb. 4.3.9: Spritzbrandschutz

Spritzbrandschutz im Dachbereich besteht häufig aus KMF. Unter der KMF-Lage kann sich bei älteren Gebäuden noch Spritzasbest aus einer früheren unvollständigen Sanierung befinden.

Abb. 4.3.10: Brandschutzverkleidungen: Dachbinder

Das Bild zeigt mit Promabest-Platten ummantelte Binder im Bereich des Drempels. Darunter befindet sich ein Asbestzement-Lüftungskanal. Es ist hier mit abgelagerten asbesthaltigen Stäuben zu rechnen.

Asbest

Abb. 4.3.11: Brandschutzverkleidungen: Dachunterseite

Diese Unterseite eines Daches wurde mit leichten Brandschutzplatten (Promabest-Platten) verkleidet.

Abb. 4.3.12: Kölner Lüftung

Asbestzement-Entlüftungsrohre als Teil einer Kölner Lüftung sind meist nur unter dem Dach erkennbar (oberes Bild), da sie in den Wohngeschossen überwiegend in das Mauerwerk integriert sind (unteres Bild).

Asbest

Abb. 4.3.13: Dachaufbauten

Viele Dachaufbauten (Pfeil) weisen Asbestzement-Bauteile auf.

Abb. 4.3.14: Lüftungsgitter

Abluftführungen auf dem Dach können oft aus Asbestzement (Markierung) bestehen.

Abb. 4.3.15: Kamine: Revisionsöffnungen

An Revisionsöffnungen oder im Mauerwerk von Kaminen finden sich oft asbesthaltige Rundschnüre (Pfeil).

Asbest

Abb. 4.3.16: Kamine: thermische Trennung von Verkleidungen

An den Befestigungselementen für die äußere Verkleidung von Kaminen befinden sich zumeist asbesthaltige thermische Trennlagen wie z. B. Asbestpappen (Pfeil).

Abb. 4.3.17: Asbestzement-Dächer bei Brandeinwirkung

Bei Brandeinwirkung zerplatzen Asbestzement-Teile. Die Bruchstücke verteilen sich in der Folge großflächig, wie hier auf einem Dachfenster (unteres Bild) erkennbar.

KMF

Abb. 4.3.18: Dämmungen im Dachbereich: Flachdachdämmungen

Das Bild zeigt eine Flachdachdämmung aus KMF zwischen Dachkonstruktion (hier Trapezblech) und Dachhaut (hier Dachbahnen).

Abb. 4.3.19: Dämmungen im Dachbereich: Wanddämmungen

In zu Wohnzwecken ausgebauten Dachräumen ist hinter den Wandabschnitten mit Dämmpakten aus KMF zu rechnen.

Abb. 4.3.20: Dämmungen im Dachbereich: Zwischensparrendämmungen

Zwischensparrendämmungen wurden überwiegend aus KMF hergestellt.

KMF

Abb. 4.3.21: Dämmstoffe um Rohrleitungen und Ausdehnungsgefäße

Rohrleitungen und Ausdehnungsgefäße unter dem Dach sind oft mit KMF gedämmt.

Abb. 4.3.22: Spritzbrandschutz

Spritzbrandschutz im Dachbereich besteht häufig aus KMF. Unter der KMF-Lage kann sich bei älteren Gebäuden noch Spritzasbest aus einer früheren unvollständigen Sanierung befinden.

PAK

Abb. 4.3.23: Dachbahnen

Dachbahnen und Vorstriche unter alten Dachbahnen enthalten oft PAK. Bei Reparatur oder Neueindeckung wurden oft neue Eindeckungen über alte gelegt. Daher ist der gesamte Querschnitt zu betrachten.

Das Bild zeigt einen für Reparaturen vorgehaltenen Lagerbestand PAK-haltiger Dachbahnen.

PAK

Abb. 4.3.24: Dachdämmungen

Bei Warmdächern wurde früher Teerkork mit hohen PAK-Gehalten als Dachdämmung verwendet.

Abb. 4.3.25: Teeranstriche

Teeranstriche können Asbest und hohe Anteile an PAK enthalten.

Abb. 4.3.26: Bauteilentkopplungen

Im Dachbereich wurden ebenso wie in anderen Gebäudeteilen Dachpappen und/oder Korkschrotplatten zur Entkopplung von Konstruktionshölzern und Mauerwerk eingesetzt.

PCP

Abb. 4.3.27: Holztragwerke

Dieses Holztragwerk wurde werkseitig oder nachträglich mit Holzschutzmitteln (PCP) behandelt. Die meisten Holzschutzmittel waren farblos und sind ohne Analysen nicht zu erkennen.

Ergänzende Hinweise

Asbest

Promabest-Platten, die in der Regel Chrysotil- und Amositasbest enthalten, besitzen auch im Ruhezustand ein hohes Faserfreisetzungspotenzial.

Gemauerte Kamine weisen oft asbesthaltige Bauteile in Dehnfugen oder zwischen Verkleidung und Mauerwerk auf.

Spritzasbest findet sich unter **Trapezblechdächern und Rabitzdecken** (z. B. bei Rundsporthallen oder Tonnengewölben).

In **Anstrichen mit Brandschutzfarben** kann generell Asbest enthalten sein.

4.4 Innenwände und Decken

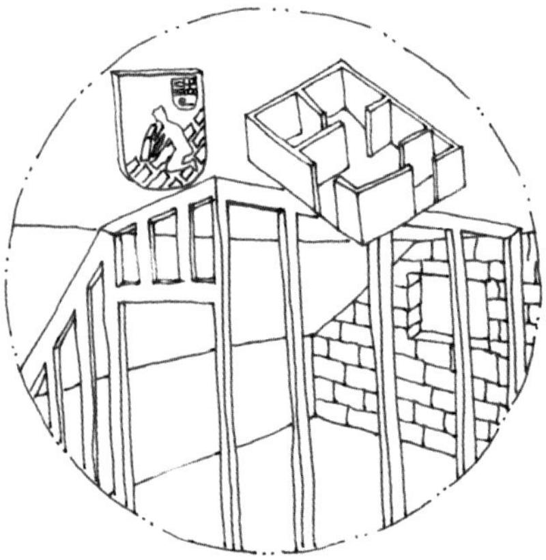

Mögliche Schadstoffvorkommen

Asbest

- Massivtrennwände
- Toilettentrennwände
- Trockenbauwände
- bewegliche Brandschutzwandelemente
- Brandschutzstützenverkleidungen
- Verkleidungen von Versorgungsschächten
- Brandschutz von Trägern und Unterzügen
- Brandschutz an tragenden Konstruktionsteilen
- Brandabschottungen
- Verkleidungen von Holzbalkendecken
- Π-Platten-Decken
- Verkleidungen in Innenräumen
- geschossübergreifender Brandschutz
- Asbestgewebematten
- Spachtel
- Putze
- Dünnbettmörtel

KMF

- Akustikdeckenplatten
- Auflagendämmungen
- Paneeldecken
- Spritzmassen unter Brandschutzcoatings

PCB

- Innenanstriche
- Fugenmassen
- Wilhelmi-Deckenplatten

PAK

- Anstriche
- Dämmungen mit Korkschrotplatten
- Fugenmassen
- Pohlmann-Decken

PCP

- Wandverkleidungen aus Holz

Asbest

Abb. 4.4.1: Massivtrennwände: Montageausgleich

Zum Montageausgleich wurden auch Asbestzement-Platten (Pfeil) eingesetzt.

Abb. 4.4.2: Massivtrennwände: Gleitlager im Stahlbetonbau

Neben Asbestzement-Platten wurden häufig Asbestpappen als Gleitlager im Stützenbereich verwendet.

Sie sind selbst frei liegend schwer erkennbar; hier sind sie zusätzlich vollständig durch Ortbetonreste (Pfeil) verdeckt.

Abb. 4.4.3: Massivtrennwände: Wand- und Deckenanschlüsse

Die Anschlussfugen der Mauerwerksausfachungen zu Stahlbetonskelettkonstruktionen sind oft mit einem Asbeststrick ausgestopft. Das Bild zeigt eine offene Anwendung; vielfach sind die Asbeststricke jedoch von Fugenmörtel oder Putz verdeckt.

Asbest

Abb. 4.4.4: Massivtrennwände: Füllungen zwischen Wänden und Decken

Deckenanschlüsse können zum Ausgleich oder gegen Brandüberschlag mit schwach gebundenen Asbestplatten ausgefüllt sein, die von außen durch Mörtelfugen verdeckt sind.

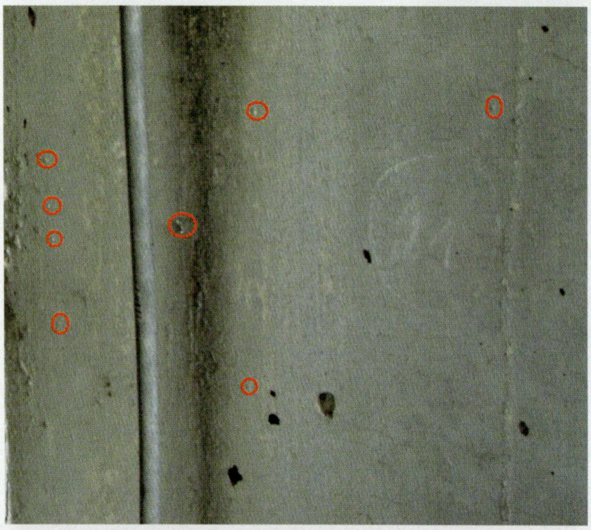

Abb. 4.4.5: Massivtrennwände: Spritzasbestkontaminationen

Wände weisen bei Gebäuden mit Spritzasbestverwendungen gelegentlich Spritzasbestreste (oberes Bild, Markierungen) unter Farbschichten aus der Herstellung oder aus späteren Sanierungen auf. Ebenso kann es bei Spritzasbestverwendungen bereits während der Herstellung der Trennwände zu Kontaminationen gekommen sein (unteres Bild, Pfeile), die zum Teil „eingemauert" wurden und erst im Zuge von Abbruchmaßnahmen freigesetzt werden.

Asbest

Abb. 4.4.6: Toilettentrennwände

Toilettentrennwände können aus Asbestzement-Platten (oberes Bild) hergestellt sein.

Die Trennwände im unteren Bild weisen auch Kunststoff-Asbest-Sandwichelemente (Pfeil) auf.

Abb. 4.4.7: Trockenbauwände: Asbestzement-Platten

Trockenbauwände können wie hier aus Asbestzement-Platten bestehen.

Asbest

Abb. 4.4.8: Trockenbauwände: Gipskartonplatten

Trockenbauwände aus Gipskarton mit KMF-Füllung weisen häufig Asbestpappenstreifen (Pfeil) in den U-Profilen zum Boden und/oder zur Decke auf.

Abb. 4.4.9: Trockenbauwände: Holzkonstruktionen

Die Beplankung (Pfeil) dieser Trennwand mit Holzkonstruktion besteht aus beschichteten Asbestzement-Platten.

Abb. 4.4.10: Bewegliche Brandschutzwandelemente

Die Kontaktflächen der Wandelemente zum Boden oder zur Decke können Asbestrundschnüre (Pfeil) oder Asbestpappen enthalten, die ein hohes Faserfreisetzungspotenzial besitzen.

Asbest

Abb. 4.4.11: Brandschutzstützenverkleidungen: asbesthaltige Platten

Das obere Bild zeigt eine Ummantelung von Stahlstützen zwischen Fenstern mit Promabest-Platten (Pfeil), das mittlere Bild eine geöffnete Stützenverkleidung. Eine solche Ummantelung ist meist nicht erkennbar, da sie überputzt ist und/oder einen Farbanstrich trägt. Ein Hinweis auf das Vorhandensein von Promabest-Platten kann ein hohler Klang beim Abklopfen sein.

Die Stützenverkleidung auf dem unteren Bild besteht ebenfalls aus asbesthaltigen Brandschutzplatten.

Asbest

Abb. 4.4.12: Brandschutzstützenverkleidungen: Spritzasbest

Das obere Bild zeigt Spritzasbest an einer Stahlstütze sowie an Unterzügen, die sich hinter Verkleidungen aus Gipskarton bzw. oberhalb einer abgehängten Decke befanden. Im Zuge des Einbaus, bei späteren Umbauten oder bei Renovierungen kommt es oft zu Verschleppungen und Sekundärbelastungen, sodass in nahezu allen Bereichen mit Spritzasbestresten zu rechnen ist.

Auch aufgrund von Beschichtungen ist die Spritzasbestverwendung wie im unteren Bild vielfach nicht zu erkennen.

Abb. 4.4.13: Verkleidungen von Versorgungsschächten

Geschossübergreifende Versorgungsschächte sind aus Brandschutzgründen häufig mit Promabest-Platten (Pfeil) ausgekleidet oder verkleidet. Dies ist vielfach im Siedlungsbau im Küchen- und Badbereich anzutreffen. Der Fliesenklebstoff gilt als „asbestkontaminiert", kann aber auch bereits Asbest als Thixotropiermittel enthalten.

Asbest

Abb. 4.4.14: Brandschutz von Trägern und Unterzügen

Das Bild zeigt Spritzasbest an Stahlunterzügen oberhalb einer abgehängten Decke.

Abb. 4.4.15: Brandschutz an tragenden Konstruktionsteilen

Diese Stahlunterzüge wurden auf 3 Seiten mit Promabest-Platten (Pfeil) verkleidet.

Abb. 4.4.16: Brandabschottungen

Das obere Bild zeigt Brandabschottungen aus Promabest-Platten (Pfeil) im Bereich von Kabeldurchführungen über einem Stahlrahmentürelement, das untere Bild Abschottungen aus Asbestzement- oder Promabest-Platten zwischen Brandabschnitten oberhalb von abgehängten Decken.

Asbest

Abb. 4.4.17: Verkleidungen von Holzbalkendecken

Der notwendige Mindestbrandschutz an einer Holzbalkendecke wurde hier durch Promabest-Platten (Pfeil) hergestellt. Da die Platten vor Ort zugeschnitten wurden, ist mit einer erheblichen Kontamination durch abgelagerten Staub an den angrenzenden Bauteilen zu rechnen.

Abb. 4.4.18: Π-Platten-Decken

Beton-Π-Platten-Konstruktionen wurden als Fertigteile häufig mit einer Neptunstahlbewehrung mit geringer Wärmeformstabilität hergestellt. Daher wurden solche Plattenkonstruktionen zusätzlich mit Spritzasbest beschichtet.

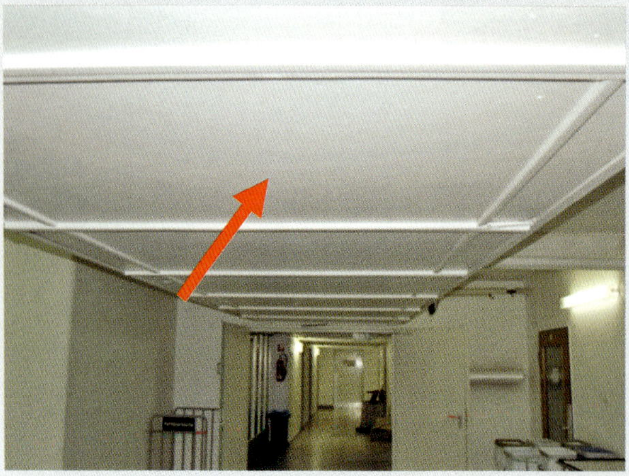

Abb. 4.4.19: Verkleidungen in Innenräumen: Holzfaser-Asbestzement-Platten

Holzfaser-Asbestzement-Platten (Fulgupal-Platten), hier mit weißer Farbe beschichtet (Pfeil), gehören zu den fest gebundenen asbesthaltigen Produkten. Sie wurden in großen Flächenanteilen in öffentlichen Gebäuden wie z. B. Universitäten, Schulen, Bibliotheken oder Hallenbädern verbaut.

Asbest

Abb. 4.4.20: Verkleidungen in Innenräumen: Promabest-Platten

Aktenlagerräume (oberes Bild) wurden zum Brandschutz häufig über Boden, Wand und Decke vollständig mit Promabest-Platten (Pfeile) ausgeführt.

Das untere Bild zeigt großflächige Deckenverkleidungen mit Promabest-Platten in einer Wartungs- und Reparaturhalle.

Asbest

Abb. 4.4.21: Geschossübergreifender Brandschutz

Gegen geschossübergreifenden Brandüberschlag wurden hier auf der Rauminnenseite einer Glasfassade leichte asbesthaltige Platten (Promabest-Platten) montiert (oberes Bild).

Solche Platten wurden jeweils bis in das nächste Geschoss eingebaut (unteres Bild, Pfeil). Erst nach Entfernen von abgehängten Decken oder Induktionsheizungen wurde dies sichtbar.

Abb. 4.4.22: Asbestgewebematten

Das Bild zeigt eine Bauteilfuge mit grauer Gummiprofilabdeckung vor einer Brandschutzschürze mit Asbestgewebematte (Pfeil), die insbesondere in Bergsetzungsgebieten als bewegliche Fugendichtung eingesetzt wurde.

Asbest

Abb. 4.4.23: Spachtel: Gipskartonplatten

Bei Trockenbauwänden und abgehängten Decken mit Gipskartonplatten können die Verspachtelungen bis zu 10 Masse-% Asbest enthalten.

Wie dieser asbesthaltige Gipsspachtel oberhalb einer abgehängten Decke sind die Verspachtelungen meist nicht sichtbar.

Abb. 4.4.24: Spachtel: Wandanschlussprofile

Spachtelungen von Wandanschlussprofilen (Pfeil) enthalten häufig Asbest.

Abb. 4.4.25: Spachtel: Ortbeton und Fertigbeton

Hier ist die asbesthaltige Spachtelung der Betonfläche auch unter den Farbschichten durch die veränderte Oberflächenstruktur gut erkennbar.

Asbest

Abb. 4.4.26: Spachtel: geschalte Betonuntergründe

Auch glatt geschalte Betonuntergründe benötigen eine Spachtelung, bevor ein dünnlagiger Kunstharzoberputz appliziert wird. Hier sind beide Lagen – asbesthaltige Spachtelung und Putz – zu erkennen.

Abb. 4.4.27: Putze: Wandputze

Häufig sind asbesthaltige Wandspachtelmassen und Wandputze (Kunstharz-, Gips-, Kalkgips- oder Kalkzementputze) vorzufinden.

Abb. 4.4.28: Putze: Buntsteinputze

Buntsteinputze können Asbest im Bindemittel oder in der Gesteinskörnung enthalten.

Asbest

Abb. 4.4.29: Dünnbettmörtel

Verschiedene Dünnbettmörtel (Fliesenklebstoffe) enthielten bis 1984 Asbest als Thixotropiermittel.

KMF

Abb. 4.4.30: Akustikdeckenplatten

Akustikdeckenplatten bestehen aus einem Gemisch aus Basaltfasern (Steinwolle) und Kaolin. Sie wurden als abgehängte Decken eingesetzt. Darüber befinden sich häufig nachträglich angeordnete KMF-Dämmstoffmatten.

Abb. 4.4.31: Auflagendämmungen

Im Zwischendeckenbereich befinden sich häufig Matten einer KMF-Dämmung.

KMF

Abb. 4.4.32: Paneeldecken

Auf Paneeldecken befinden sich zumeist KMF-Dämmstoffmatten auf einem schwarzen Vlies, das als Rieselschutz dient.

Abb. 4.4.33: Spritzmassen unter Brandschutzcoatings

Stahlträgerkonstruktionen benötigen eine Brandschutzbeschichtung, die hier mit einer Mineralfaserspritzmasse hergestellt wurde. Die Konstruktion wurde zusätzlich mit einem Brandschutzcoating überarbeitet.

PCB

Abb. 4.4.34: Innenanstriche: matt

Matte Anstriche auf Innenwänden und Decken sind häufig PCB-haltig und können zu PCB-Belastungen in der Raumluft führen.

PCB

Abb. 4.4.35: Innenanstriche: glänzend

Glänzende Anstriche auf Innenwänden können PCB-haltig sein. Solche Anstriche wurden häufig in Fluren und Kellerräumen angebracht.

Abb. 4.4.36: Innenanstriche: abgehängte Decken

Abgehängte Decken enthalten sehr häufig einen PCB-haltigen Anstrich, der in der Raumluft zu hohen PCB-Belastungen führt.

PCB

Abb. 4.4.37: Fugenmassen

PCB-haltige Fugenmasse

Abb. 4.4.38: Wilhelmi-Deckenplatten

Deckenplatten dieses Typs wurden werkseitig mit PCB behandelt.

PAK

Abb. 4.4.39: Anstriche

Kellermauerwerke wurden bis 1980 mit Anstrichen auf Steinkohlenteerbasis, bei älteren Gebäuden auf Holzteerbasis versehen. In Innenräumen wird das Vorkommen gewöhnlich durch den typischen PAK-Geruch auffällig.

Abb. 4.4.40: Dämmungen mit Korkschrotplatten

Die Dämmplatten, zum Teil auch als gebackene Korkschrotplatten mit eigener Klebstoffentwicklung und PAK-Anteilen durch Verkokung, wurden häufig in den Wänden von Kühlräumen unter einer Verfliesung eingesetzt.

Abb. 4.4.41: Fugenmassen

Das Bild zeigt eine Fugenmasse aus Teer mit hohem PAK-Gehalt.

PAK

Abb. 4.4.42: Pohlmann-Decken

Diese Stahlbetonrippendecken wurden mit einer teergetränkten Pappe ausgekleidet, die einen sehr hohen PAK-Gehalt aufweist.

PCP

Abb. 4.4.43: Wandverkleidungen aus Holz

Holzverkleidungen weisen zum Teil werkseitige Behandlungen mit PCP auf. Teilweise wurde später zusätzlich ein PCP-haltiger Anstrich aufgebracht (z. B. Xyladecor).

Ergänzende Hinweise

Asbest

Promabest-Platten, die in der Regel Chrysotil- und Amositasbest enthalten, besitzen auch im Ruhezustand ein hohes Faserfreisetzungspotenzial.

Der Sandwichaufbau von **Brandschutzwänden** kann Promabest-Platten enthalten.

In **Anstrichen mit Brandschutzfarben** kann generell Asbest enthalten sein.

KMF

Ausfachungen im Trockenbau können mit KMF-Matten ausgeführt sein.

4.5 Böden

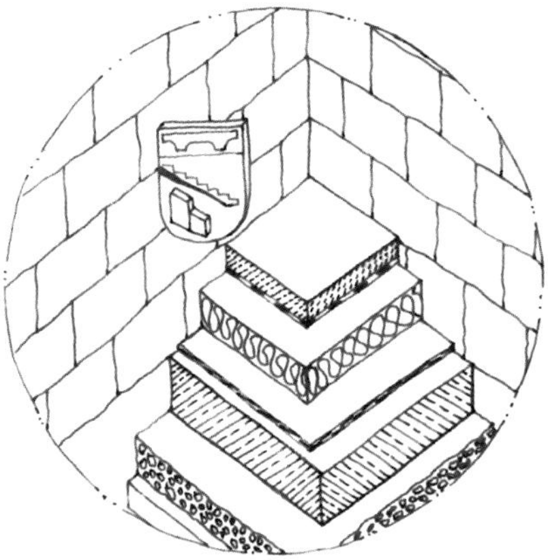

Mögliche Schadstoffvorkommen

Asbest

Oberbodenbeläge als Nutzschicht
- PVC-Bahnenware
- großformatige PVC-Plattenware
- kleinformatige PVC-Plattenware
- Asphalt-Tiles
- mehrlagige Bodenbeläge und asbesthaltige Klebstoffe
- überdeckte asbesthaltige Altbeläge und Klebstoffe
- Bodenbeschichtungen und Dünnestriche
- Terrazzoböden
- Kunststeinböden und Sockelleisten
- Magnesitestriche
- Kontaminationen aus der Bauzeit

Klebstoffe und Nivellierspachtel
- Teerklebstoffe für Holzböden
- Bodenspachtelmassen
- Ausgleichsmörtel
- Bitumenspachtel auf Gussasphalt

Tragschichten und Dämmungen
- Trittschalldämmungen
- Ständerfußböden

KMF

- Dämmlagen unter Estrichen

PCB

- Anstriche und Beschichtungsstoffe
- Bodenfugen

PAK

- Asphaltplatten für Schwerlastbeläge
- Gussasphalt
- Teerklebstoffe für Holzböden
- Teerspachtelmassen für Feuchteisolierungen

Asbest: Oberbodenbeläge als Nutzschicht

Abb. 4.5.1: PVC-Bahnenware

Auch PVC-Bahnenware wurde mit Asbestfaseranteilen gefertigt. Im oberen Bild sind 3 Varianten zu erkennen.

Das untere Bild zeigt einen Cushioned-Vinyl-(CV-)Bodenbelag aus PVC, hier als Florentiner Belag, mit einem anhaftenden asbesthaltigen Filz auf der Rückseite.

Asbest: Oberbodenbeläge als Nutzschicht

Abb. 4.5.2: Großformatige PVC-Plattenware

Das obere Bild zeigt einen großformatigen asbesthaltigen PVC-Bodenbelag.

Im mittleren Bild ist asbesthaltige PVC-Plattenware neben einer nicht asbesthaltigen Linoleumbahnenware zu sehen.

Häufig wurden auf asbestfreie Mosaiksteinzeugfliesen asbesthaltige PVC-Bodenbeläge verklebt (unteres Bild).

Asbest: Oberbodenbeläge als Nutzschicht

Abb. 4.5.3: Kleinformatige PVC-Plattenware

Asbesthaltige Beläge wurden auch als kleinformatige PVC-Platten (Flex-Platten, verschiedentlich als Floor-Flex-Platten bezeichnet) überwiegend mit einem bitumenhaltigen Klebstoff verklebt, der zumeist ebenfalls asbesthaltig war. Flex-Platten bestehen aus PVC; 80 bis 90 % aller Varianten der Flex-Platten waren asbesthaltig. Heute sind diese etwa 3 mm dicken Platten stark versprödet und setzen infolge der Behandlung mit Reinigern Asbestfasern über die Oberfläche frei sowie zusätzlich hohe Mengen bei einem Bruch. Flex-Platten finden sich häufig als grau oder braun melierte Platten, es gibt daneben allerdings auch alle anderen Farbgebungen.

Abb. 4.5.4: Asphalt-Tiles

Bei Asphalt-Tiles handelt es sich um Fußbodenfliesen aus Asbestfasern und Asphalt mit Füllstoffen. Diese in den USA entwickelten Hartfliesen sind meist dicker als Flex-Platten und brechen leichter als diese.

Abb. 4.5.5: Mehrlagige Bodenbeläge und asbesthaltige Klebstoffe

Das Bild zeigt 3 Asbestprodukte: Der asbesthaltige Flex-Platten-Belag wurde mit einem asbesthaltigen schwarzen Klebstoff verlegt und später mit einem asbesthaltigen Cushioned-Vinyl-Belag aus Bahnenware überdeckt.

Asbest: Oberbodenbeläge als Nutzschicht

Abb. 4.5.6: Überdeckte asbesthaltige Altbeläge und Klebstoffe

Auf asbesthaltigen PVC-Platten wurden oft andere Beläge verlegt, zum Teil wurden die asbesthaltigen Beläge auch entfernt. Die asbesthaltigen Klebstoffe befinden sich jedoch vielfach bis heute unter den Neubelägen.

Abb. 4.5.7: Bodenbeschichtungen und Dünnestriche

Die Verwendung von Asbest in Reaktionsbeschichtungen (Epoxidharz, Polyurethan) z. B. für Bodenbeschichtungen wie auf der abgebildeten Parkfläche, Dünnestriche, Behälterbeschichtungen, Industrieböden oder Schrammborde war üblich. Häufig wurde Asbest auch vor Ort beigemischt.

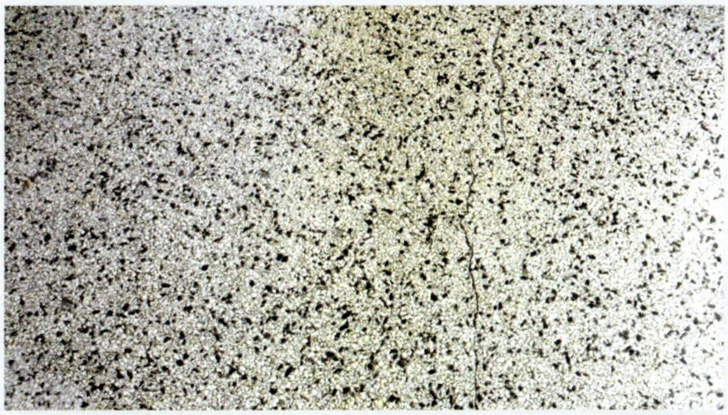

Abb. 4.5.8: Terrazzoböden

Terrazzobeläge können je nach Gesteinskörnung (z. B. Diorit, Gabbro oder Basalt) asbesthaltig sein.

Abb. 4.5.9: Kunststeinböden und Sockelleisten

In Kunststeinplatten auf Böden und auf Treppen sind potenziell asbesthaltige Gesteine wie z. B. Diorit oder Gabbro enthalten.

Sockelleisten wurden häufig aus gefärbtem Asbestzement hergestellt.

Asbest: Oberbodenbeläge als Nutzschicht

Abb. 4.5.10: Magnesitestriche

Magnesitestriche (Steinholzestriche oder Steinholzböden) waren sehr oft asbesthaltig. Sie wurden im Industriebereich als Nutzböden verwendet. Von ca. 1945 bis ca. 1976 wurden sie auch im sozialen Wohnungsbau (oberes Bild) als Estrich unter Bodenbelägen (Parkett oder PVC) eingesetzt.

Die in Werkhallen verbreitet eingesetzten Magnesitestriche enthielten neben deutlich erkennbaren Holzfaseranteilen (mittleres Bild) kaum erkennbare Asbestfaseranteile. Es finden sich sowohl sehr große Flächen, die so hergestellt wurden (unteres Bild), als auch kleinere Reparaturflächen.

Asbest: Oberbodenbeläge als Nutzschicht

Abb. 4.5.11: Kontaminationen aus der Bauzeit

Unter Estrich können sich Restbelastungen aus der Bauzeit wie hier Spritzasbestreste (Pfeil) befinden.

Asbest: Klebstoffe und Nivellierspachtel

Abb. 4.5.12: Teerklebstoffe für Holzböden

PAK-haltige Parkettklebstoffe können auch asbesthaltig sein.

Abb. 4.5.13: Bodenspachtelmassen

In Gebäuden der Errichtungszeit bis 1970 finden sich unter keramischen oder anderen Bodenbelägen häufig asbesthaltige Bodenbeläge oder mehrschichtige asbesthaltige Spachtellagen.

Asbest: Klebstoffe und Nivellierspachtel

Abb. 4.5.14: Ausgleichsmörtel

Unter Teppichböden finden sich häufig mehrere Schichten hydraulischer Spachtelmassen. Zumeist ist die unterste Spachtelschicht asbesthaltig, sodass alle Spachtelschichten als „asbesthaltig" gelten, da eine Trennung der verschiedenen Schichten in der Regel nicht möglich ist.

Abb. 4.5.15: Bitumenspachtel auf Gussasphalt

Gebäude aus der Nachkriegszeit, in denen in Deutschland stationierte Soldaten lebten, weisen neben asbesthaltigen Bodenbelägen (Flex-Platten) asbesthaltige Spachtel auf Bitumenbasis als Nivelliermasse auf Gussasphalt auf. Eine Trennung von Gussasphaltestrich und der bis zu 1 cm dicken Nivelliermasse ist nicht möglich.

Asbest: Tragschichten und Dämmungen

Abb. 4.5.16: Trittschalldämmungen

Unter dem dünnen PVC-Belag befindet sich hier eine asbesthaltige Trittschalldämmungs- und Ausgleichsbahn.

Abb. 4.5.17: Ständerfußböden

Ständerböden als Tragschicht von Kunststoffbelägen oder Teppichböden können Asbest im Umleimer (oberes Bild, Pfeil) aufweisen. Auch die Platten können Asbest enthalten.

Unter dem aufgeständerten Boden im unteren Bild befindet sich ein Ständerfuß aus einer asbesthaltigen Platte.

KMF

Abb. 4.5.18: Dämmlagen unter Estrichen

Unter Estrichen wurden Dämmlagen aus KMF (Pfeil) ausgeführt, hier eine Dämmlage mit Sperrbahn. In der Detailaufnahme im unteren Bild ist der Aufbau – Rohdecke, Dämmlage aus KMF, Sperrbahn, Estrich – zu erkennen.

KMF-Dämmungen können sich auch unter Hohlraumböden befinden.

PCB

Abb. 4.5.19: Anstriche und Beschichtungsstoffe

In Reaktionsbeschichtungen lassen sich je nach Anwendungsgebiet (Wand- oder Bodenfarbe) höhere Konzentrationen an PCB (zumeist Clophen A60) feststellen.

PCB

Abb. 4.5.20: Bodenfugen

Als Fugenmaterial wurden wie bei Wänden häufig PCB-haltige Polysulfiddichtstoffmassen (Thiokol) eingesetzt.

PAK

Abb. 4.5.21: Asphaltplatten für Schwerlastbeläge

PAK-haltige Asphaltplatten wurden zumeist in der Schwerindustrie in Werkstätten und Ausbildungsstätten eingesetzt.

Abb. 4.5.22: Gussasphalt

Gussasphalt enthielt bis ca. 1984 auch PAK-haltige Bindemittel.

PAK

Abb. 4.5.23: Teerklebstoffe für Holzböden

PAK-haltige Parkettklebstoffe (oberes Bild) können auch asbesthaltig sein.

Steinholz oder Holzpflaster, zumeist in der Industrie und in Werkstätten, aber auch in Schulen (z. B. Turnhallen, Foyers oder Aulen) eingesetzt, wurde zumeist mit PAK-haltigen Klebstoffen verklebt (mittleres Bild). Das Holzpflaster (unteres Bild) weist in diesen Fällen eine starke Sekundärbelastung auf.

PAK

Abb. 4.5.24: Teerspachtelmassen für Feuchteisolierungen

Im Fußbodenaufbau älterer Wohnbauten lassen sich in nicht unterkellerten Erdgeschossen oder in Kellergeschossen häufig mehrlagige Teerspachtelmassen feststellen, die dem Feuchteschutz dienten.

Ergänzende Hinweise

Asbest

Zu den am häufigsten verwendeten **asbesthaltigen Bodenbelägen** zählen PVC-Bodenplatten, Flex-Platten und Cushioned-Vinyl-(CV-)Bahnen. Flex-Platten fanden in der Nachkriegszeit in großem Umfang Anwendung im sozialen Wohnungsbau.

Im Verlauf der Nutzungszeit wurden diese Beläge entweder entfernt, wobei der schwarze Klebstoff zurückblieb, oder mit einem anderen Bodenbelag wie z. B. Teppichboden, keramischen Fliesen oder Natursteinplatten und in jüngerer Zeit mit Laminat überarbeitet, sodass stets mit asbesthaltigen Produkten auch unter den neueren Belägen gerechnet werden muss. Nach der aktuellen Rechtslage ist eine solche Überdeckung allerdings nicht mehr zulässig, sodass die Klebstoffe zuvor entfernt werden müssen.

In **Gussasphaltestrichen** wurden je nach Herkunft potenziell asbesthaltige Gesteine als Körnung oder als Füller eingesetzt. Daher unterliegen der Umgang mit und die Bearbeitung von Gussasphaltestrichen sowie daran ausgeführte Tätigkeiten der Gefahrstoffverordnung.

In **Anstrichen mit Brandschutzfarben** kann generell Asbest enthalten sein.

KMF

Faserbewehrungen von Estrichmörteln können KMF enthalten.

Auch **Dämmungen an Rohrleitungsdurchführungen** sind vielfach mit KMF erfolgt.

4.6 Fenster, Türen und Tore

Mögliche Schadstoffvorkommen

Asbest

Fenster
- Fensterlaibungen
- Füllungen in Fensterrahmen und Fassadenelementen
- elastische Fugenbänder
- Fensterkitte in Einscheibenverglasungen
- Lichtkuppelbänder
- Brandschutzfenster mit Betonrahmen
- verglaste Trennungen von Brandabschnitten
- Glasbausteine
- Fensterbänke
- Brüstungsfüllungen

Türen und Tore
- Zimmertüren
- Türfüllungen
- Türzargen
- Sicherheitstüren
- Stahlbrandschutztüren
- Aufzugtüren
- Bunkertüren
- Schiebe- und Rolltore
- Rolltorkästen

KMF

- Füllungen in Fensterrahmen und Fassadenelementen
- Stahlbrandschutztüren

PCB

- Fensterkitte
- Anschlussfugen
- Farbanstriche von Stahltüren und -zargen

Asbest: Fenster

Abb. 4.6.1: Fensterlaibungen

Zwischen dem Einbaurahmen von Fenstern und der Laibung können sich asbesthaltige Rundschnüre oder streifenförmige Asbestpappen befinden.

Abb. 4.6.2: Füllungen in Fensterrahmen und Fassadenelementen

Die Wärmedämmung in den Verbindungselementen von Fensterfronten wird vorwiegend mit KMF ausgeführt. Auf dem Bild sind auf der KMF-Dämmung Reste von Asbest zu erkennen, die wahrscheinlich aus der gemeinsamen Bearbeitung während der Bauzeit stammen.

Abb. 4.6.3: Elastische Fugenbänder

Als Fensterfugenband wurde hier ein schwarzes elastisches Band verwendet. Dort, wo das Band der Witterung ausgesetzt war, sind die freigesetzten Asbestfasern zu erkennen.

Asbest: Fenster

Abb. 4.6.4: Fensterkitte in Einscheibenverglasungen

Bei alten Einscheibenverglasungen, vorzugsweise in Gitterkonstruktionen (oberes und mittleres Bild) z. B. in industriellen Gewächshäusern oder in Gärten, wurden häufig helle asbesthaltige Kitte auf Leinölbasis oder schwarze asbesthaltige Kitte auf Teerbasis eingesetzt.

Einscheibenverglasungen bei Holzrahmenfenstern (unteres Bild) weisen häufig asbesthaltige Kitte auf Leinölbasis auf.

Asbest: Fenster

Abb. 4.6.5: Lichtkuppelbänder

Metallrahmen von Lichtkuppelbändern oder Sheddächern können asbesthaltige Fensterkitte enthalten.

Abb. 4.6.6: Brandschutzfenster mit Betonrahmen

Dieses Fenster ist mit Asbestplatten in der Rahmenkonstruktion ausgeführt.

Abb. 4.6.7: Verglaste Trennungen von Brandabschnitten

Bei dieser Metallrahmenkonstruktion aus dem Jahr 1988 wurden Streifen aus Asbestpappe in den Rahmen eingelegt.

Asbest: Fenster

Abb. 4.6.8: Glasbausteine

Der Fugenmörtel zwischen diesen Glasbausteinen enthält Asbest.

Abb. 4.6.9: Fensterbänke: Asbestzement

Außen- und Innenfensterbänke bestehen häufig aus Asbestzement (Pfeil), vielfach in Schwarz oder Grau, aber auch in Beige. Einige Varianten können leicht mit Natursteinfensterbänken verwechselt werden. An der Bruchkante (unteres Bild) sind die Asbestfasern erkennbar.

Asbest: Fenster

Abb. 4.6.10: Fensterbänke: Antidröhnmassen

Unter Fensterbänken können sich wie hier im Außenbereich asbesthaltige Antidröhnmassen bzw. Abdichtungen befinden.

Abb. 4.6.11: Brüstungsfüllungen

Bei zumeist raumhohen Fenster- oder Türelementen befindet sich im Brüstungsbereich eine Asbestzement-Auskleidung, gegebenenfalls mit einer dahinter liegenden Dämmung.

Asbest: Türen und Tore

Abb. 4.6.12: Zimmertüren

Furnierte, beschichtete oder lackierte Türblätter mit leichten asbesthaltigen Platten als Kern sind oft kaum von asbestfreien Türblättern zu unterscheiden.

Asbest: Türen und Tore

Abb. 4.6.13: Türfüllungen

Wie diese Toilettentüren können Metallrahmentüren mit einer Ausfachung aus Asbestzement versehen sein.

Abb. 4.6.14: Türzargen

in zweiteiligen Metalltürzargen befinden sich zwischen den Metallprofilen oft schwach gebundene Asbestplatten.

Abb. 4.6.15: Sicherheitstüren

Türen mit Sicherheitsverglasung weisen häufig Asbestrundschnüre zwischen Verglasung und Rahmen auf (oberes Bild). Sie sind schwer zu erkennen, wenn darüber später mit einer anderen Dichtstoffmasse versiegelt wurde.

Glasscheiben bei Türen mit Sicherheitsverglasung wurden auch mit asbesthaltigem Fensterkitt (unteres Bild) eingesetzt.

Asbest: Türen und Tore

Abb. 4.6.16: Stahlbrandschutztüren

Ältere Brandschutztüren sind mit asbesthaltigen Rundschnüren im Schlosseinsatz und/oder als Anschlagdichtung ausgeführt. Zudem wurden Asbestpappen oder -platten im Türfalzbereich und im gesamten Türblatt verwendet. Stahltüren können auch KMF enthalten.

Abb. 4.6.17: Aufzugtüren

Aufzugtüren und die Portale von Aufzügen sind oft mit Brandschutzisolierungen aus Asbestplatten bzw. Asbestpappen oder mit Asbestschnüren ausgestattet.

Abb. 4.6.18: Bunkertüren

Als Abdichtung und Anschlagdichtung wurden bei Bunkertüren häufig Asbestschnüre eingesetzt.

Asbest: Türen und Tore

Abb. 4.6.19: Schiebe- und Rolltore

Ältere Schiebe- oder Rolltore enthalten asbesthaltige Füllungen oder andere asbesthaltige Bauteile.

Auf dem unteren Bild sind die asbesthaltigen Platten zu erkennen.

Abb. 4.6.20: Rolltorkästen

Dieser Rolltorkasten enthält eine Asbestgewebeschürze, die den Öffnungsspalt flexibel abdichten soll. Oft sind die Rolltorkästen auch aus schwach gebundenen Asbestplatten hergestellt.

KMF

Abb. 4.6.21: Füllungen in Fensterrahmen und Fassadenelementen

Die Wärmedämmung in den Verbindungselementen von Fensterfronten wird vorwiegend mit KMF ausgeführt. Auf dem unteren Bild sind auf der KMF-Dämmung Reste von Asbest zu erkennen, die wahrscheinlich aus der gemeinsamen Bearbeitung während der Bauzeit stammen.

Abb. 4.6.22: Stahlbrandschutztüren

Ältere Brandschutztüren sind mit asbesthaltigen Rundschnüren im Schlosseinsatz und/oder als Anschlagdichtung ausgeführt. Zudem wurden Asbestpappen oder -platten im Türfalzbereich und im gesamten Türblatt verwendet. Stahltüren können auch KMF enthalten.

PCB

Abb. 4.6.23: Fensterkitte

Leinölkitte für Fenster- und Türglas können PCB enthalten.

Abb. 4.6.24: Anschlussfugen

An Fenstern sowie zwischen Einbaurahmen und Mauerwerk wurden sowohl innen als auch außen häufig PCB-haltige Polysulfiddichtstoffmassen (Thiokol) eingesetzt.

Der Anschluss der Fensterbänke an die Fensterlaibungen (mittleres Bild, Pfeil) oder an die Fassade (unteres Bild, Pfeil) wurde ebenfalls oft mit PCB-haltigen Dichtstoffmassen verschlossen.

PCB

Abb. 4.6.25: Farbanstriche von Stahltüren und -zargen

Die verwendeten Farben enthalten zum Teil PCB. Solche Anstriche finden sich auch bei anderen Metallbauteilen wie Geländern oder Klimakammern.

Ergänzende Hinweise

Asbest

Asbesthaltige Fensterkitte finden sich nicht nur in älteren Einscheibenverglasungen und Kellerfenstern, sondern auch in Zugangstüren mit Sicherheitsverglasungen (Drahtglas) insbesondere in öffentlichen Gebäuden wie Schulen. Daneben wurde das Sicherheitsglas zusätzlich mit einer Asbestschnur zum Türrahmen eingeschlagen. Wird an den heute stark versprödeten Kitten gearbeitet, ist dies nicht zerstörungsfrei möglich.

In **Anstrichen mit Brandschutzfarben** kann generell Asbest enthalten sein.

KMF

Füllungen von Brandschutztüren, Stahlzargen und Türelementen sowie Zargen- und Rolltorlamellenfüllungen aus glasfaserverstärktem Kunststoff (GFK) können KMF enthalten.

PAK

Zur **Bauteilentkopplung bei Fenstern, Türen und Toren** wurden zwischen Rahmen und Laibung Teerpappen eingebaut.

4.7 Elektrische Geräte und Anlagen

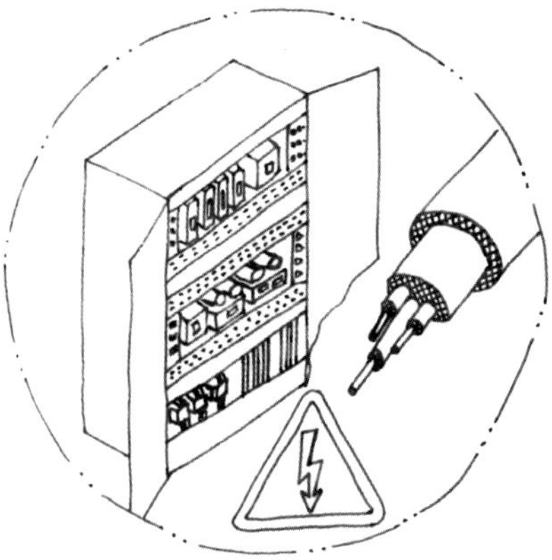

Mögliche Schadstoffvorkommen

Asbest

- Kabelabschottungen und Kabelbrandschutz
- Kabeldurchführungen
- Kabelführungsbühnen
- Kabeltrassen und -kanäle
- Schalträume
- Schaltanlagen
- Funkenlöschkammern
- Schmelzsicherungen
- Notstromaggregate
- Bremsbeläge in Antriebsanlagen
- Nachtspeicherheizgeräte
- Elektroheizgeräte
- Leuchtstoffröhrenlampen
- Wärmeschränke
- Projektoren

KMF

- Kabeldurchführungen

PCB

- Schalträume
- Transformatoren
- Großkondensatoren
- Kondensatoren in Leuchtstoffröhrenlampen

Asbest

Abb. 4.7.1: Kabelabschottungen und Kabelbrandschutz

Kabelabschottungen in Decken und Wänden können Asbest enthalten. Oft wurden alte Abschottungen aus Brandschutzgründen erneuert, wobei unter den neuen Abschottungen Reste aus früheren asbesthaltigen Abschottungen vorliegen können. Auch Kabelbrandschutz wie z. B. Flamastic kann Asbest enthalten.

Kabelabschottungen mit asbesthaltigen Stopfmassen sind ebenfalls im Bodenbereich zu finden (mittleres Bild).

Abschottungen mit Brandschutzkissen (unteres Bild) können KMF enthalten. Ältere Ausführungen enthalten auch Asbest.

Asbest

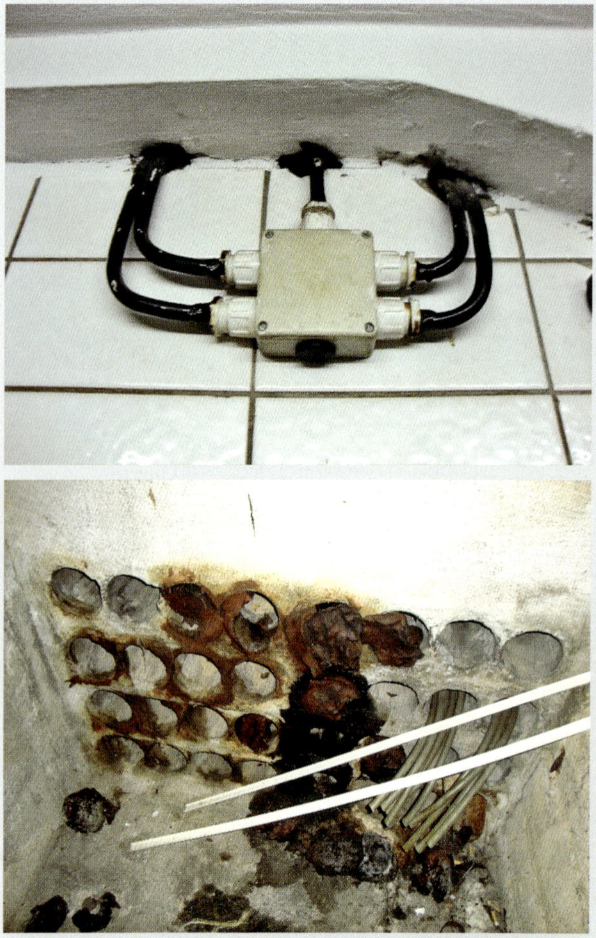

Abb. 4.7.2: Kabeldurchführungen

Ein- und Durchführungen von Kabeln (oberes Bild) wurden in der DDR häufig mit asbesthaltigem Morinol abgedichtet.

Dies gilt auch für größere Kabelabschottungen (unteres Bild).

Abb. 4.7.3: Kabelführungsbühnen: Spritzasbest

Kabelführungsbühnen wurden insbesondere in Krankenhäusern mit einer asbesthaltigen Spritzmasse (Pfeil) belegt.

Asbest

Abb. 4.7.4: Kabelführungsbühnen: Asbestzement-Platten

In diese Kabelführungsbühne aus Metall sind Asbestzement-Platten eingelegt.

Abb. 4.7.5: Kabelführungsbühnen: abgelagerte Stäube

Abgelagerte Stäube auf Kabelführungsbühnen können nach 15 Jahren bis zu 0,4 Masse-% Asbest enthalten und sind daher vor jeder Tätigkeit an den Kabelführungsbühnen zu untersuchen.

Asbest

Abb. 4.7.6: Kabeltrassen und -kanäle

Bei Übergängen von Brandabschnitten wie im abgebildeten Beispiel ist mit schwach gebundenem Asbest zu rechnen. Über der Glasflügeltür befinden sich oberhalb der abgehängten Decke Promabest-Platten (Pfeile) sowie im Bereich der Kabelübergänge asbesthaltige Stopfmassen.

Abb. 4.7.7: Schalträume: Wandkonstruktionen

Schalträume wurden häufig aus Asbestzement-Platten (Pfeil) konstruiert und mit Farbe beschichtet. Bei den Anstrichen ist davon auszugehen, dass sie PCB enthalten.

Abb. 4.7.8: Schalträume: Bodenbeläge

In Schalträumen können Boden und Wände mit asbesthaltigen PVC-Belägen (Flex-Platten) ausgekleidet sein.

Asbest

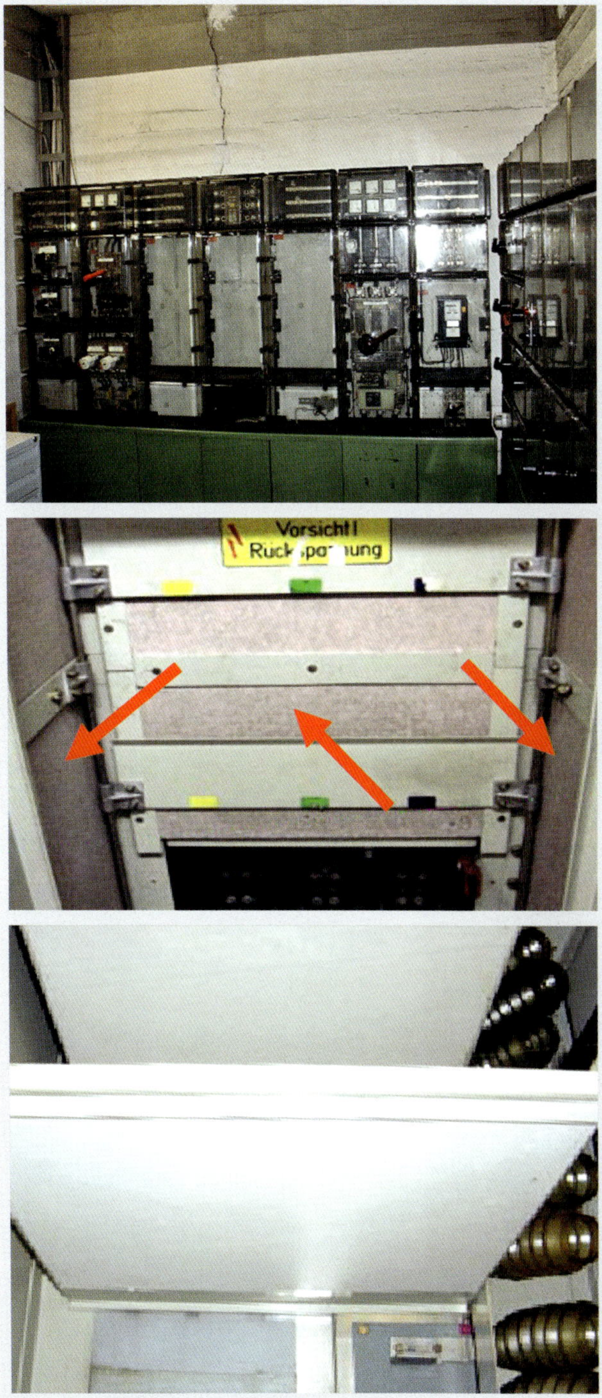

Abb. 4.7.9: Schaltanlagen

Schaltanlagen können asbesthaltige Sicherungen, asbesthaltige Bauteile der Gehäuserückseiten, asbesthaltige Boden- und Wandverkleidungen sowie asbesthaltige Stopfmassen enthalten.

Wand- und Konstruktionsteile aus Asbestzement (mittleres Bild, Pfeile) wurden zum Zeitpunkt der Montage zugeschnitten. Im Schaltschrank befinden sich daher auch größere Mengen asbesthaltiger Stäube.

Auf den Unterseiten von Einschubböden in Schaltanlagen (unteres Bild) wurde häufig eine leichte asbesthaltige Pappe aufgeklebt. Bei einer Versprödung des Klebstoffs fallen die Platten herunter und zerbrechen, sodass auch in solchen Anlagen mit asbesthaltigem Staub gerechnet werden muss.

Asbest

Abb. 4.7.10: Schaltanlagen

Schütze mit Entladewiderständen enthielten Asbestteile zur thermischen Trennung.

Abb. 4.7.11: Funkenlöschkammern

Funkenlöschkammern sind häufig mit Asbestzement-Platten (Pfeile) konstruiert.

Asbest

Abb. 4.7.12: Schmelzsicherungen

Zwischen dem Porzellangehäuse und den Schwertaustritten der Sicherungen (oberes und mittleres Bild, Pfeile) befindet sich eine asbesthaltige Pappe.

Trotz Asbestverbots können durch Importware asbesthaltige Sicherungen auf den Markt kommen (z. B. aus China). Häufig werden sie über einen zentralen Einkauf auf dem Weltmarkt beschafft. In Schaltanlagen der Industrie finden sich daher noch heute Schmelzsicherungen mit asbesthaltigen Pappen (unteres Bild), die deutliche Raumluftbelastungen verursachen können.

Asbest

Abb. 4.7.13: Notstromaggregate

Notstromaggregate sind an Bauteilen, die sich stark erhitzen, mit thermischen Trennungen aus Asbesttextilgewebe (Pfeil) ausgestattet.

Abb. 4.7.14: Bremsbeläge in Antriebsanlagen

In Antriebsanlagen von Aufzügen und in Kettenzügen wurden bis in das Jahr 2000 asbesthaltige Bremsbeläge (Pfeil) verwendet. Die abgelagerten Stäube in den Aufzugmaschinenräumen bzw. in den Kettenzügen sind daher asbesthaltig.

Abb. 4.7.15: Nachtspeicherheizgeräte

Bis 1994 wurden asbesthaltige Bauteile verwendet. Sie befinden sich häufig im Kontakt mit dem Luftstrom der Warmluft und können daher Asbestfasern in die Raumluft abgeben. Geräte, die heute noch asbesthaltig sind, haben ihre technische Lebensdauer deutlich überschritten und stellen eine konkrete Gefahr dar.

Nachtspeicherheizgeräte der Gerätegruppe 3 gemäß Merkblatt Asbest in alten Elektro-Speicherheizgeräten 2004 enthalten asbesthaltige Pappen auf fast allen inneren Teilen des Gehäuses sowie im unteren Abschluss als Überhitzungsschutz zum Boden.

Nachtspeicherheizgeräte der Gerätegruppe 2 weisen zumeist nur eine asbesthaltige Dämmstoffhülse für die Steuerpatrone auf. Hierdurch werden keine Asbestfasern freigesetzt.

Das Absaugen des Staubes mit herkömmlichen Hausstaubsaugern hinter dem Luftaustrittsgitter ist verboten, es darf nur unter Aufsicht eines Sachkundigen nach TRGS 519 erfolgen.

Asbest

Abb. 4.7.16: Elektroheizgeräte

Bei der Montage dieses Gerätes auf einem Holzuntergrund ist zum Überhitzungs- bzw. Brandschutz eine Asbestzement-Platte (Pfeil) installiert worden.

Abb. 4.7.17: Leuchtstoffröhrenlampen

An Leuchtstoffröhrenlampen befinden sich asbesthaltige Unterlegscheiben im Bereich der Porzellanfassungen (Pfeil), unter den Transformatoren und unter den Gehäusen.

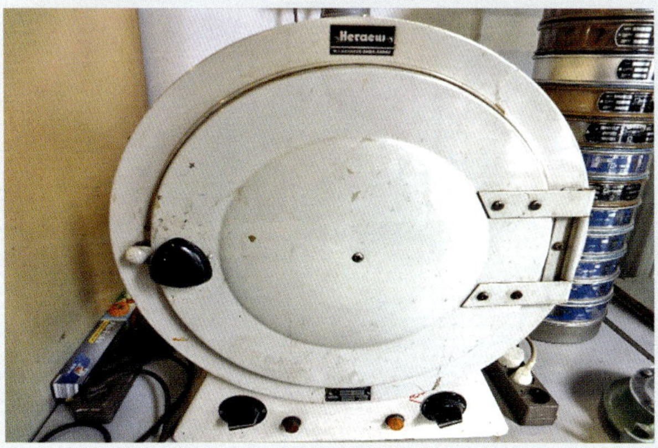

Abb. 4.7.18: Wärmeschränke

Technisches Inventar wie z. B. alte Wärmeschränke oder Sterilisatoren mit Hausanschlüssen weist asbesthaltige Bauteile auf.

Asbest

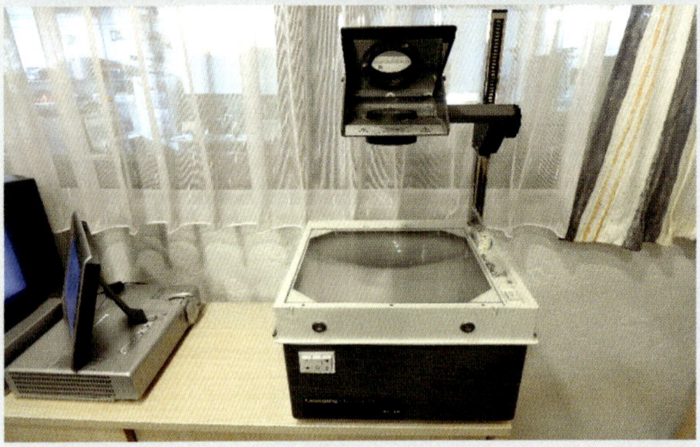

Abb. 4.7.19: Projektoren

Alte Diaprojektoren (oberes Bild), Filmprojektoren und Episkope können asbesthaltige Bauteile enthalten.

Overheadprojektoren (unteres Bild) können als thermische Trennungen ebenfalls asbesthaltige Bauteile enthalten.

KMF

Abb. 4.7.20: Kabeldurchführungen

Abschottungen von Kabeldurchführungen mit Brandschutzkissen können KMF enthalten. Ältere Ausführungen enthalten auch Asbest.

PCB

Abb. 4.7.21: Schalträume: Wandkonstruktionen

Schalträume wurden häufig aus Asbestzement-Platten (Pfeil) konstruiert und mit Farbe beschichtet. Bei den Anstrichen ist davon auszugehen, dass sie PCB enthalten.

Abb. 4.7.22: Schalträume: Bodenbeläge

In Schalträumen können Boden und Wände mit asbesthaltigen Kunststoffplatten (Flex-Platten) ausgekleidet sein. Bei vorhandenen Anstrichen ist von einem erhöhten PCB-Gehalt auszugehen.

PCB

Abb. 4.7.23: Transformatoren

Ältere Transformatoren enthalten PCB-haltige Isolierflüssigkeiten. Auch nach Austausch der Öle gilt die Füllung noch als PCB-haltig.

Abb. 4.7.24: Großkondensatoren

Großkondensatoren (Pfeil) enthalten als Tränkmittel vielfach PCB. Die Typenschilder geben oft anhand der Kürzel wie z. B. PCB, 4CD, 3CD oder CD Auskunft, welches Tränkmittel verwendet wurde.

PCB

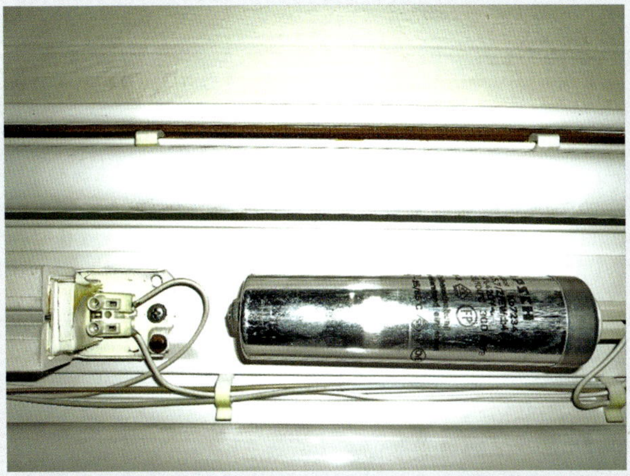

Abb. 4.7.25: Kondensatoren in Leuchtstoffröhrenlampen

Die Kondensatoren in Leuchtstoffröhrenlampen wurden mit PCB als dielektrischem Trennmittel in den Kondensatorwicklungen ausgestattet. Sie sind oft an Aufschriften wie z. B. PCB, 4CD, 3CD oder CD zu erkennen. Wenn diese Kondensatoren platzen, kann dies hohe PCB-Konzentrationen in der Raumluft verursachen.

Ergänzende Hinweise

Asbest

Promabest-Platten, die in der Regel Chrysotil- und Amositasbest enthalten, besitzen auch im Ruhezustand ein hohes Faserfreisetzungspotenzial.

In **Anstrichen mit Brandschutzfarben** kann generell Asbest enthalten sein.

KMF

Die **Füllung um die Speicherheizsteine in Nachtspeicherheizgeräten** besteht zumeist aus KMF, die als thermisch beansprucht einzustufen sind, womit ein erhöhtes Faserfreisetzungspotenzial besteht. Die Speicherheizsteine enthalten zudem meist auch krebserzeugende Chrom(VI)-Verbindungen.

4.8 Sanitär-, Heizungs- und RLT-Anlagen

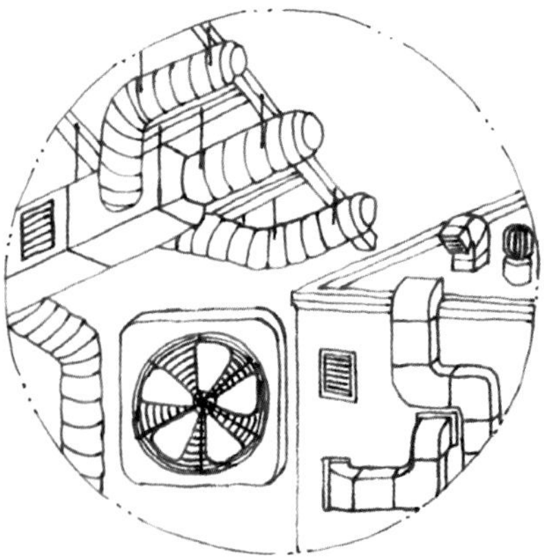

Mögliche Schadstoffvorkommen

Asbest

Sanitäranlagen
- Warmwasserleitungen
- Flanschdichtungen in Wasserleitungen
- Abwasserleitungen

Heizungsanlagen
- Heizkessel
- Ausdehnungsgefäße
- Hitzeschilde von Heizkesselanlagen
- Dampfdruckleitungen
- Heizleitungen
- Rauchgasrohreinfädelungen von Zimmeröfen
- Rippenheizkörper
- Luftleitplatten an Radiatoren und Induktionsheizungen
- Heizkörperverkleidungen

RLT-Anlagen
- Lüftungskanäle
- betonierte Lüftungsschächte
- Brandschutzklappen
- Brandschotten
- Kompensatoren
- Entlüftungen
- Lüftungsventile

Installationsschächte
- Revisionsöffnungen
- Verkleidungen

KMF

Sanitäranlagen
- Dämmungen von Warmwasserleitungen

RLT-Anlagen
- Lüftungskanäle

PCB

Heizungsanlagen
- Farbanstriche von Heizkörpern

Asbest: Sanitäranlagen

Abb. 4.8.1: Warmwasserleitungen: Dämmungen mit Litaflex-Schaumstoffen

Asbesthaltige Schaumstoffe (Litaflex-Schaumstoffe) als Ummantelung von Warmwasserleitungen (Pfeil) waren bis 1994 asbesthaltig.

Asbesthaltige und asbestfreie Litaflex-Schaumstoffe können optisch nicht unterschieden werden.

Abb. 4.8.2: Warmwasserleitungen: Dämmungen mit Kieselgur

Alte Warmwasserleitungen mit Glasfaserdämmungen können mit einem rotbraunen Mörtel aus Kieselgur (Diatomeenerde) umhüllt sein. Obwohl diese Mörtel überwiegend geringere Asbestfaseranteile hatten, führt ihre leichte Zerstörbarkeit zu starken Kontaminationen der betreffenden Räume.

Abb. 4.8.3: Warmwasserleitungen: Dämmungen mit Asbesttextilien

Warmwasserleitungen im Dachbereich (hier ein Sheddach) wurden auch mit Asbestgewebe (Pfeil) ummantelt.

Asbest: Sanitäranlagen

Abb. 4.8.4: Warmwasserleitungen: Dämmungen mit Gipsmanschetten

Warmwasser- und Heizleitungen wurden mit einer Mineralfaserdämmung und einer Gipsmanschette versehen. Gewebe und Gipslage können Asbest enthalten. Dem Gips wurde oft vor Ort Asbest zugesetzt (in größerer Menge insbesondere im Bereich von Rohrkrümmungen, daher kann die Asbestkonzentration stark schwanken).

Abb. 4.8.5: Flanschdichtungen in Wasserleitungen

It-Hochdruckdichtungen in Rohrflanschen (oberes Bild, Pfeile) enthalten zumeist Asbest. Diese Dichtungen werden auch als CAF-Dichtungen bezeichnet (CAF: compressed asbestos fibre sheets). Solche asbesthaltigen Flachdichtungen können mit emissionsarmen Verfahren entfernt werden.

Asbesthaltige Flachdichtungen liegen oft noch als Lagerbestand vor (unteres Bild) und werden daher trotz Asbestverbots zum Teil bis heute verbaut. Durch den weltweiten Handel kommen trotz Verbotes zudem immer wieder neue asbesthaltige Flachdichtungen auf den Markt.

Produktnamen von Flachdichtungen, die Asbest enthalten können, sind z. B. Anchor Packing, Chesterton, Dana Corporation, Flexitallic, Garlock, Garlock Chemiseal, John Crane, Johns Manville, Klingerit, Unarco und Westinghouse.

Asbest: Sanitäranlagen

Abb. 4.8.6: Abwasserleitungen: Rohre aus Asbestzement

Abwasserrohre aus Asbestzement mit Farbanstrichen können leicht mit Gussrohren verwechselt werden. Bei bestimmungsgemäßem Gebrauch stellen Abwasserrohre aus Asbestzement keine Gefährdung dar.

Asbestzement-Rohre wurden von ca. 1930 bis zum Verbot 1992 verbaut, aus Lagerbeständen unter Umständen aber auch noch danach.

Produktnamen sind z. B. Eternit, Wanit, Fulgurit, Himanit, Durit, Toschi und Ambroc.

Abb. 4.8.7: Abwasserleitungen: Gleitlager von Rohrschellen

Zwischen Rohrschellen und Rohren können als Gleitlager Asbestpappen eingesetzt sein.

Abb. 4.8.8: Abwasserleitungen: Stopfdichtungen

Das Bild zeigt eine asbesthaltige Schnurstopfdichtung (Pfeil) zwischen einem Hüllrohr und einem gusseisernen Fallrohr.

Asbest: Heizungsanlagen

Abb. 4.8.9: Heizkessel: Ummantelungen

Die Bilder zeigen typische mit Asbest ausgeführte Heizkesselummantelungen.

Asbest: Heizungsanlagen

Abb. 4.8.10: Heizkessel: Brennerdichtungen

Brennerdichtungen und andere Isolierungen und Dichtungen in Heizkesselanlagen können Asbest enthalten.

Abb. 4.8.11: Heizkessel: Brennstoffzuleitungen

Diese Brennstoffzuleitung wurde mit einer asbesthaltigen Flanschdichtung (Pfeil) versehen.

Abb. 4.8.12: Ausdehnungsgefäße

Ausdehnungsgefäße sind in den Anschlüssen zum Warmwasser häufig mit einer Asbestrundschnur (oberes Bild, Pfeil) versehen.

Oft sind noch Lagerbestände vorhanden (unteres Bild), die bis heute trotz Asbestverbots verbaut werden.

Asbest: Heizungsanlagen

Abb. 4.8.13: Hitzeschilde von Heizkesselanlagen

Hinter der Blechverkleidung von Heizkesselanlagen können sich Mineralwolledämmungen und leicht gebundene Asbestplatten befinden.

Abb. 4.8.14: Dampfdruckleitungen

Auf dem Bild ist unter einer Mineralfaserdämmung mit Blechmantel der asbesthaltige rotbraune Leichtmörtel aus Kieselgur (Diatomeenerde) zu erkennen (Pfeil).

Abb. 4.8.15: Heizleitungen: Dämmungen

Die Heizleitungen wurden häufig mit schwach gebundenen Asbestprodukten (Pfeil) gedämmt, im abgebildeten Beispiel frei liegend mit einem hohen Faserfreisetzungspotenzial.

Asbest: Heizungsanlagen

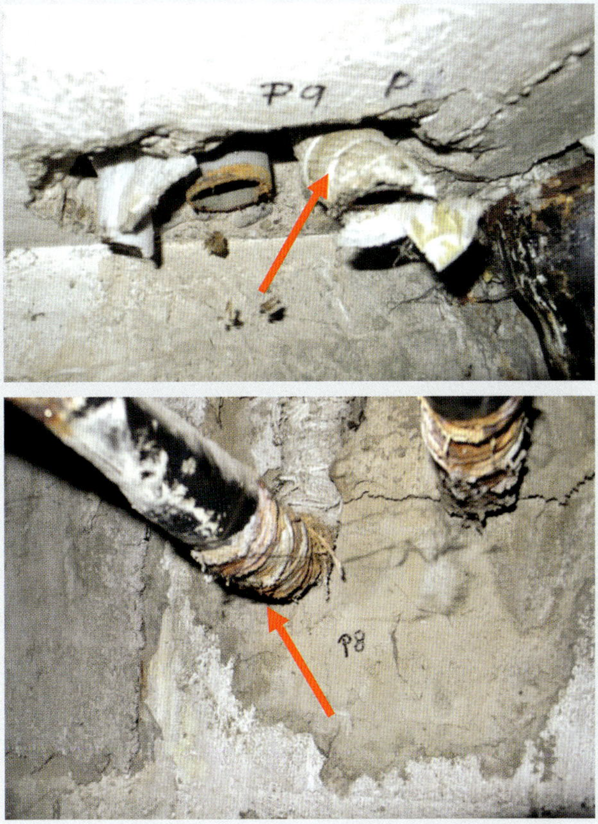

Abb. 4.8.16: Heizleitungen: Wand- und Deckendurchdringungen

Ältere Heizleitungen können im Bereich von Wand- und Deckendurchdringungen mit einer asbesthaltigen Pappe (oberes Bild, Pfeil) ummantelt sein.

Neben Asbestpappen wurden ältere Heizleitungen im Bereich von Wanddurchdringungen auch mit Asbestrundschnüren (unteres Bild, Pfeil) umwickelt. Sie dienten dem Brandschutz und zugleich als Gleitlager.

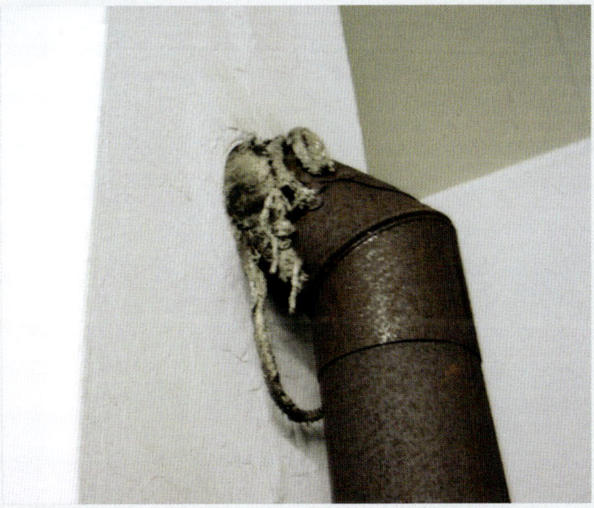

Abb. 4.8.17: Rauchgasrohreinfädelungen von Zimmeröfen

Zum Materialvorrat der Handwerker zählten verschiedene Asbesttextilgewebe, die für die verschiedensten Verwendungen eingesetzt wurden. Das Bild zeigt eine offen liegende Stopfung der Rauchgasrohreinfädelung.

Auch die mit Öl, Gas, Kohle oder Holz betriebenen Zimmeröfen enthalten asbesthaltige Isolierungen und Dichtungen.

Asbest: Heizungsanlagen

Abb. 4.8.18: Rippenheizkörper

Ältere Heizkörper enthalten zwischen den Rippen asbesthaltige Hochdruckdichtungen (Pfeil).

Abb. 4.8.19: Luftleitplatten an Radiatoren und Induktionsheizungen

In den Schacht von Unterflurlamellenradiatoren wurden häufig Asbestzement-Platten (Pfeil) eingestellt, um die thermisch aufsteigende Luft durch die Lamellen zu leiten.

Abb. 4.8.20: Heizkörperverkleidungen

Holzverkleidungen von Heizkörpern oder Gaszimmeröfen wurden zum Brandschutz häufig mit Asbestpappen (Pfeil) versehen. Ebenso wurde die Unterseite von Holzfensterbänken vielfach mit Asbestpappen isoliert.

Asbest: RLT-Anlagen

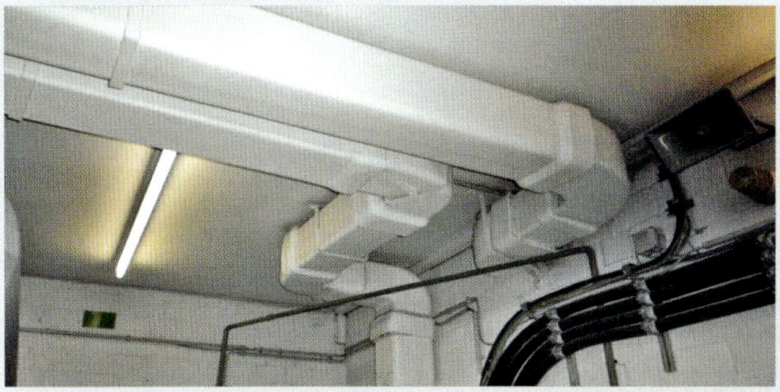

Abb. 4.8.21: Lüftungskanäle: Asbestzement-Formteile

Lüftungskanäle wurden aus ineinandergesteckten Asbestzement-Formteilen hergestellt. Sie enthalten sowohl kurze Verbindungsstücke als auch sehr lange Bauteile.

Abb. 4.8.22: Lüftungskanäle: Holzfaser-Asbestzement-Platten

Holzfaser-Asbestzement-Platten (Fulgupal-Platten; Pfeil) wurden wegen ihrer guten Bearbeitbarkeit häufig verwendet. Die jeweils benötigten Formstücke wurden vor Ort zugesägt.

Abb. 4.8.23: Lüftungskanäle: Asbestplatten

Lüftungs- und Installationskanäle wurden als selbsttragende Konstruktionen ausgeführt. Im Bild ist eine zerbrochene Übergangsmanschette zu erkennen.

Abb. 4.8.24: Lüftungskanäle: Stahlbleche mit Asbestplatten

Dieser Lüftungskanal aus Zinkstahlblech ist im unteren Bereich durch leichte asbesthaltige Platten ausgebildet worden. Das sichtbare Reststück zeigt das typische Waffelmuster der Platten.

Asbest: RLT-Anlagen

Abb. 4.8.25: Lüftungskanäle: Ummantelungen

Oberhalb von abgehängten Deckenkonstruktionen befinden sich häufig weitere Konstruktionselemente, wie hier die Ummantelung eines Lüftungskanals mit Promabest-Platten.

Abb. 4.8.26: Lüftungskanäle: Segmentflansche

Ältere Lüftungskanäle weisen in Segmentflanschen (oberes Bild, Pfeil) entweder eine graue, plastische Kittmasse, die asbesthaltig sein kann, oder eine helle, dünne Asbestrundschnur (unteres Bild, Pfeil) auf.

Abb. 4.8.27: Betonierte Lüftungsschächte

Das Bild zeigt einen betonierten Lüftungsschacht mit verlorener Schalung (Detailaufnahme) aus einer Asbestsandwichplatte (Aufbau: Asbestzement, Styropor, Asbestzement).

Asbest: RLT-Anlagen

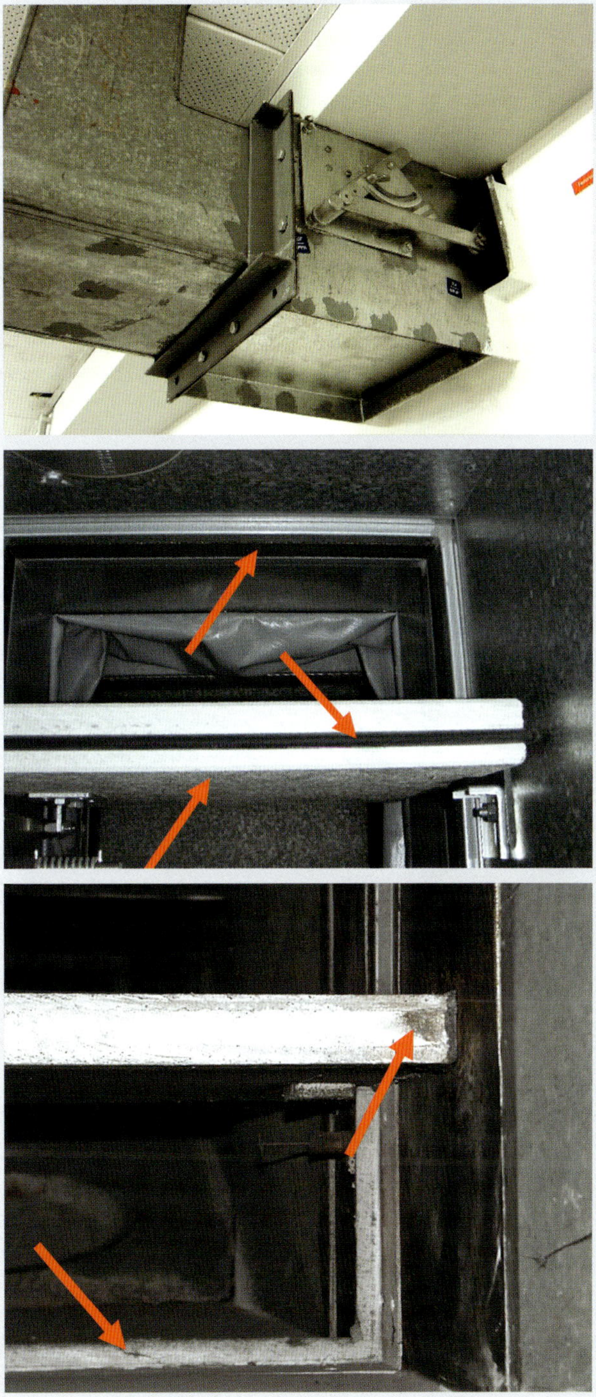

Abb. 4.8.28: Brandschutzklappen: asbesthaltige Bauteile

Bei älteren Brandschutzklappen (Feuerschutzklappen) bestehen mehrere Bauteile wie die Anschlagdichtung (mittleres Bild, oberer Pfeil) oder das Klappenblatt (mittleres Bild, untere Pfeile) aus asbesthaltigem Material. Solche Brandschutzklappen sind in Dringlichkeitsstufe III gemäß Asbest-Richtlinie einzuordnen, wenn sie unbeschädigt sind. Eine Neubewertung ist in diesem Fall in Zeitabständen von 5 Jahren vorzunehmen.

Die inzwischen über 30 Jahre alten Brandschutzklappen weisen jedoch meist Beschädigungen auf. Das untere Bild zeigt Klappenblatt (oberer Pfeil) und Anschlagdichtung (unterer Pfeil) einer Brandschutzklappe, die beide beschädigt sind.

Asbest: RLT-Anlagen

Abb. 4.8.29: Brandschutzklappen: runde Ausführung

Die runden Brandschutzklappen für Lüftungsleitungen enthalten angepasste asbesthaltige Klappenblätter mit asbesthaltigen Dichtungen (Asbestschaumstoff) und Einbaurahmen.

Das obere Bild zeigt ein Klappenblatt von innen, das untere Bild eine Anschlagdichtung.

Abb. 4.8.30: Brandschutzklappen: Maueranschlüsse

Als Wandanschluss wurden auch Asbestzement-Platten zwischen Klappe und Wand verwendet. Das Bild zeigt eine ausgebaute Brandschutzklappe mit einer solchen Asbestzement-Platte (Pfeil).

Asbest: RLT-Anlagen

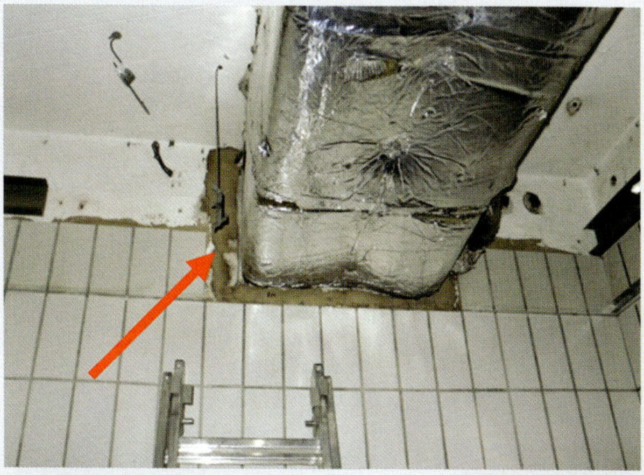

Abb. 4.8.31: Brandschotten

Lüftungskanäle sind in den Wand- oder Deckendurchdringungen zum Teil auch dann mit einem asbesthaltigen Brandschutzmörtel (Pfeil) umschlossen, wenn sie mit einer aluminiumkaschierten KMF-Ummantelung versehen sind.

Abb. 4.8.32: Kompensatoren

Aus Brandschutz- und aus Festigkeitsgründen bestehen Kompensatoren in lufttechnischen Anlagen zumeist aus einem Asbesttextil (Pfeil).

Abb. 4.8.33: Entlüftungen

Entlüftungskanäle aus Asbestzement sind oftmals in Kellern als Überreste alter Heizungsanlagen verblieben.

Asbest: RLT-Anlagen

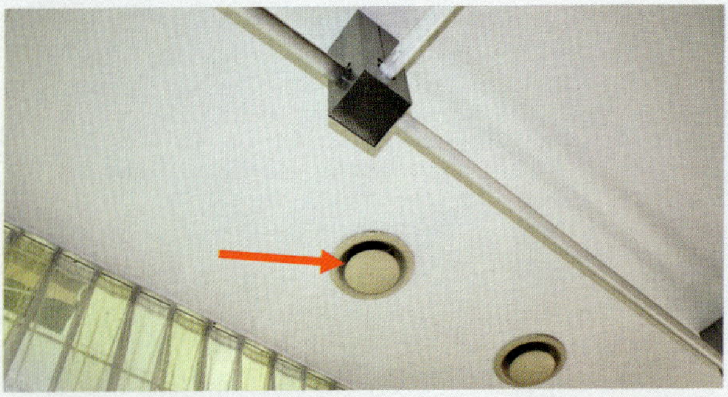

Abb. 4.8.34: Lüftungsventile

Be- und Entlüftungsventile (Pfeil) enthielten zum Brandschutz einen asbesthaltigen Mörtel hinter der Klappe sowie 2 ca. fingerdicke Asbestrundschnüre um die Führungshülse.

Asbest: Installationsschächte

Abb. 4.8.35: Revisionsöffnungen

Schächte für Lüftungskanäle verfügen an einer Brandschutzklappe oft über eine Revisionsöffnung. Das Bild zeigt eine mit einer dickwandigen Asbestzement-Platte verschlossene Revisionsöffnung.

Abb. 4.8.36: Verkleidungen

Dieser im oberen Bereich auf der Rückseite außen mit einer Gipskartonplatte verkleidete Schacht enthält innen eine gesonderte Abkofferung aus leichten asbesthaltigen Platten (Pfeil).

KMF: Sanitäranlagen

Abb. 4.8.37: Dämmungen von Warmwasserleitungen

Warmwasserleitungen wurden ab ca. 1945 bis 2002 zumeist mit einer oder mehreren Lagen KMF (Glaswolle/Mineralwolle oder Steinwolle) ummantelt (oberes Bild), um Wärmeverluste zu verringern.

Das mittlere Bild zeigt eine Warmwasserleitung aus dem Jahr 1950 mit Glaswolleummantelung und einer mit Gipsmörtel ummantelten Schicht aus Kieselgur (Diatomeenerde) auf Gewebe.

Das untere Bild zeigt Warmwasserleitungen mit einer Dämmstoffummantelung aus Glasfasern. Der äußere Mantel besteht zumeist aus Wellpappe mit einer Gipsmanschette, vereinzelt auch mit Bitumenpappe.

KMF: RLT-Anlagen

Abb. 4.8.38: Lüftungskanäle: Dämmungen mit KMF-Ummantelungen

Das Bild zeigt eine Dämmstoffummantelung mit einer Dämmlage aus KMF hinter der Aluminiumfolie. Oft wurden die Kanäle später mit weiteren Lagen aus Gipskarton verkleidet.

Abb. 4.8.39: Lüftungskanäle: Dämmungen mit Spritzmassen

Auf Lüftungskanäle wurden auch Spritzmassen aus Mineralfasern aufgebracht. In diesem Beispiel in einer Tiefgarage ist die Spritzmasse von der Kalkmilchbindung abgesehen ungebunden und setzt leicht Fasern frei.

PCB: Heizungsanlagen

Abb. 4.8.40: Farbanstriche von Heizkörpern

Heizkörperlacke enthalten häufig PCB, das noch nach mehreren Jahrzehnten in hohen Konzentrationen nachweisbar ist.

Ergänzende Hinweise

Asbest

Promabest-Platten, die in der Regel Chrysotil- und Amositasbest enthalten, besitzen auch im Ruhezustand ein hohes Faserfreisetzungspotenzial.

Im Bereich von Wanddurchdringungen sind **Brandschutzklappen** mit einer Abschottung aus Promabest-Platten versehen. In der Wanddurchführung können ebenfalls asbesthaltige Abschottungen vorhanden sein.

In **Anstrichen mit Brandschutzfarben** kann generell Asbest enthalten sein.

5 Anhang

5.1 Normen, Rechtsvorschriften und Literatur

Kapitel 2: Verantwortung der Beteiligten im Bauablauf und Vermeidung von Risiken

Normen

ISO 22262-2:2014-09 Air quality – Bulk materials – Part 2: Quantitative determination of asbestos by gravimetric and microscopical methods

[VOB/A]: DIN 1960:2012-09 VOB Vergabe- und Vertragsordnung für Bauleistungen – Teil A: Allgemeine Bestimmungen für die Vergabe von Bauleistungen

[VOB/B]: DIN 1961:2012-09 VOB Vergabe- und Vertragsordnung für Bauleistungen – Teil B: Allgemeine Vertragsbedingungen für die Ausführung von Bauleistungen

[VOB/C]: DIN 18299:2012-09 VOB Vergabe- und Vertragsordnung für Bauleistungen – Teil C: Allgemeine Technische Vertragsbedingungen für Bauleistungen (ATV) – Allgemeine Regelungen für Bauarbeiten jeder Art

VOB/C ATV DIN 18459:2015-08 Abbruch- und Rückbauarbeiten

Rechtsvorschriften

Abfallverzeichnis-Verordnung: Verordnung über das Europäische Abfallverzeichnis (Abfallverzeichnis-Verordnung – AVV) v. 10.12.2001

Allgemeine Verwaltungsvorschrift zum Schutz gegen Baulärm – Geräuschimmissionen v. 19.08.1970, Bundesanzeiger, Jg. 22, Nr. 160, Beilage, 01.09.1970

Arbeitsschutzgesetz: Gesetz über die Durchführung von Maßnahmen des Arbeitsschutzes zur Verbesserung der Sicherheit und des Gesundheitsschutzes der Beschäftigten bei der Arbeit (Arbeitsschutzgesetz – ArbSchG) v. 07.08.1996

Arbeitsstättenverordnung: Verordnung über Arbeitsstätten (Arbeitsstättenverordnung – ArbStättV) v. 12.08.2004

Baugesetzbuch (BauGB) v. 23.06.1960

Baustellenverordnung: Verordnung über Sicherheit und Gesundheitsschutz auf Baustellen (Baustellenverordnung – BaustellV) v. 10.06.1998

Betriebsverfassungsgesetz (BetrVG) v. 15.01.1972

Biostoffverordnung: Verordnung über Sicherheit und Gesundheitsschutz bei Tätigkeiten mit Biologischen Arbeitsstoffen (Biostoffverordnung – BioStoffV) v. 15.07.2013

Bundes-Bodenschutzgesetz: Gesetz zum Schutz vor schädlichen Bodenveränderungen und zur Sanierung von Altlasten (Bundes-Bodenschutzgesetz – BBodSchG) v. 17.03.1998

Bundes-Bodenschutz- und Altlastenverordnung (BBodSchV) v. 12.07.1999

Bundes-Immissionsschutzgesetz: Gesetz zum Schutz vor schädlichen Umwelteinwirkungen durch Luftverunreinigungen, Geräusche, Erschütterungen und ähnliche Vorgänge (Bundes-Immissionsschutzgesetz – BImSchG) v. 15.03.1974

Gefahrstoffverordnung: Verordnung zum Schutz vor Gefahrstoffen (Gefahrstoffverordnung – GefStoffV) v. 26.11.2010

Gewerbeordnung (GewO) v. 22.02.1999

HOAI: Verordnung über die Honorare für Architekten- und Ingenieurleistungen (Honorarordnung für Architekten und Ingenieure – HOAI) v. 10.07.2013

Kreislaufwirtschaftsgesetz: Gesetz zur Förderung der Kreislaufwirtschaft und Sicherung der umweltverträglichen Bewirtschaftung von Abfällen (Kreislaufwirtschaftsgesetz – KrWG) v. 24.02.2012

Musterbauordnung – MBO. Fassung November 2002, zuletzt geändert durch Beschluss der Bauministerkonferenz vom 21.09.2012 [online]. Berlin: Konferenz der für Städtebau, Bau- und Wohnungswesen zuständigen Minister und Senatoren der Länder (Bauministerkonferenz). Internet: http://www.bauministerkonferenz.de [Navigation: Öffentlicher Bereich -> Mustervorschriften / Mustererlasse -> Bauaufsicht / Bautechnik] [Zugriff: 28.07.2015]

Nachweisverordnung: Verordnung über die Nachweisführung bei der Entsorgung von Abfällen (Nachweisverordnung – NachwV) v. 20.10.2006

Siebtes Buch Sozialgesetzbuch – Gesetzliche Unfallversicherung (SGB 7) v. 07.08.1996

TA Lärm: Sechste Allgemeine Verwaltungsvorschrift zum Bundes-Immissionsschutzgesetz (Technische Anleitung zum Schutz gegen Lärm – TA Lärm) v. 26.08.1998, Gemeinsames Ministerialblatt, Nr. 26, 28.08.1998, S. 503–515

TA Luft: Erste Allgemeine Verwaltungsvorschrift zum Bundes-Immissionsschutzgesetz (Technische Anleitung zur Reinhaltung der Luft – TA Luft) v. 24.07.2002, Gemeinsames Ministerialblatt, Nr. 25, 30.07.2002, S. 511–605

Verordnung (EG) Nr. 1907/2006 des Europäischen Parlaments und des Rates vom 18. Dezember 2006 zur Registrierung, Bewertung, Zulassung und Beschränkung chemischer Stoffe (REACH), zur Schaffung einer Europäischen Chemikalienagentur, zur Änderung der Richtlinie 1999/45/EG und zur Aufhebung der Verordnung (EWG) Nr. 793/93 des Rates, der Verordnung (EG) Nr. 1488/94 der Kommission, der Richtlinie 76/769/EWG des Rates sowie der Richtlinien 91/155/EWG, 93/67/EWG, 93/105/EG und 2000/21/EG der Kommission [REACH-Verordnung]

Literatur

[AHO-Heft 18]: Leistungsbild und Honorierung. Planungsbereich „Baufeldfreimachung/Rückbau". Stand: Oktober 2014. Erarb.: AHO-Fachkommission „Baufeldfreimachung/Altlasten". Hrsg.: Ausschuss der Verbände und Kammern der Ingenieure und Architekten für die Honorarordnung e. V. (AHO). 2., vollst. überarb. Aufl. Köln: Bundesanzeiger Verlag, 2014 (AHO-Schriftenreihe 18)

Allgemeine Versicherungsbedingungen für die Haftpflichtversicherung (AHB). Stand: Januar 2015. Berlin: Gesamtverband der Deutschen Versicherungswirtschaft e. V. (GUV), 2015

Anerkannte Regeln der Technik. Erstellt: 01.06.2013, zuletzt editiert: 01.06.2013 [online]. Internet: http://www.juraforum.de/lexikon/regeln-der-technik [Zugriff: 29.10.2015]

Antworten auf häufig gestellte Fragen zur BaustellV (FAQ). Praxishilfe für Adressaten und Anwender der BaustellV. O. O. [Dortmund]: Bundesanstalt für Arbeitsschutz und Arbeitsmedizin, o. J. [2005] [online]. Internet: http://www.baua.de/cae/servlet/contentblob/677758/publicationFile/49755/FAQ-Baustellen.pdf [Zugriff: 28.10.2015]

Asbesthaltige Putze, Spachtelmassen und Fliesenkleber in Gebäuden. Diskussionspapier zu Erkundung, Bewertung und Sanierung. Düsseldorf: Verein Deutscher Ingenieure; Berlin: Gesamtverband Schadstoffsanierung e. V., 2015

Asbest-Richtlinie: Richtlinie für die Bewertung und Sanierung schwach gebundener Asbestprodukte in Gebäuden (Asbest-Richtlinie). Fassung Januar 1996. In: DIBt-Mitteilungen 27 (1996), Nr. 3, S. 88–94

DGUV Information 201-012. Verfahren mit geringer Exposition gegenüber Asbest bei Abbruch-, Sanierungs- und Instandhaltungsarbeiten (bisher: BGI 664). Stand: Juli 2000. Sankt Augustin: Hauptverband der gewerblichen Berufsgenossenschaften, Berufsgenossenschaftliches Institut für Arbeitssicherheit des HVBG (BIA), 2000

DGUV Information 201-013. Baustein-Merkheft. Abbrucharbeiten (bisher: BGI 665). Stand: Juli 2012. Berlin: Berufsgenossenschaft der Bauwirtschaft, 2012

DGUV Information 201-028. Handlungsanleitung. Gesundheitsgefährdungen durch biologische Arbeitsstoffe bei der Gebäudesanierung (bisher: BGI 858). Stand: Oktober 2006. Berlin: Berufsgenossenschaft der Bauwirtschaft, 2006

DGUV Information 201-031. Handlungsanleitung zur Gefährdungsbeurteilung nach Biostoffverordnung (BioStoffV). Gesundheitsgefährdungen durch Taubenkot (bisher: BGI 892). Stand: November 2006. Berlin: Berufsgenossenschaft der Bauwirtschaft, 2006

DGUV Regel 100-001. Grundsätze der Prävention. Stand: Mai 2014. Berlin: Deutsche Gesetzliche Unfallversicherung e. V. (DGUV), 2014

DGUV Regel 101-004. Kontaminierte Bereiche (bisher: BGR 128). Stand: Februar 2006. Köln: Hauptverband der gewerblichen Berufsgenossenschaften, Fachausschuss „Tiefbau" der BGZ, 2006

DGUV Regel 112-189. Benutzung von Schutzkleidung (bisher: BGR 189). Stand: April 1994. Aktualisierte Nachdruckfassung Oktober 2007. Berlin: Deutsche Gesetzliche Unfallversicherung e. V. (DGUV), 2007

DGUV Regel 112-190. Benutzung von Atemschutzgeräten (bisher: BGR/GUV-R 190). Stand: Dezember 2011. Berlin: Deutsche Gesetzliche Unfallversicherung e. V. (DGUV), 2011

DGUV Vorschrift 1. Unfallverhütungsvorschrift. Grundsätze der Prävention (bisher: BGV A1/GUV-V A1). Stand: November 2013. Berlin: Deutsche Gesetzliche Unfallversicherung e. V. (DGUV), 2013

DGUV Vorschrift 6. Arbeitsmedizinische Vorsorge (bisher: BGV A4). Stand: Januar 1997

DGUV Vorschrift 7. Unfallverhütungsvorschrift. Arbeitsmedizinische Vorsorge (bisher: GUV-V A4). Stand: Januar 1997

Fuchs, Bastian; Schalk, Günther: Müssen öffentliche Auftraggeber künftig „übliche" Schadstoffe im Boden nicht mehr ausschreiben? In: BauPortal 125 (2013), Nr. 7, S. 6–11

Geesmann, [Rainer]: Staubbelastungen beim Betrieb mobiler Bauschuttaufbereitungsanlagen aus immissionsschutzrechtlicher Sicht. In: Abbruch aktuell (2010), Nr. 12, S. 11–12

Köhler & Klett Partnerschaft von Rechtsanwälten mbB: Ende der Abfalleigenschaft [online]. Köln: Köhler & Klett Partnerschaft von Rechtsanwälten mbB, o. J. Internet: http://www.koehler-klett.de/fachbeitrag/ende-der-abfalleigenschaft [Zugriff: 29.10.2015]

Kropp, Olaf: Erzeuger und Besitzer von Bauabfällen. In: Zeitschrift für Umweltrecht 21 (2010), Nr. 10, S. 461–466

Lenoir, Joachim: Haftungsrisiken und Versicherungsschutz bei der Schadstoffsanierung. Vortrag. Fachkonferenz „Bauen im Bestand. Pflichten und Chancen für Bauherren. Aktuelle rechtliche und wirtschaftliche Aspekte beim Bauen im Bestand mit Schadstoffbelastungen", 28.02.2013, Mainz

PCB-Richtlinie: Projektgruppe „Schadstoffe" der Fachkommission Baunormung der Arbeitsgemeinschaft der für das Bau-, Wohnungs- und Siedlungswesen zuständigen Minister der Länder (ARGEBAU): Richtlinie für die Bewertung und Sanierung PCB-belasteter Baustoffe und Bauteile in Gebäuden (PCB-Richtlinie). Fassung September 1994. In: DIBt-Mitteilungen 26 (1995), Nr. 2, S. 50–59

[PCP-Richtlinie]: Projektgruppe „Schadstoffe" der Fachkommission Baunormung der Arbeitsgemeinschaft der für das Bau-, Wohnungs- und Siedlungswesen zuständigen Minister der Länder (ARGEBAU): Richtlinie für die Bewertung und Sanierung Pentachlorphenol (PCP)-belasteter Baustoffe und Bauteile in Gebäuden. Fassung Oktober 1996. In: DIBt-Mitteilungen 28 (1997), Nr. 2, S. 6–15

RAB 30. Regeln zum Arbeitsschutz auf Baustellen. Geeigneter Koordinator (Konkretisierung zu § 3 BaustellV). Stand: 27.03.2003. Ausschuss für Sicherheit und Gesundheitsschutz auf Baustellen (ASGB), 2003, Bundesarbeitsblatt, Nr. 6, 2003, S. 64

RAB 31. Regeln zum Arbeitsschutz auf Baustellen. Sicherheits- und Gesundheitsschutzplan – SiGe-Plan. Stand: 12.11.2003. Ausschuss für Sicherheit und Gesundheitsschutz auf Baustellen (ASGB), 2003, Bundesarbeitsblatt, Nr. 3, 2004, S. 59

Seibel, Mark: Abgrenzung der „allgemein anerkannten Regeln der Technik" vom „Stand der Technik". In: Neue Juristische Wochenschrift 66 (2013), Nr. 41, S. 3000–3004

Stand der Technik. Erstellt: 01.06.2013, zuletzt editiert: 01.06.2013 [online]. Internet: http://www.juraforum.de/lexikon/stand-der-technik [Zugriff: 29.10.2015]

TRBA 001. Technische Regeln für Biologische Arbeitsstoffe. Allgemeines und Aufbau des Technischen Regelwerks zur Biostoffverordnung. Anwendung von Technischen Regeln für Biologische Arbeitsstoffe (TRBA). Ausgabe: November 2007. Bundesanstalt für Arbeitsschutz und Arbeitsmedizin, Ausschuss für Biologische Arbeitsstoffe (ABAS), 2007, Gemeinsames Ministerialblatt, Nr. 4, 14.02.2008, S. 82–83

TRBA 400. Technische Regeln für Biologische Arbeitsstoffe. Handlungsanleitung zur Gefährdungsbeurteilung und für die Unterrichtung der Beschäftigten bei Tätigkeiten mit biologischen Arbeitsstoffen. Ausgabe: April 2006. Bundesanstalt für Arbeitsschutz und Arbeitsmedizin, Ausschuss für Biologische Arbeitsstoffe (ABAS), 2006, Bundesarbeitsblatt, Nr. 6, 2006, S. 62–77

TRBA 500. Technische Regeln für Biologische Arbeitsstoffe. Grundlegende Maßnahmen bei Tätigkeiten mit biologischen Arbeitsstoffen. Ausgabe: April 2012. Bundesanstalt für Arbeitsschutz und Arbeitsmedizin, Ausschuss für Biologische Arbeitsstoffe (ABAS), 2012, Gemeinsames Ministerialblatt, Nr. 15–20, 25.04.2012, S. 373–379

TRGS 001. Technische Regeln für Gefahrstoffe. Das Technische Regelwerk zur Gefahrstoffverordnung. Allgemeines – Aufbau – Übersicht – Beachtung der Technischen Regeln für Gefahrstoffe (TRGS). Ausgabe: Dezember 2006. Bundesanstalt für Arbeitsschutz und Arbeitsmedizin, Ausschuss für Gefahrstoffe (AGS), 2006, Bundesarbeitsblatt, Nr. 12, 2006, S. 149–150

TRGS 400. Technische Regeln für Gefahrstoffe. Gefährdungsbeurteilung für Tätigkeiten mit Gefahrstoffen. Ausgabe: Dezember 2010. Bundesanstalt für Arbeitsschutz und Arbeitsmedizin, Ausschuss für Gefahrstoffe (AGS), 2010, Gemeinsames Ministerialblatt, Nr. 2, 31.01.2011, S. 19–32, zuletzt geändert u. ergänzt: Gemeinsames Ministerialblatt, Nr. 40, 13.09.2012, S. 715

TRGS 401. Technische Regeln für Gefahrstoffe. Gefährdung durch Hautkontakt. Ermittlung – Beurteilung – Maßnahmen. Ausgabe: Juni 2008. Bundesanstalt für Arbeitsschutz und Arbeitsmedizin, Ausschuss für Gefahrstoffe (AGS), 2008, Gemeinsames Ministerialblatt, Nr. 40–41, 19.08.2008, S. 818–845, zuletzt berichtigt: Gemeinsames Ministerialblatt, Nr. 9, 30.03.2011, S. 175

TRGS 402. Technische Regeln für Gefahrstoffe. Ermitteln und Beurteilen der Gefährdungen bei Tätigkeiten mit Gefahrstoffen: Inhalative Exposition. Ausgabe: Januar 2010. Bundesanstalt für Arbeitsschutz und Arbeitsmedizin, Ausschuss für Gefahrstoffe (AGS), 2010, Gemeinsames Ministerialblatt, Nr. 12, 25.02.2010, S. 231–253, geändert u. ergänzt: Gemeinsames Ministerialblatt, Nr. 12, 02.04.2014, S. 254–257

TRGS 517. Technische Regeln für Gefahrstoffe. Tätigkeiten mit potenziell asbesthaltigen mineralischen Rohstoffen und daraus hergestellten Gemischen und Erzeugnissen. Ausgabe: Februar 2013. Bundesanstalt für Arbeitsschutz und Arbeitsmedizin, Ausschuss für Gefahrstoffe (AGS), 2013, Gemeinsames Ministerialblatt, Nr. 18, 09.04.2013, S. 382–396, geändert u. ergänzt: Gemeinsames Ministerialblatt, Nr. 7, 02.03.2015, S. 137–138

TRGS 519. Technische Regeln für Gefahrstoffe. Asbest. Abbruch-, Sanierungs- oder Instandhaltungsarbeiten. Ausgabe: Januar 2014. Bundesanstalt für Arbeitsschutz und Arbeitsmedizin, Ausschuss für Gefahrstoffe (AGS), 2014, Gemeinsames Ministerialblatt, Nr. 8–9, 20.03.2014, S. 164–201, geändert u. ergänzt: Gemeinsames Ministerialblatt, Nr. 7, 02.03.2015, S. 136–137

TRGS 521. Technische Regeln für Gefahrstoffe. Abbruch-, Sanierungs- und Instandhaltungsarbeiten mit alter Mineralwolle. Ausgabe: Februar 2008. Bundesanstalt für Arbeitsschutz und Arbeitsmedizin, Ausschuss für Gefahrstoffe (AGS), 2008, Gemeinsames Ministerialblatt, Nr. 14, 25.03.2008, S. 278–292

TRGS 524. Technische Regeln für Gefahrstoffe. Schutzmaßnahmen bei Tätigkeiten in kontaminierten Bereichen. Ausgabe: Februar 2010. Bundesanstalt für Arbeitsschutz und Arbeitsmedizin, Ausschuss für Gefahrstoffe (AGS), 2010, Gemeinsames Ministerialblatt, Nr. 21, 01.04.2010, S. 419–450, zuletzt geändert u. ergänzt: Gemeinsames Ministerialblatt, Nr. 49–51, 19.12.2011, S. 1018–1019

TRGS 559. Technische Regeln für Gefahrstoffe. Mineralischer Staub. Ausgabe: Februar 2010. Bundesanstalt für Arbeitsschutz und Arbeitsmedizin, Ausschuss für Gefahrstoffe (AGS), 2010, Gemeinsames Ministerialblatt, Nr. 22–23, 09.04.2010, S. 459–493, zuletzt geändert u. ergänzt: Gemeinsames Ministerialblatt, Nr. 29, 01.09.2011, S. 578–579

TRGS 900. Technische Regeln für Gefahrstoffe. Arbeitsplatzgrenzwerte. Ausgabe: Januar 2006. Bundesanstalt für Arbeitsschutz und Arbeitsmedizin, Ausschuss für Gefahrstoffe (AGS), 2006, Bundesarbeitsblatt, Nr. 1, 2006, S. 41–55, zuletzt geändert u. ergänzt: Gemeinsames Ministerialblatt, Nr. 7, 02.03.2015, S. 139–140

TRGS 905. Technische Regeln für Gefahrstoffe. Verzeichnis krebserzeugender, erbgutverändernder oder fortpflanzungsgefährdender Stoffe. Ausgabe: März 2014. Bundesanstalt für Arbeitsschutz und Arbeitsmedizin, Ausschuss für Gefahrstoffe (AGS), 2014, Gemeinsames Ministerialblatt, Nr. 24, 19.05.2014, S. 510–522

TRGS 906. Technische Regeln für Gefahrstoffe. Verzeichnis krebserzeugender Tätigkeiten oder Verfahren nach § 3 Abs. 2 Nr. 3 GefStoffV. Ausgabe: Juli 2005. Bundesanstalt für Arbeitsschutz und Arbeitsmedizin, Ausschuss für Gefahrstoffe (AGS), 2005, Bundesarbeitsblatt, Nr. 7, 2005, S. 79–80, zuletzt geändert u. ergänzt: Gemeinsames Ministerialblatt, Nr. 24, 27.04.2007, S. 514

VDI 3866 Blatt 4:2002-02. Bestimmung von Asbest in technischen Produkten – Phasenkontrastmikroskopisches Verfahren. Düsseldorf: Verein Deutscher Ingenieure, 2002

VDI 3866 Blatt 5:2015-07. Bestimmung von Asbest in technischen Produkten – Rasterelektronenmikroskopisches Verfahren. Düsseldorf: Verein Deutscher Ingenieure, 2015

VDI/GVSS 6202 Blatt 1:2013-10. Schadstoffbelastete bauliche und technische Anlagen – Abbruch-, Sanierungs- und Instandhaltungsarbeiten

VDI/GVSS 6202 Blatt 2. Schadstoffbelastete bauliche und technische Anlagen – Qualifizierung von Personal [in Vorbereitung]

Kapitel 3: Datenblätter Schadstoffe

Normen

DIN 68800-1:1974-05 Holzschutz im Hochbau; Allgemeines

DIN 68800-2:1974-05 Holzschutz im Hochbau; Vorbeugende bauliche Maßnahmen

DIN 68800-3:1974-05 Holzschutz im Hochbau; Vorbeugender chemischer Schutz von Vollholz

DIN 68800-4:1974-05 Holzschutz im Hochbau; Bekämpfungsmaßnahmen gegen Pilz- und Insektenbefall

DIN EN 12766-2:2001-12 Mineralölerzeugnisse und Gebrauchtöle – Bestimmung von PCBs und verwandten Produkten – Teil 2: Berechnung des Gehaltes an polychlorierten Biphenylen (PCB)

TGL 22 973:1980-11 Fachbereichstandard. Anorganische Brandschutzplatte für Gebäude

TGL 24 452/01:1980-08 Fachbereichstandard. Leichtbauplatte Sokalit MFK. Technische Bedingungen

TGL 24 452/02:1980-08 Fachbereichstandard. Leichtbauplatte Sokalit MFK. Prüfung

TGL 29 312:1973-10 Fachbereichstandard. Anorganische Feuerschutzplatte (Neptunit). Technische Lieferbedingungen

TGL 37 478:1985-06 Fachbereichstandard. Anorganische Feuerschutzplatten – nichtbrennbar. Technische Bedingungen

Rechtsvorschriften

Abfallverzeichnis-Verordnung: Verordnung über das Europäische Abfallverzeichnis (Abfallverzeichnis-Verordnung – AVV) v. 10.12.2001

Altholzverordnung: Verordnung über Anforderungen an die Verwertung und Beseitigung von Altholz (Altholzverordnung – AltholzV) v. 15.08.2002

Baustellenverordnung: Verordnung über Sicherheit und Gesundheitsschutz auf Baustellen (Baustellenverordnung – BaustellV) v. 10.06.1998

Chemikalien-Verbotsverordnung: Verordnung über Verbote und Beschränkungen des Inverkehrbringens gefährlicher Stoffe, Zubereitungen und Erzeugnisse nach dem Chemikaliengesetz (Chemikalien-Verbotsverordnung – ChemVerbotsV) v. 14.10.1993

Deponieverordnung: Verordnung über Deponien und Langzeitlager (Deponieverordnung – DepV) v. 27.04.2009

[Gefahrstoffverordnung 1986]: Verordnung über gefährliche Stoffe (Gefahrstoffverordnung – GefStoffV) v. 26.08.1986

[Gefahrstoffverordnung 1993]: Verordnung über gefährliche Stoffe (Gefahrstoffverordnung – GefStoffV) v. 26.10.1993

Gefahrstoffverordnung: Verordnung zum Schutz vor Gefahrstoffen (Gefahrstoffverordnung – GefStoffV) v. 26.11.2010

Globally Harmonized System of Classification and Labelling of Chemicals (GHS). New York; Genf: United Nations, 2003 [online]. Internet: http://www.unece.org/trans/danger/publi/ghs/ghs_rev00/00files_e.html [Zugriff: 13.08.2015]

Kreislaufwirtschaftsgesetz: Gesetz zur Förderung der Kreislaufwirtschaft und Sicherung der umweltverträglichen Bewirtschaftung von Abfällen (Kreislaufwirtschaftsgesetz – KrWG) v. 24.02.2012

Musterbauordnung – MBO. Fassung November 2002, zuletzt geändert durch Beschluss der Bauministerkonferenz vom 21.09.2012 [online]. Berlin: Konferenz der für Städtebau, Bau- und Wohnungswesen zuständigen Minister und Senatoren der Länder (Bauministerkonferenz). Internet: http://www.bauminister konferenz.de [Navigation: Öffentlicher Bereich -> Mustervorschriften / Mustererlasse -> Bauaufsicht / Bautechnik] [Zugriff: 28.07.2015]

Mutterschutzgesetz: Gesetz zum Schutze der erwerbstätigen Mutter (Mutterschutzgesetz – MuSchG) v. 24.01.1952

[Mütterschutzverordnung]: Verordnung zum Schutze der Mütter am Arbeitsplatz v. 15.04.1997

PCB/PCT-Abfallverordnung: Verordnung über die Entsorgung polychlorierter Biphenyle, polychlorierter Terphenyle und halogenierter Monomethyldiphenylmethane (Artikel 1 der Verordnung über die Entsorgung polychlorierter Biphenyle, polychlorierter Terphenyle sowie halogenierter Monomethyldiphenylmethane und zur Änderung chemikalienrechtlicher Vorschriften) (PCB/PCT-Abfallverordnung – PCBAbfallV) v. 26.06.2000

PCB-, PCT-, VC-Verbotsverordnung: Verordnung zum Verbot von polychlorierten Biphenylen, polychlorierten Terphenylen und zur Beschränkung von Vinylchlorid (PCB-, PCT-, VC-Verbotsverordnung) v. 18.07.1989

Pentachlorphenolverbotsverordnung (PCP-V) v. 12.12.1989

Teerölverordnung: Verordnung zur Beschränkung des Herstellens, des Inverkehrbringens und der Verwendung von Teerölen zum Holzschutz (Teerölverordnung – TeerölV) v. 27.05.1991

Trinkwasserverordnung: Verordnung über die Qualität von Wasser für den menschlichen Gebrauch (Trinkwasserverordnung – TrinkwV 2001) v. 21.05.2001

Richtlinie 67/548/EWG des Rates vom 27. Juni 1967 zur Angleichung der Rechts- und Verwaltungsvorschriften für die Einstufung, Verpackung und Kennzeichnung gefährlicher Stoffe [Stoff-Richtlinie]

Richtlinie 76/769/EWG des Rates vom 27. Juli 1976 zur Angleichung der Rechts- und Verwaltungsvorschriften der Mitgliedstaaten für Beschränkungen des Inverkehrbringens und der Verwendung gewisser gefährlicher Stoffe und Zubereitungen

Richtlinie 83/477/EWG des Rates vom 19. September 1983 über den Schutz der Arbeitnehmer gegen Gefährdung durch Asbest am Arbeitsplatz (Zweite Einzelrichtlinie im Sinne des Artikels 8 der Richtlinie 80/1107/EWG)

Richtlinie 96/59/EG des Rates vom 16. September 1996 über die Beseitigung polychlorierter Biphenyle und polychlorierter Terphenyle (PCB/PCT)

Richtlinie 98/24/EG des Rates vom 7. April 1998 zum Schutz von Gesundheit und Sicherheit der Arbeitnehmer vor der Gefährdung durch chemische Arbeitsstoffe bei der Arbeit (vierzehnte Einzelrichtlinie im Sinne des Artikels 16 Absatz 1 der Richtlinie 89/391/EWG)

Richtlinie 2003/18/EG des Europäischen Parlaments und des Rates vom 27. März 2003 zur Änderung der Richtlinie 83/477/EWG des Rates über den Schutz der Arbeitnehmer gegen Gefährdung durch Asbest am Arbeitsplatz

Richtlinie 2009/148/EG des Europäischen Parlaments und des Rates vom 30. November 2009 über den Schutz der Arbeitnehmer gegen Gefährdung durch Asbest am Arbeitsplatz

Verordnung (EG) Nr. 850/2004 des Europäischen Parlaments und des Rates vom 29. April 2004 über persistente organische Schadstoffe und zur Änderung der Richtlinie 79/117/EWG [POP-Verordnung]

Verordnung (EG) Nr. 1907/2006 des Europäischen Parlaments und des Rates vom 18. Dezember 2006 zur Registrierung, Bewertung, Zulassung und Beschränkung chemischer Stoffe (REACH), zur Schaffung einer Europäischen Chemikalienagentur, zur Änderung der Richtlinie 1999/45/EG und zur Aufhebung der Verordnung (EWG) Nr. 793/93 des Rates, der Verordnung (EG) Nr. 1488/94 der Kommission, der Richtlinie 76/769/EWG des Rates sowie der Richtlinien 91/155/EWG, 93/67/EWG, 93/105/EG und 2000/21/EG der Kommission [REACH-Verordnung]

Verordnung (EG) Nr. 1272/2008 des Europäischen Parlaments und des Rates vom 16. Dezember 2008 über die Einstufung, Kennzeichnung und Verpackung von Stoffen und Gemischen, zur Änderung und Aufhebung der Richtlinien 67/548/EWG und 1999/45/EG und zur Änderung der Verordnung (EG) Nr. 1907/2006 [CLP-Verordnung]

Verordnung (EU) Nr. 253/2011 der Kommission vom 15. März 2011 zur Änderung der Verordnung (EG) Nr. 1907/2006 des Europäischen Parlaments und des Rates zur Registrierung, Bewertung, Zulassung und Beschränkung chemischer Stoffe (REACH) hinsichtlich Anhang XIII

[2. Gefahrstoff-Änderungsverordnung]: Zweite Verordnung zur Änderung der Gefahrstoffverordnung v. 23.04.1990

[4. Chemikalienrechts-Änderungsverordnung]: Vierte Verordnung zur Änderung chemikalienrechtlicher Verordnungen v. 13.08.2002

[10. Bundes-Immissionsschutzverordnung]: Zehnte Verordnung zur Durchführung des Bundes-Immissionsschutzgesetzes (Verordnung über die Beschaffenheit und die Auszeichnung der Qualitäten von Kraft- und Brennstoffen – 10. BImSchV) v. 08.12.2010

Literatur

Ableitung von Geringfügigkeitsschwellenwerten für das Grundwasser. Düsseldorf: Länderarbeitsgemeinschaft Wasser (LAWA), Dezember 2004 [online]. Internet: http://www.lawa.de/documents/GFS-Bericht-DE_a8c.pdf [Zugriff: 19.08.2015]

[Ad-hoc-Arbeitsgruppe, 1996]: Ad-hoc-Arbeitsgruppe aus Mitgliedern der Innenraumlufthygiene-Kommission (IRK) des Umweltbundesamtes und des Ausschusses für Umwelthygiene der AGLMB [Arbeitsgemeinschaft der Leitenden Medizinalbeamtinnen und -beamten der Länder]: Richtwerte für die Innenraumluft: Basisschema. In: Bundesgesundheitsblatt 39 (1996), Nr. 11, S. 422–426

[Ad-hoc-Arbeitsgruppe, 1997]: Ad-hoc-Arbeitsgruppe aus Mitgliedern der Innenraumlufthygiene-Kommission (IRK) des Umweltbundesamtes und des Ausschusses für Umwelthygiene (AUH) der Leitenden Medizinalbeamtinnen und -beamten der Länder (AGLMB): Richtwerte für die Innenraumluft: Pentachlorphenol. In: Bundesgesundheitsblatt 40 (1997), Nr. 7, S. 234–236

[Ad-hoc-Arbeitsgruppe, 2007]: Ad-hoc-Arbeitsgruppe der Innenraumlufthygiene-Kommission und der Obersten Landesgesundheitsbehörden: Gesundheitliche Bewertung dioxinähnlicher polychlorierter Biphenyle in der Innenraumluft. In: Bundesgesundheitsblatt – Gesundheitsforschung – Gesundheitsschutz 50 (2007), Nr. 11, S. 1455–1465

[Ad-hoc-Arbeitsgruppe, 2013]: Ad-hoc-Arbeitsgruppe Innenraumrichtwerte der Kommission Innenraumlufthygiene und der Obersten Landesgesundheitsbehörden: Richtwerte für Naphthalin und Naphthalinähnliche Verbindungen in der Innenraumluft. In: Bundesgesundheitsblatt – Gesundheitsforschung – Gesundheitsschutz 56 (2013), Nr. 10, S. 1448–1459

AGÖF-Orientierungswerte für mittel- und schwerflüchtige organische Verbindungen und Schwermetalle im Hausstaub. Fassung Frühjahr 2004. Springe-Eldagsen: Arbeitsgemeinschaft ökologischer Forschungsinstitute e. V. (AGÖF), 2004 [online]. Internet: http://www.agoef.de/agoef/oewerte/photoarchiv/pdfs/AGOEF_Orientwerte_Staub [Zugriff: 28.07.2015]

Asbest in den neuen Bundesländern. Tipps und Informationen zu einem gravierenden Umweltproblem. Berlin: Verbraucherzentrale Bundesverband e. V. (VZBV), o. J. [online]. Internet: https://www.umweltbundesamt.de/sites/default/files/medien/publikation/long/2615.pdf [Zugriff: 13.08.2015]

Asbest. Informationen über Abbruch, Sanierungs- und Instandhaltungsarbeiten. Ausgabe: 04/2015. Berlin: Berufsgenossenschaft der Bauwirtschaft, 2010

[Asbest-Richtlinie 1989]: Richtlinien für die Bewertung und Sanierung schwachgebundener Asbestprodukte in Gebäuden (Asbest-Richtlinien). Fassung Mai 1989. In: IBt-Mitteilungen 20 (1989), Nr. 6, S. 186–192

[Asbest-Richtlinie 1996]: Richtlinie für die Bewertung und Sanierung schwach gebundener Asbestprodukte in Gebäuden (Asbest-Richtlinie). Fassung Januar 1996. In: DIBt-Mitteilungen 27 (1996), Nr. 3, S. 88–94

Ballschmiter, K.; Zell, M.: Analysis of polychlorinated biphenyls (PCB) by glass capillary gas chromatography: Composition of technical Aroclor and Clophen PCB mixtures. In: Fresenius' Journal of Analytical Chemistry (1980), Nr. 302, S. 20–31

[Bekanntmachung Bundesministerium für Arbeit und Soziales, 2013]: Bundesministerium für Arbeit und Soziales, Bundesanstalt für Arbeitsschutz und Arbeitsmedizin: Bekanntmachung von Technischen Regeln; TRGS 900 „Arbeitsplatzgrenzwerte" 02.07.2013, Gemeinsames Ministerialblatt, Nr. 47, 19.09.2013, S. 943–947

BGI 664. Berufsgenossenschaftliche Informationen für Sicherheit und Gesundheit bei der Arbeit. BG-Information. Verfahren mit geringer Exposition gegenüber Asbest bei Abbruch-, Sanierungs- und Instandhaltungsarbeiten (bisher ZH 1/511). Stand: Juli 2000. Sankt Augustin: Hauptverband der gewerblichen Berufsgenossenschaften, Berufsgenossenschaftliches Institut für Arbeitssicherheit des HVBG (BIA), 2000 [jetzt: DGUV Information 201-012]

Binder, Markus; Obenland, Herbert; Maraun, Wigbert: Fertighausgeruch durch Chloranisole in der Raumluft älterer Fertighäuser – eine erste Studie zum Vorkommen. Oberursel: ARGUK Umweltlabor GmbH, 2003

Blessing, Roland; Derra, Roland: Holzschutzmittelbelastungen durch Pentachlorphenol und Lindan in Wohn- und Aufenthaltsräumen. In: Staub – Reinhaltung der Luft 52 (1992), Nr. 7–8, S. 265–271

[Bundesrat, Drucksache 456/10]: Verordnung der Bundesregierung: Verordnung zur Neufassung der Gefahrstoffverordnung und zur Änderung sprengstoffrechtlicher Verordnungen, Bundesrat, Drucksache 456/10, 22.07.2010

[BUWAL-Richtlinie, 2003]: Richtlinie. PCB-haltige Fugendichtungsmassen. Stoffe/Abfall. Beurteilung des Handlungsbedarfs und Empfehlungen für das Vorgehen bei Bauten. Bern: Bundesamt für Umwelt, Wald und Landschaft (BUWAL), 2003 (Vollzug Umwelt)

Committee for Risk Assessment (RAC): Opinion proposing harmonized classification and labelling at EU level of Lead. Adopted 5 December 2013. Helsinki: European Chemicals Agency (ECHA), 2013 (EC number: 231-100-4; CAS number: 7439-92-1; CLH-O-0000002512-83-02/F) [online]. Internet: http://echa.europa.eu/documents/10162/57ceb1ac-aafc-4852-9aa5-db81bcb04da3 [Zugriff: 29.07.2015]

Determination of airborne fibre number concentrations. A recommended method, by phase-contrast optical microscopy (membrane filter method). Genf: World Health Organization, 1997 [online]. Internet: http://www.who.int/occupational_health/publications/airfibre/en [Zugriff: 29.07.2015]

DGUV Information 201-012. Verfahren mit geringer Exposition gegenüber Asbest bei Abbruch-, Sanierungs- und Instandhaltungsarbeiten (bisher: BGI 664). Stand: Juli 2000. Sankt Augustin: Hauptverband der gewerblichen Berufsgenossenschaften, Berufsgenossenschaftliches Institut für Arbeitssicherheit des HVBG (BIA), 2000

DGUV Information 203-018. Instandsetzungsarbeiten an elektrischen Anlagen auf Brandstellen (bisher: BGI 766). Stand: Oktober 2009. Köln: Berufsgenossenschaft Energie Textil Elektro Medienerzeugnisse, 2009

DGUV Information 213-045. Tätigkeiten mit PCB-haltigen Produkten (bisher: BGI/GUV-I 8665). Stand: April 2014. Berlin: Deutsche Gesetzliche Unfallversicherung e. V., 2014

DGUV Regel 101-004. Kontaminierte Bereiche (bisher: BGR 128). Stand: Februar 2006. Köln: Hauptverband der gewerblichen Berufsgenossenschaften, Fachausschuss „Tiefbau" der BGZ, 2006

Entschließung des Europäischen Parlaments vom 14. März 2013 zu asbestbedingten Gefährdungen der Gesundheit am Arbeitsplatz und Aussichten auf Beseitigung von sämtlichem noch vorhandenen Asbest (2012/2065[INI]) [online]. Internet: http://www.europarl.europa.eu/sides/getDoc.do?pubRef=-//EP//TEXT+TA+P7-TA-2013-0093+0+DOC+XML+V0//DE [Zugriff: 14.08.2015]

Hinweise zur Anwendung der Abfallverzeichnis-Verordnung vom 10. Dezember 2001, BGBl. I S. 3379. Bekanntmachung des Bundesministeriums für Umwelt, Naturschutz und Reaktorsicherheit, Bundesanzeiger, Jg. 57, Nr. 148a, Beilage, 09.08.2005, S. 1–48

[HSM-Handlungsanleitung, 2007]: Umgang mit holzschutzmittelbelasteten Bauteilen, Gegenständen und Materialien. HSM-Handlungsanleitung. Umbau – Instandhaltung – Rückbau. 1.1 überarbeitete Neuauflage November 2007. Berlin: Landesamt für Arbeitsschutz, Gesundheitsschutz und technische Sicherheit Berlin (LAGetSi), Abteilung III, 2007

[IARC, 1991]: Pentachlorphenol. In: Occupational Exposures in Insecticide Application, and Some Pesticides. Lyon: World Health Organization, International Agency for Research on Cancer (IARC), 1991 (IARC Monographs on the Evaluation of Carcinogenic Risks to Humans 53), S. 371–402

[IARC, 2015]: Polychlorinated and Polybrominated Biphenyls. Lyon: World Health Organization, International Agency for Research on Cancer (IARC), 2015 (IARC Monographs on the Evaluation of Carcinogenic Risks to Humans 107)

[LAGA-Mitteilung 20]: Anforderungen an die stoffliche Verwertung von mineralischen Reststoffen/Abfällen – Technische Regeln. 5., erw. Aufl. Stand: 6. November 2003. Berlin: Erich Schmidt, 2004 (Mitteilungen der Länderarbeitsgemeinschaft Abfall [LAGA] 20)

[LAGA-Mitteilung 23]: Vollzugshilfe zur Entsorgung asbesthaltiger Abfälle. Überarbeitung. Stand: Juni 2015. O. O.: Bund/Länder-Arbeitsgemeinschaft Abfall (LAGA), 2015 (Mitteilung der Bund/Länder-Arbeitsgemeinschaft Abfall [LAGA] 23)

[LAI-Bericht, 2004]: Bericht des Länderausschusses für Immissionsschutz (LAI) „Bewertung von Schadstoffen, für die keine Immissionswerte festgelegt sind – Orientierungswerte für die Sonderfallprüfung und für die Anlagenüberwachung sowie Zielwerte für die langfristige Luftreinhalteplanung unter besonderer Berücksichtigung der Beurteilung krebserzeugender Luftschadstoffe" vom 21. September 2004. O. O.: Länderausschusses für Immissionsschutz (LAI), 2004 [online]. Internet: http://www.lanuv.nrw.de/gesundheit/pdf/LAI2004.pdf [Zugriff: 17.07.2015]

Lisow, Wadim; Schmidt, Matthias; Mertens, Jörg; Thumulla, Jörg; Weis, Norbert; Köhler, Michael; Pilgramm, Manfred: Olfactrometric Determination of the Odour Detection Threshold and the Identification Threshold of Naphthalene. In: Loomans, Marcel; Kulve, Marije te (Hrsg.): Healthy Buildings Europe 2015, 18–20 May 2015, Eindhoven, The Netherlands. Conference Proceedings. Eindhoven: International Society of Indoor Air Quality and Climate (ISIAQ), 2015

MAK- und BAT-Werte-Liste 2015. Maximale Arbeitsplatzkonzentrationen und Biologische Arbeitsstofftoleranzwerte. Hrsg.: Deutsche Forschungsgemeinschaft, Senatskommission zur Prüfung gesundheitsschädlicher Arbeitsstoffe. Weinheim: Wiley-VCH, 2015 (Mitteilung der Senatskommission zur Prüfung gesundheitsschädlicher Arbeitsstoffe 51)

Merkblatt Nr. 4.5/15. Einleitung kontaminierter Wässer. Hinweise zur Einleitung von Wasser mit Restbelastungen an Schadstoffen in oberirdische Gewässer und öffentliche Abwasseranlagen. Stand: 25.07.2005. München: Bayerisches Landesamt für Wasserwirtschaft, 2005

[Merkblatt zum Rückbau von Plattenbauten, 2009]: Merkblatt der Bundesländer Berlin, Brandenburg, Mecklenburg-Vorpommern, Sachsen, Sachsen-Anhalt und Thüringen zum Rückbau von Plattenbauten mit Kamilit in den Betonaußenwandplatten. Hrsg.: Arbeitsgruppe der Bundesländer Berlin, Brandenburg, Mecklenburg-Vorpommern, Sachsen, Sachsen-Anhalt und Thüringen. O. O. [Berlin]: LAGetSi [Landesamt für Arbeitsschutz, Gesundheitsschutz und technische Sicherheit Berlin], 2009 [online]. Internet: http://www.

berlin.de/imperia/md/content/lagetsi/hinweise/kamilit.pdf?start&ts=1432038095&file=kamilit.pdf [Zugriff: 10.08.2015]

Merkblatt zur Berufskrankheit Nummer 4114 „Lungenkrebs durch das Zusammenwirken von Asbestfaserstaub und polyzyklischen aromatischen Kohlenwasserstoffen bei Nachweis der Einwirkung einer kumulativen Dosis, die einer Verursachungswahrscheinlichkeit von mindestens 50 Prozent nach der Anlage 2 entspricht", Bek. des BMAS vom 30.12.2009 – IVa 4-45222-4114 – GMBl 5/6/2010, S. 107 ff. Berlin: Bundesministerium für Arbeit und Soziales, Ärztlicher Sachverständigenbeirat „Berufskrankheiten" [online]. Internet: http://www.baua.de/de/Themen-von-A-Z/Berufskrankheiten/Dokumente/Merkblaetter.html [Zugriff: 28.07.2015]

Muster-Liste der Technischen Baubestimmungen – Fassung September 2010. Berlin: Deutsches Institut für Bautechnik, 2010 [online]. Internet: http://www.bauministerkonferenz.de/Dokumente/42313483.pdf [Zugriff: 13.08.2015]

Muster-Liste der Technischen Baubestimmungen – Fassung März 2014. Berlin: Deutsches Institut für Bautechnik, 2014 [online]. Internet: http://www.bauministerkonferenz.de/verzeichnis.aspx?id=991&o=759O986O991 [Navigation: Liste der Technischen Baubestimmungen Teil I (Musterliste):] [Zugriff: 13.08.2015]

OECD Council: Protection of the Environment by Control of Polychlorinated Biphenyls. Decision C(73)1(Final), 13.02.1973 [online]. Internet: http://sedac.ciesin.columbia.edu/entri/texts/oecd/OECD-4.13.html [Zugriff: 30.07.2015]

[PAK-Handlungsanleitung, 2007]: Umgang mit teerhaltigen Materialien im Hochbau. PAK-Handlungsanleitung. Umbau – Instandhaltung – Rückbau. 1.2 überarbeitete Neuauflage November 2007. Berlin: Landesamt für Arbeitsschutz, Gesundheitsschutz und technische Sicherheit Berlin (LAGetSi), Abteilung III, 2007

[PAK-Hinweise, 2000]: Projektgruppe Schadstoffe der Fachkommission Bautechnik der Bauministerkonferenz – Konferenz der für Städtebau, Bau- und Wohnungswesen zuständigen Minister und Senatoren der Länder (ARGEBAU): Hinweise für die Bewertung und Maßnahmen zur Verminderung der PAK-Belastung durch Parkettböden mit Teerklebstoffen in Gebäuden (PAK-Hinweise) – Fassung April 2000. In: DIBt-Mitteilungen 31 (2000), Nr. 4, S. 114–123

[PCB-Richtlinie ARGEBAU, 1994]: Projektgruppe „Schadstoffe" der Fachkommission Baunormung der Arbeitsgemeinschaft der fur das Bau-, Wohnungs- und Siedlungswesen zuständigen Minister der Länder (ARGEBAU): Richtlinie für die Bewertung und Sanierung PCB-belasteter Baustoffe und Bauteile in Gebäuden (PCB-Richtlinie). Fassung September 1994. In: DIBt-Mitteilungen 26 (1995), Nr. 2, S. 50–59

[PCB-Richtlinie Hessen, 1993]: Richtlinien für die Bewertung und Sanierung PCB-belasteter Baustoffe und Bauteile in Gebäuden – Stand September 1993. Erlass des Hessischen Ministeriums für Landesentwicklung, Wohnen, Landwirtschaft, Forsten und Naturschutz v. 25.10.1993, VIII 2 – 64 b 16/99 – 8/93, Staatsanzeiger für das Land Hessen, Nr. 47, 22.11.1993, S. 2848–2855

[PCB-Richtlinie Nordrhein-Westfalen, 1996]: Richtlinie für die Bewertung und Sanierung PCB-belasteter Baustoffe und Bauteile in Gebäuden (PCB-Richtlinie NRW), Fassung Juni 1996. Runderlass des Ministeriums für Bauen und Wohnen v. 03.07.1996, II B 4-476.101, Ministerialblatt für das Land Nordrhein-Westfalen, Nr. 52, 09.08.1996, S. 1260–1268

[PCP-Richtlinie ARGEBAU, 1996]: Projektgruppe „Schadstoffe" der Fachkommission Baunormung der Arbeitsgemeinschaft der für das Bau-, Wohnungs- und Siedlungswesen zuständigen Minister der Länder (ARGEBAU): Richtlinie für die Bewertung und Sanierung Pentachlorphenol (PCP)-belasteter Baustoffe und Bauteile in Gebäuden. Fassung Oktober 1996. In: DIBt-Mitteilungen 28 (1997), Nr. 2, S. 6–15

Polychlorierte Dioxine und Furane (PCDD/PCDF) in der Außenluft. Jahresmittelwerte 2014 in fg/m³. Stand: 04.03.2015. Recklinghausen: Landesamt für Natur, Umwelt und Verbraucherschutz Nordrhein-Westfalen NRW [LANUV NRW], 2015 [online]. Internet: http://www.lanuv.nrw.de/luft/immissionen/ber_trend/SS-jk2014dioxine_PCB.pdf [Zugriff: 13.08.2015]

Priority Pollutants [online]. United States Environmental Protection Agency (EPA), 03.12.2014. Internet: http://water.epa.gov/scitech/methods/cwa/pollutants.cfm [Zugriff: 14.08.2015]

RAL Gütezeichen „Erzeugnisse aus Mineralwolle" (RAL-GZ 388) [online]. Internet: http://www.ral-mineralwolle.de/ral-guetezeichen-4.html#2 [Zugriff: 13.08.2015]

Selbstverpflichtungen der chemischen Industrie. Frankfurt am Main: Verband der chemischen Industrie e. V., 07.06.2013 [online]. Internet: https://www.vci.de/langfassungen-pdf/selbstverpflichtungen-der-chemischen-industrie.pdf [Zugriff: 21.08.2015]

Spritzasbest und ähnliche Asbestprodukte in Innenräumen – erkennen, bewerten, sanieren. Berlin: Institut für Bautechnik, 1986 [Vorläufer der Asbest-Richtlinien 1989 und 1996]

Toxic and Priority Pollutants [online]. United States Environmental Protection Agency (EPA), 02.05.2014. Internet: http://water.epa.gov/scitech/methods/cwa/pollutants-background.cfm [Zugriff: 14.08.2015]

TRGS 500. Technische Regeln für Gefahrstoffe. Schutzmaßnahmen. Ausgabe: Januar 2008. Bundesanstalt für Arbeitsschutz und Arbeitsmedizin, Ausschuss für Gefahrstoffe (AGS), 2008, Gemeinsames Ministerialblatt, Nr. 11–12, 13.03.2008, S. 224–258, ergänzt: Gemeinsames Ministerialblatt, Nr. 26, 04.07.2008, S. 528–529

TRGS 505. Technische Regeln fürGefahrstoffe. Blei. Ausgabe: Februar 2007. Bundesanstalt für Arbeitsschutz und Arbeitsmedizin, Ausschuss für Gefahrstoffe (AGS), 2007, Gemeinsames Ministerialblatt, Nr. 12, 08.03.2007, S. 254–267

TRGS 517. Technische Regeln für Gefahrstoffe. Asbest. Ausgabe: September 1988. Bundesanstalt für Arbeitsschutz und Arbeitsmedizin, Ausschuß für Gefahrstoffe (AGS), 1988, Bundesarbeitsblatt, Nr. 9, 1988, S. 53–61

TRGS 517. Technische Regeln für Gefahrstoffe. Tätigkeiten mit potenziell asbesthaltigen mineralischen Rohstoffen und daraus hergestellten Gemischen und Erzeugnissen. Ausgabe: Februar 2013. Bundesanstalt für Arbeitsschutz und Arbeitsmedizin, Ausschuss für Gefahrstoffe (AGS), 2013, Gemeinsames Ministerialblatt, Nr. 18, 09.04.2013, S. 382–396, geändert u. ergänzt: Gemeinsames Ministerialblatt, Nr. 7, 02.03.2015, S. 137–138

TRGS 519. Technische Regeln für Gefahrstoffe. Asbest. Abbruch-, Sanierungs- oder Instandhaltungsarbeiten. Ausgabe: September 1990. Bundesanstalt für Arbeitsschutz und Arbeitsmedizin, Ausschuß für Gefahrstoffe (AGS), 1990, Bundesarbeitsblatt, Nr. 9, 1990, S. 54–63

TRGS 519. Technische Regeln für Gefahrstoffe. Asbest. Abbruch-, Sanierungs- oder Instandhaltungsarbeiten. Ausgabe: Januar 2014. Bundesanstalt für Arbeitsschutz und Arbeitsmedizin, Ausschuss für Gefahrstoffe (AGS), 2014, Gemeinsames Ministerialblatt, Nr. 8–9, 20.03.2014, S. 164–201, geändert u. ergänzt: Gemeinsames Ministerialblatt, Nr. 7, 02.03.2015, S. 136–137

TRGS 521. Technische Regeln für Gefahrstoffe. Abbruch-, Sanierungs- und Instandhaltungsarbeiten mit alter Mineralwolle. Ausgabe: Februar 2008. Bundesanstalt für Arbeitsschutz und Arbeitsmedizin, Ausschuss für Gefahrstoffe (AGS), 2008, Gemeinsames Ministerialblatt, Nr. 14, 25.03.2008, S. 278–292

TRGS 524. Technische Regeln für Gefahrstoffe. Schutzmaßnahmen bei Tätigkeiten in kontaminierten Bereichen. Ausgabe: Februar 2010. Bundesanstalt für Arbeitsschutz und Arbeitsmedizin, Ausschuss für Gefahrstoffe (AGS), 2010, Gemeinsames Ministerialblatt, Nr. 21, 01.04.2010, S. 419–450, zuletzt geändert u. ergänzt: Gemeinsames Ministerialblatt, Nr. 49–51, 19.12.2011, S. 1018–1019

TRGS 551. Technische Regeln für Gefahrstoffe. Teer und andere Pyrolyseprodukte aus organischem Material. Ausgabe: Juli 1999. Bundesanstalt für Arbeitsschutz und Arbeitsmedizin, Ausschuss für Gefahrstoffe (AGS), 1999, Bundesarbeitsblatt, Nr. 7–8, 1999, S. 39–45, geändert u. ergänzt: Bundesarbeitsblatt, Nr. 6, 2003, S. 90

TRGS 558. Technische Regeln für Gefahrstoffe. Tätigkeiten mit Hochtemperaturwolle. Ausgabe: Juni 2010. Bundesanstalt für Arbeitsschutz und Arbeitsmedizin, Ausschuss für Gefahrstoffe (AGS), 2010, Gemeinsames Ministerialblatt, Nr. 43, 04.08.2010, S. 902–911

TRGS 602. Technische Regeln für Gefahrstoffe. Ersatzstoffe und Verwendungsbeschränkungen – Zinkchromate und Strontiumchromat als Pigmente für Korrosionsschutz-Beschichtungsstoffe. Ausgabe: Mai 1988. Bundesanstalt für Arbeitsschutz und Arbeitsmedizin, Ausschuß für Gefahrstoffe (AGS), 1988, Bundesarbeitsblatt, Nr. 5, 1988, S. 46–48

TRGS 900. Technische Regeln für Gefahrstoffe. Arbeitsplatzgrenzwerte. Ausgabe: Januar 2006. Bundesanstalt für Arbeitsschutz und Arbeitsmedizin, Ausschuss für Gefahrstoffe (AGS), 2006, Bundesarbeitsblatt, Nr. 1, 2006, S. 41–55, zuletzt geändert u. ergänzt: Gemeinsames Ministerialblatt, Nr. 7, 02.03.2015, S. 139–140

TRGS 905. Technische Regeln für Gefahrstoffe. Verzeichnis krebserzeugender, erbgutverändernder oder fortpflanzungsgefährdender Stoffe. Ausgabe: März 2014. Bundesanstalt für Arbeitsschutz und Arbeitsmedizin, Ausschuss für Gefahrstoffe (AGS), 2014, Gemeinsames Ministerialblatt, Nr. 24, 19.05.2014, S. 510–522

TRGS 906. Technische Regeln für Gefahrstoffe. Verzeichnis krebserzeugender Tätigkeiten oder Verfahren nach § 3 Abs. 2 Nr. 3 GefStoffV. Ausgabe: Juli 2005. Bundesanstalt für Arbeitsschutz und Arbeitsmedizin, Ausschuss für Gefahrstoffe (AGS), 2005, Bundesarbeitsblatt, Nr. 7, 2005, S. 79–80, zuletzt geändert u. ergänzt: Gemeinsames Ministerialblatt, Nr. 24, 27.04.2007, S. 514

TRGS 910. Technische Regeln für Gefahrstoffe. Risikobezogenes Maßnahmenkonzept für Tätigkeiten mit krebserzeugenden Gefahrstoffen. Ausgabe: Februar 2014. Bundesanstalt für Arbeitsschutz und Arbeitsmedizin, Ausschuss für Gefahrstoffe (AGS), 2014, Gemeinsames Ministerialblatt, Nr. 12, 02.04.2014, S. 258–270, zuletzt geändert u. ergänzt: Gemeinsames Ministerialblatt, Nr. 64, 28.10.2014, S. 1313

Untersuchungen zur Innenraumbelastung durch faserförmige Feinstäube aus eingebauten Mineralwolle-Erzeugnissen. Berlin: Umweltbundesamt, 1994 (Texte Umweltbundesamt 94, 30)

[VBG 119, 1979]: VBG 119. Unfallverhütungsvorschrift. Schutz gegen gesundheitsgefährlichen mineralischen Staub vom 1. April 1973 in der Fassung vom 1. Oktober 1979. Frankfurt am Main: Bau-Berufsgenossenschaft, 1979

[VBG 119, 1982]: VBG 119. Unfallverhütungsvorschrift. Schutz gegen gesundheitsgefährlichen mineralischen Staub vom 1. April 1973 in der Fassung vom 1. April 1982. Mit Durchführungsanweisungen vom April 1982. Frankfurt am Main: Bau-Berufsgenossenschaft, 1982

VDI 3492:2013-06. Messen von Innenraumluftverunreinigungen – Messen von Immissionen – Messen anorganischer faserförmiger Partikel – Rasterelektronenmikroskopisches Verfahren. Düsseldorf: Verein Deutscher Ingenieure, 2013

VDI 3877 Blatt 2:2014-12 Messen von Innenraumverunreinigungen – Messen von auf Oberflächen abgelagerten Faserstäuben – Probenahmestrategie und Bewertung der Ergebnisse

VDI 4300 Blatt 8:2001-06. Messen von Innenraumluftverunreinigungen – Probenahme von Hausstaub. Düsseldorf: Verein Deutscher Ingenieure, 2001 [2012 zurückgezogen]

VdS 2357:2014-06 (06). Publikationen zur Sach-Schadensanierung. Richtlinien zur Brandschadensanierung. Köln: Gesamtverband der Deutschen Versicherungswirtschaft e. V., 2014

Vinyl 2010. Freiwillige Selbstverpflichtung der PVC-Industrie zur nachhaltigen Entwicklung. Oktober 2001. Brüssel: European Council of Vinyl Manufacturers (EVCM) [Europäischer Verband der PVC-Hersteller]; European Council for Plasticisers and Intermediates (ECPI) [Europäischer Verband der Hersteller von Weichmachern und Zwischenprodukten]; European Stabiliser Producers Association (ESPA) [Europäischer Verband der Hersteller von Stabilisatoren]; European Plastics Converters (EuPC) [Verband der europäischen Kunststoffverarbeiter], 2001 [online]. Internet: https://www.vinnolit.com/vinnolit.nsf/id/A288CA718A5E7158C12573060051C5DA/$file/Vinyl2010.pdf [Zugriff: 14.08.2015]

WHO Guidelines for Indoor Air Quality: Selected Pollutants. Kopenhagen: WHO Regional Office for Europe, 2010

Kapitel 4: Schadstoffe in Bauteilen, Konstruktionsabschnitten und technischen Anlagen

Rechtsvorschriften

Gefahrstoffverordnung: Verordnung zum Schutz vor Gefahrstoffen (Gefahrstoffverordnung – GefStoffV) v. 26.11.2010

Literatur

Asbest-Richtlinie: Richtlinie für die Bewertung und Sanierung schwach gebundener Asbestprodukte in Gebäuden (Asbest-Richtlinie). Fassung Januar 1996. In: DIBt-Mitteilungen 27 (1996), Nr. 3, S. 88–94

Merkblatt Asbest in alten Elektro-Speicherheizgeräten (Nachtstromspeicherheizungen). Hinweise zur Verwendung von Asbest in alten Elektro-Speicherheizgeräten, zur Dringlichkeit des Austausches und zum Entsorgen der Geräte. Hrsg.: Zentralverband der Elektrotechnik- und Elektronikindustrie e. V. 3. Aufl. Frankfurt am Main: VWEW Energieverlag, 2004

TRGS 519. Technische Regeln für Gefahrstoffe. Asbest. Abbruch-, Sanierungs- oder Instandhaltungsarbeiten. Ausgabe: Januar 2014. Bundesanstalt für Arbeitsschutz und Arbeitsmedizin, Ausschuss für Gefahrstoffe (AGS), 2014, Gemeinsames Ministerialblatt, Nr. 8–9, 20.03.2014, S. 164–201, geändert u. ergänzt: Gemeinsames Ministerialblatt, Nr. 7, 02.03.2015, S. 136–137

5.2 Stichwortverzeichnis